山地海绵城市建设丛书

山地海绵城市建设案例

Sponge City of Mountainous Region : Case Study

吕 波 雷晓玲 主编

中国建筑工业出版社

图书在版编目（CIP）数据

山地海绵城市建设案例 / 吕波，雷晓玲主编. —北京：中国建筑工业出版社，2017.4

（山地海绵城市建设丛书）

ISBN 978-7-112-20486-1

Ⅰ.①山… Ⅱ.①吕…②雷… Ⅲ.①山区城市—城市建设—案例—重庆 Ⅳ.①TU984.271.9

中国版本图书馆CIP数据核字（2017）第038985号

本书以重庆市海绵城市建设工程技术研究中心开展的山地海绵城市建设实践案例为蓝本，旨在分享重庆在山地海绵城市建设中的试点经验。通过选取典型山地海绵城市实践案例，从山地海绵城市规划、流域综合整治、绿地广场、城市道路、建筑与小区等五个方面展开雨洪管理策略及体系的介绍，提出山地城市建设海绵城市的水安全、水生态、水环境、水资源解决思路和方案，以期构建山地海绵城市建设标准目标体系和管理体系。

本书可以作为市政、环保等行业工程技术人员的参考用书。

责任编辑：刘爱灵
版式设计：京点制版
责任校对：李欣慰　姜小莲

山地海绵城市建设丛书

山地海绵城市建设案例

吕　波　雷晓玲　主编

*

中国建筑工业出版社出版、发行（北京海淀三里河路9号）
各地新华书店、建筑书店经销
北京京点图文设计有限公司制版
北京顺诚彩色印刷有限公司印刷

*

开本：787×1092毫米　1/16　印张：17　字数：359千字
2017年5月第一版　2017年5月第一次印刷
定价：128.00元

ISBN 978-7-112-20486-1
（29978）

编写人员

主　　编： 吕　波　雷晓玲

参编人员： 潘终胜　杨　威　杨　平　袁　廷

杜安珂　袁绍春　石　凯　蔡　岚

刘亭役　靳俊伟　罗　翔　蒲贵兵

尹洪军　毛绪昱　程　巍　刘　杰

王　胜　王志标　陈　圆　黄媛媛

刘　宁

序言 PREFACE

传统城市化建设致使城市不透水面积大幅增加，破坏了原有生态条件、地貌基础和水文特征，导致城市洪涝灾害频发。据国家防汛抗旱总指挥部统计，2016 年全国共有 192 座城市发生不同程度的洪涝灾害，直接经济损失 3000 多亿元，严重影响国家和人民群众生命财产的安全。我国城市雨洪灾害的成因包括：一是气候变化和热岛效应等自然因素的影响。城市热岛效应增强，城市上升气流加强，城市上空尘埃增多，导致短历时暴雨强度增强、极端降水日数增多。二是城市化建设的影响。城市下垫面硬化程度加剧，水体面积减少，雨水调蓄能力降低，同时雨污共用下水系统致使城市排洪能力较差。三是我国城市防洪基础有待巩固。城市防洪规划和标准不健全，防洪工程不能完全满足要求，设施管理尚需加强。

建立现代城市雨洪管理体系，科学解决城市雨水问题及由此带来的城市生态、安全等综合性问题，已经刻不容缓。2013 年 12 月，习近平总书记在中央城镇化工作会议上，提出了“建设自然积存、自然渗透、自然净化的海绵城市”，海绵城市建设上升为国家战略。2014 年 10 月住房和城乡建设部组织编制印发了《海绵城市建设技术指南》，为全国开展海绵城市建设实践提供了关键的理论指导和技术支撑；2015 年 10 月，国务院办公厅印发了《关于推进海绵城市建设的指导意见》，进一步明确了推进海绵城市建设的工作目标和基本原则，从加强规划引领、统筹有序建设、完善支持政策、抓好组织落实等四个方面提出了具体措施。

目前我国海绵城市建设尚处于起步阶段，相关标准、技术在不断的更新和完善，全国 30 个试点城市（第一批 16 个、第二批 14 个）正在如火如荼开展海绵城市建设的探索。重庆市作为山地城市的代表，地势坡度大、产汇流时间快、雨型急促、雨峰靠前，在建设海绵型城市时有其特殊难度。吕波、雷晓玲带领团队率先开展了山地海绵城市建设的研究，为重庆“1（国家级悦来新城）+3（市级万州区、璧山区、秀山县）”海绵城市试点全程提供技术支撑，在水资源利用、洪涝风险控制、水生态环境保护等领域积累了丰富经验。团队配合重庆市主管单位开展制定了 2020 年和 2030 年城市建成区海绵城市目标要求，初步形成了海绵城市建设政策系列文件，建立了以点带面、覆盖全市的“1+3”海绵城市试点格局。技术上，团队在“慢排缓释”和“源头分散”控制理念指导下，结合山地城市实际，开展初期雨水截留、雨水径流污染控制、暴雨强度公式修订、关键技术措施研发等研究，提出了山地城市建设海绵城市的独特方法和思路：一是严格把守生态红线，避免破坏原有地形地貌和现有生态植被，不搞大拆大建，不片面追求大绿地，更不搞大树搬家；二是因地就势搞好规划，保留原有地块中的崖、溪、谷、岸等原有自然地貌；三是针对山地城市难以蓄水的特点，强化城市排水功能，确保海绵体排得畅顺。

该专著以防治水污染、保障水安全、保护水环境、节约水资源、维持水生态等作为出发点和落脚点，分享了重庆市在建设山地海绵城市的政策、指标体系、技术标准、融资机制、管理模式、实践案例等，对全国城市尤其是山地城市实施海绵城市建设具有参考价值。

我希望该专著能在我国海绵城市特别是山地海绵城市建设的推进实施中发挥重要作用，故非常乐意推荐给从事城市建设的管理决策者、规划设计师、工程技术人员以及相关专业人员。

中国工程院院士

2017年2月18日

前言 Introduction

山地城市地质、地形、地貌复杂，城市下垫面硬化率高，低洼地区排水困难逢雨即涝，在建设海绵城市时有其特殊难度和独有特征。重庆市具有典型山地城市特点，地形高差大、道路坡度大、汇流速度快、降雨雨峰靠前、下垫面污染较严重，因此对复杂地形暴雨积水风险的管理、径流峰值的削减以及径流污染的控制一直以来都是重庆市在排洪防涝类工程建设方面的首要目标。

重庆市高度重视海绵城市建设，以首批国家海绵城市建设试点为契机，及时发布了《重庆市人民政府办公厅关于推进海绵城市建设的实施意见》，着力规划和建设山地特色海绵城市，有序指导和推进了山地海绵城市建设。开展海绵城市建设顶层设计，提出了海绵城市建设目标要求：到 2020 年城市建成区 20% 以上的面积要达到海绵城市目标要求，到 2030 年城市建成区 80% 以上的面积达到海绵城市建设目标要求。重庆市先后成立了重庆市海绵城市建设工程技术研究中心和重庆市海绵城市建设专家委员会，在重庆市政府及主管单位指导下，开展了重庆市海绵城市建设的规划设计、标准制定、工程建设等工作，形成了海绵城市建设政策系列文件和技术指标体系，建立了以点带面、覆盖全市的“1（国家级悦来新城）+3（市级万州区、璧山区、秀山县）”海绵城市试点格局。

重庆市海绵城市建设工程技术研究中心（简称“海绵中心”）作为全国第一个海绵城市建设领域省级研发机构，经重庆市市城乡建委、科委授牌，由重庆市市政设计研究院和重庆市科学技术研究院合作共建。海绵中心研究团队按照国家及重庆市海绵城市建设的目标要求，结合重庆市山地城市实际，在悦来、璧山、万州、秀山等地开展山地海绵城市建设探索，重点总结不同区域、不同降雨特征、不同水体水系特征海绵城市建设经验。在悦来国家海绵城市试点，重点解决滨江山地城市的径流污染问题；在万州市级海绵城市试点，重点解决长江流域及三峡库区回水区和消落带城市的水土流失及水环境问题；在璧山市级海绵城市试点，重点解决内陆丘陵工程性缺水城市的水资源及水安全问题；在秀山市级海绵城市试点，重点解决内陆山地城市的水生态问题。

本书以典型山地城市海绵城市建设案例为主题，旨在分享重庆市在山地海绵城市建设中的试点实践经验。通过选取典型山地海绵城市实践案例，全面介绍山地海绵城市规划、流域整治、绿地广场、城市道路、建筑小区等雨洪管理策略及体系，提出山地城市建设海绵城市的水生态、水环境、水资源、水安全解决思路和方案，以期构建山地海绵城市建设标准目标体系和管理体系。

本书在编写过程中得到了重庆市城乡建设委员会、重庆市科学技术委员会、重庆市规划局等单位有关领导的关心和支持，特别是中国建筑工业出版社刘爱灵编审给予了热情的鼓励和帮助，我们表示衷心感谢。另外，也感谢重庆悦来投资集团有限公司、万州区城乡建设委员会、璧山区城乡建设委员会、秀山县城乡建设委员会等单位的帮助与支持。

限于知识范围和学术水平，书中难免存在不足之处，恳请读者批评指正。

编者

2016 年 12 月

目录 | CONTENTS

第1章
山地海绵城市

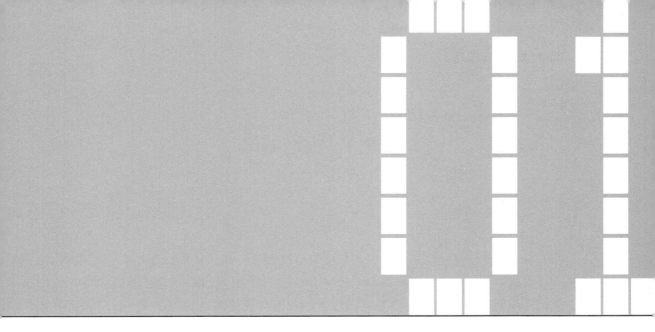

1.1 山地城市

1.1.1 山地城市概念

山地是一种具有一定海拔高度和坡度的地貌类型，有广义和狭义之分，狭义的山地包括低山、中山、高山、极高山，广义的山地包括山地、丘陵和高原。在地理学中，山地被定义为陆地系统中具有明显绝对高度和相对高度的多维地貌单元，通常指海拔在500m以上且起伏较大的地貌，也是地球表面系统中结构较复杂、生态功能齐全、生态过程多样且影响强烈的区域。按此定义，中国的山地、丘陵和崎岖不平的高原总面积约占全国陆地面积的69%。

在工程学中，山地城市的定义建立在地理学地貌概念基础上，是以城市用地的地貌为特征，以地形对城市环境、城市工程技术经济性以及对城市布局的影响来确定的。克罗吉乌斯认为，分割深度（2km范围内的高度变化幅度）20 ~ 200m为丘陵地形，200 ~ 400m为山地地形。当城市发展地形内具有断面平均坡度大于5%，垂直分割深度大于25m的地貌特征的城市为山地城市[1]。在城市形态学中，部分学者以城市形态特征为起点，认为山地城市是与平原城市相对应的，山地城市由于其体现出来的主体景观和形态特征而有别于平原城市。山地城市的本质大致可以概括为三个方面：地理区位，大多坐落于大型的山区内部或山区和平原的交错带上；社会文化，山地城市经济、生态、社会文化在发展过程中与山地环境形成了不可分割的有机整体；空间特征，影响城市建设与发展的地形条件，具有长期无法克服的复杂的山地垂直地貌特征，由此形成了独特的分台聚居和垂直分异的人居空间环境[2]。

中国是一个多丘陵和山地的国家，山地面积约650万km^2，山区城镇约占全国城镇总数的一半[3]。山地环境对当代人生活的影响将比过去更加强烈，山地城市是山地居民生产生活的重要场所和主要组成部分，也是经济社会与文化发展的重要基地。重庆是中国著名历史文化名城，位于中国内陆西南部、长江上游地区，市域地貌以丘陵、山地为主，其中山地占比高达76%，有“山城”之称，是我国典型的山地城市。

早在1891年重庆就成为中国最早对外开埠的内陆通商口岸，1929年重庆正式建市，1997年成为我国继北京、上海、天津之后的第四个直辖市。全市辖区面积8.24万km^2，辖38个区县（自治县），户籍人口3371万人，常住人口3017万人，常住人口城镇化率59.6%，其中主城建成区面积650 km^2，常住人口818.98万人，市域年均气温16 ~ 18℃，常年降雨量1000 ~ 1450mm，境内水系丰富，流经的重要河流有长江、嘉陵江、乌江、涪江、綦江、大宁河等。

1.1.2　山地城市排水系统

城市排水系统是城市泄洪排涝、污水收集输运的重要基础设施，是实现城市污染“控源减排”的重要环节。从最近几年众多国家级和世界级的项目中可以看出，保护自然区域及城市区域的水平衡，已成了所有国家的共识。尽管维持城市水循环平衡的手段存在已久，但这一原则在许多城市并没有得到充分贯彻。根源在于人们总是将经济发展视为城市的首要目标，而并没有对雨洪管理和废水处理进行有效管控[4]。国内城市在排水系统建设初期大都采用直排式合流制，随着我国对环境污染防治日益重视，绝大部分城市已改造为截流式合流制或分流制，新建区域多采用分流制排水系统，我国很多城市的排水系统形成了合流制、分流制并存的混合排水体制。但是，由于我国城市排水系统的建设滞后于城市发展，部分城市排水系统执法监管不到位等原因，污水管道被人为接入或误接入雨水管网，实际上很多城市的分流制排水系统并未形成真正的分流制，雨污混接现象普遍存在。雨污混接使城市污水未经处理就通过雨水排放系统直接排入受纳水体，污染城市水环境；由于“污”走“雨”路，污水占据了部分雨水的排放空间，在一定程度上削弱了雨水排放系统的排洪能力。

山地城市由于地形落差较大，通常在排水规划时根据高差进行分区，在每个分区根据具体情况确定相适宜的排水体制。在一些地形陡峭、沟床纵坡大、冲沟流水受季节影响明显的山地城市，城市雨水管道采用高水高排、就近排放的原则，排水、排洪渠道平面布置力求顺直，就近排入河流，并在远期增加弃流井，收集初期雨水径流至污水处理厂。为防止山洪的冲击，设计在城区各排水分区后缘设置截洪沟，将城市后缘雨水引到邻近冲沟，控制来水进入城区，减轻城区排水系统负担；在城区各冲沟设纵向排洪明渠或盖板涵，将山洪直接排入河流中；在城区沿等高线布置的路网中设置横向雨水管道，将雨水排入纵向排洪明渠或盖板渠[5]。山地城市的排水管网通常具有以下特征：

（1）地形复杂。山地城区一般地势起伏、道路坡度大、条块分割严重，常常形成各种不同高程的台地，各台地地面标高相差较大。

（2）在污水管网规划设计时，由于地形高差大，使污水提升泵站的设置难度增大。

（3）市区沟谷丘陵交错，填方厚度大，陡坎梯道较多，地质条件复杂，使管道的安全稳定要求提高。

重庆是三峡库区重镇，具有库区山地城市的典型地形地貌特征，即地势起伏、地形高差大，这使得境内水流具有较大的势能差，活动能力较强；地质条件复杂多变，排水管网的使用工况复杂。作为典型的山地城市，重庆市排水系统的规划、设计、建设和管理维护具有其他平原城市有所区别的地方。调查表明，大多数三峡库区山地城市排水管网存在以下问题：

（1）三峡库区的山地城市，大多数市县没有建设完善的排水系统，管道系统零星分散，且多为雨污合流。

（2）大多数街区未设任何排水设施，污水、雨水随街漫流，许多污水从多处出水口未经处理直接排入长江，使长江水质下降。

（3）三峡库区山地城镇排水管网极为不足且相对老化，大都是合流制管道或管渠。

（4）老城区修建的管道年久失修，管径普遍偏小。

（5）排水系统布局分散，排水口多。

近年来，水污染、城市内涝对城市功能、社会秩序、资源环境造成不同程度的破坏，已成为经济社会发展中的重大问题。受地形地貌和城镇化发展的双重影响，山地城市的降雨汇流速度较平原城市快，雨水径流在较短时间内大量汇集进入市政排水管网，可能导致排水管网的瞬时负荷超出设计排水能力，特别地，在山地城市的低洼地段，雨水径流易于累积，如果不能及时排出累积的雨水，极易出现雨水倒灌现象，甚至形成城市洪水，引发内涝灾害。

城市内涝与城市水文环境和水循环过程密不可分。在城市化过程中，城市原有生态功能减退，水的自然循环被人为割裂，导致特定时空条件下水量分配的异常增加，超过水环境的运送、排泄能力，从而引发洪涝灾害。城市内涝（水多）、水资源短缺（水少）和水污染（水脏）与城市快速发展的矛盾日益凸显，成为制约经济社会可持续发展的顽疾。在党的十八大报告中，明确提出要建成“生态文明”的社会主义国家，保证国家安全乃至世界生态安全。国家“十二五”规划明确提出城镇化进程中要“统筹地上地下市政公用设施建设，全面提升交通、通信、供热、供气、给水排水、污水垃圾处理等基础设施水平”，“加强用水总量控制与定额管理，严格水资源保护”等要求，2013 年 7 月，国务院常务会议将提升城市防涝能力置于加强城市基础设施建设的六方面重点工作之首。由此可见，如何促进传统城市开发向可持续发展的低影响建设模式发生提档升级式跨越，以保证社会经济持续、健康、稳定发展迫在眉睫。

1.1.3 山地海绵城市建设的背景

城市是人口聚集度高、社会经济高度发达的地方，也是资源环境承载力矛盾最为突出的地方，城市生态系统的能量金字塔通常表现为倒置状态，对外界的依赖性很强，受到破坏后恢复难度大。根据发达国家的城市发展规律，当城市化率达到 50% 以后的一段时期，往往会出现水资源、水安全的转折点，从水量型危机转向水质型危机，也就是说，水污染事件将进入高发期[6]。改革开放以来，我国城镇化快速发展，据统计，目前全国城镇建设用地不足国土面积的 1%，却承载了 54% 的人口，产出了 84% 的 GDP，2011 年我国城镇化率达到了 51.3%，2014 年我国城市数量增至 658 座[7]。

山地城市建设在特殊的山地环境上，脆弱的生态系统与源远流长的文化传统决定了山地城市的空间布局必须适应山地特征。地形是影响城市基础建设的重要因素之一，山地城市具有复杂的地形、地貌和地质条件，其主要特征表现为以下四个方面[8]。

（1）用地紧张，道路断面小。山地城市由于地势起伏，用地紧张，建筑物建造密集，水、电、燃气、电力、通信等地下管线错综复杂，可利用的地下空间较少。

（2）城市地下空间使用情况错综复杂。由于地形地貌复杂，为缓解城市交通拥堵的问题，往往修建了较多的轨道、隧道、地下通道等；为充分利用空间，还修建了一些地下商场、停车场及人防工程等，导致地下空间的使用情况错综复杂，缺乏系统规划。

（3）城市道路地面波动多、起伏大。与平原城市相比，山地城市地质条件、地形、地貌复杂，地势起伏大，局部地区坡度较陡，不利于重力排水管线布置。

（4）城市下垫面硬化率高，逢雨即涝。以重庆市为例，随着都市圈不断延伸，建成区不透水路面和广场越来越广，虽然部分雨水能够通过市政排水管道排放，但是低洼地区排水困难、常常发生内涝现象，不仅严重阻碍交通，也会造成较大的经济损失。

当今中国正面临着各种各样的水危机：水环境污染、水资源短缺、城市内涝、水土流失、地下水位下降以及水生物栖息地丧失等。其中，城市内涝是制约我国城市生态发展的核心问题之一。究其原因，一是城市地表不透水面积比例急剧增大，导致雨水下渗量减少、地表径流量增加，使得排水管网的负荷加重；二是现有排水管网的设计排水能力普遍偏低[9]。与此同时，合流制排水系统中的混合污水溢流、分流制排水系统中初期雨水直接排入水体，大大增加了受纳水体的污染负荷，甚至可能造成严重的水环境污染，使得城市排水系统的环境效益大打折扣。这些水问题的综合症带来的水危机并不是水利部门或者其他某一部门管理下发生的问题，而是一个系统性、综合性的问题，要解决这些问题，需要一个综合全面的解决方案。借鉴国内外在城市雨洪管理方面取得的理论成果及实践经验，部分学者基于我国的水情特征和水问题提出了“海绵城市（Sponge City）”理论。2013 年年底，习近平总书记在中央城镇化工作会议上发表了“加强海绵城市建设”的讲话，建设自然积存、自然渗透、自然净化的“海绵城市”，成为我国未来城市建设和发展的重要工作内容，是实现城镇化和环境资源协调发展的重要体现。2014 年 2 月《住房和城乡建设部城市建设司 2014 年工作要点》中明确：“督促各地加快雨污分流改造，提高城市排水防涝水平，大力推行低影响开发建设模式，加快研究建设海绵型城市的政策措施”。2014 年 10 月，住房和城乡建设部贯彻习近平总书记的重要讲话及中央城镇化工作会议精神，正式颁布了《海绵城市建设技术指南——低影响开发雨水系统构建（试行）》（以下简称《指南》），其中提出了重要的控制指标——城市年径流总量控制率，给出了我国大陆地区年径流总量控制率分区图，成为海绵城市建设的重要目标和在城市规划过程中需要落实的重要指标，并强调应在城市总体规划中增加年径流总量控制率指标，在控制性详细规划中分解城市总体规划中提出的控制指标，提出各地块的单位面积控制容积、下沉式绿地率及其下沉深度、透水铺装率、绿色屋顶率等控制指标。2014 年 12 月，财政部、住房和城乡建设部、水利部联合印发了《关于中央财政支持海绵城市试点工作的通知》（财政 [2014]838 号），组织开展海绵城市建设试点示范工作，受到全国各地政府的重视和市政、环境、水利、风景园林等相关领域人员的广泛关注。“海绵城市”概念被官方文件明确提出，代表着生态雨洪管理思想和技术将从学术界走向管理层面，并在实践中得到更有力的推广[10]。2014 年年底至 2015 年年初，海绵城市建设试点工作全面开展，根据申报评审，产生了首批 16 个海绵城市试点城市，重庆市两江新区悦来新城成功入围。

重庆市属于亚热带湿润性季风气候，雨季时间较长、降雨量大，且 75% ～ 80% 以上的雨量主要集中在 5 ～ 9 月。市区地貌以山地为主，属于典型的“喀斯特地貌”，其土壤蓄水层较薄，不适宜存水。近年来，重庆经历了快速城市化过程，城市土地利用通过改变物质能量的流动而使城市地表水环境发生改变，其发展演变对水环境产生深远的影响，热岛效应的影响日趋显著，导致城市降雨量不断增加，引起水土流失等一系列问题。调查显示，2010 年以来重庆市每年的降雨量要明显高过 2010 年以前，这在一定程度上提高了重庆市内部排涝工作的难度。虽然部分雨水能够通过现有排水管网排放，但在低洼地区经常由于排水不及时而发生内涝现象，极易引发交通拥堵、居民出行困难，甚至造成很大的经济损失[11]。考虑到山地城市具有地面坡度大、易产流、冲刷作用强等特点，由此产生的径流污染较为严重，山地暴雨径流使流域水文过程快速发生、迅速消退的变化特点更加显著，对城市水生态系统具有较强的冲击力，由雨水径流产生的突发性高、冲击性强的非点源污染已成为水环境恶化的重要原因之一。综上所述，在重庆开展山地海绵城市规划建设工作已是迫在眉睫。

1.2　山地海绵城市的内涵

20 世纪 80 年代以前，国际上主流的雨水管理目标是城市防洪，即通过修建市政排水管网快速、高效地排除雨水径流，要求在降雨的同时及时地把产生的径流排走，降低内涝发生的概率。随着各国加快推进城市化建设，城市及周边土地被大量开发，不透水下垫面急剧增加改变了自然水文过程，削弱了雨水的自然渗透，干扰自然水文过程中的蒸散过程，从而增加地表径流量及其可变性，城市洪水、面源污染等雨水问题接踵而至，人们开始探索并创新了一些新型雨水管理理念，希望将雨水作为资源进行管理，以期解决雨水问题。其中以美国、德国和日本等基础条件优异、城市化程度较高的地区，得到的研究成果最为显著。传统的城市开发模式集中体现为不透水面积的增加，以及“排水管网＋污水处理＋尾水排放”的高效城市排水系统。一方面，传统快排模式对控污减排、保护城市水环境取得了较好的效果；另一方面，也对城市生态环境造成了极大影响，集中体现在：第一，破坏场地自然水循环，增加了地表水量以及径流量；第二，影响地表水水质；第三，影响地下水水质和水量；第四，影响河流的自然形态；第五，破坏水生栖息地；第六，改变地方的能量平衡与微气候[12]。

海绵城市概念的产生源于行业和学术界习惯用海绵来比喻城市的某种吸附功能。近年来，国内通常用海绵比喻城市下垫面或其他土地的雨水调蓄能力。海绵城市、绿色海绵、海绵体等这些非学术性概念之所以得到学界的广泛应用，恰恰在于其代表的遵从自然规律的生态雨洪管理理念，尽管表述略有不同，但核心思想是一致的，“海绵城市”直观地表述了具有“海绵特征”的城市，而其他概念的“海绵”重在海绵城市功能的载体。海绵城市是从城市雨洪管理角度来描述的一种可持续的城市建设模式，它是指城市能够像海绵一样，在适应环境变化和应对自然灾害等方面具有良好的弹性，下雨时吸水、蓄水、渗水、净水，在需要时将储存的雨水释放并加以利用[13]。海绵城市是一种遵从自然水循环规律的城市规划建设理念，其内涵是：现代城市应具有像海绵一样吸收、净化、储存和利用雨水的功能，以及应对气候变化、极端降水的防灾减灾、维持生态功能的能力。在海绵城市建设过程中，应统筹大气降水、地表水和地下水的系统性，协调给水、排水等水循环利用环节，并考虑其长效运行的可靠性和稳定性。

国内很多人在提到海绵城市时，首先想到的就是低影响开发（LID），认为 LID 就是海绵城市，然而这其实是一种误解，LID 系统只是海绵城市的重要组成部分，或者说 LID 是海绵城市建设的技术措施之一。根据《指南》，我国海绵城市的建设途径主要包括：一是对城市原有生态系统的保护，二是生态恢复和修复，三是低影响开发设施[14]。实际上，海绵城市理念与现今国际上盛行的低影响开发（LID）、可持续城市排水系统（SUDS）、水敏感性城市设计（WSUD）、欧盟水框架指令（EUWFD）、最佳雨洪管理措施（BMPS）和绿色基础设施理论系统（GSI）等城市雨洪管理理念契合度很高，都是将水资源可持续利用、良性水循环、内涝防治、流域水污染防治、生态友好等作为建设目标[15]。可以这样理解，LID、可持续城市排水系统、绿色基础设施和水敏感性城市设计理念是海绵城市的理论基础。

最佳管理理念（Best Management Practices，BMPs）在 20 世纪 70 年代被美国所提出，从历史上看，最初该理念的设计及应用，是以减少土壤侵蚀，预防水体环境恶化为宗旨。人们尝试使用 BMPs 措施来减少非点源污染，但这是以 BMPs 能同时降低其他类型的污染，如氮和磷等为前提的。BMPs 分为工程类和非工程类措施，工程类措施主要包括滞留池、沉淀池、渗滤池及湿地系统，增加雨水地面停留时间，加大其下渗量。非工程性措施则包括加强人们保护环境的自觉意识，进行法律法规及公众教育等。BMPs 作为一种末端雨水管理措施，并不能很好地恢复原有的自然水文条件，存在一定的局限性。1980 年代末，美国在 BMPs 基础上正式提出了低影响开发（Low Impact Development，LID）理念[16]。低影响开发（LID）是一个综合的方法，采用分布在整个开发区域的雨水管理措施来帮助控制雨水径流，措施占地面积较小，能够达到很好的调蓄径流效果，还能减弱瞬时强降雨对管网系统的冲击，降低雨水管网系统的排水压力，其常见的措施包括生物沟、开放空间、雨水花园和透水铺装等[17]。低影响开发理念的宗旨为尊重自然，尽可能地恢复开发区域原有的水文状况，最大程度减小城市开发建设对自然条件的破坏，寻求城市建设与环境保护的平衡[18]。低影响开发理念是目前应用最广泛的雨水管理理念，很多国家都对其展开了大量的应用研究。Laurent M.Ahiablame 等人评估了雨水桶 / 水箱和透水路面的性能，在流域面积分别为 70 km^2 的印第安纳地区和 40 km^2 的印第安纳波利斯附近，对相应开发区域进行改造实验。在改造工程中，结合开发区域现有的绿地、水系进行低影响开发措施的布局与建设，一方面达到了经济上的节约，另一方面还能够美化城市，构建生态宜居环境。最后，Laurent M.Ahiablame 等人对整个流域进行框架建模，利用（L-THIA）—模型对改造区域进行了长期水文影响评估。研究结果表明：雨水桶 / 水箱和透水路面改造技术能够减少两流域 12% 径流总量和污染负荷，体现了低影响开发措施良好的雨水管理效果。

德国是较早开展雨水管理研究的国家之一，在 20 世纪 90 年代就出台了一系列标准，使得建筑、公共场所等领域的雨水管理建设规范化、制度化。目前德国已出台了第三套技术标准，其主要特点就是雨水管理措施的集成性、模块性，极大地简化设计和建设过程，加快建设速度，节约成本，使得大范围的推广使用成为可能。德国现有的主流雨水管理方法分为三个类型：建筑屋面集蓄类型、降雨控污与入渗类型、居住小区集雨利用类型。各地区根据自身的雨水管理需求，采用具有针对性的雨水管理方式，将雨水进行收集回用，为景观用水、城市绿化、生活杂用、补充地下水提供水源，同时雨水管理方式避免了因盲目选用雨水管理措施而达不到理想效果。目前，德国主要采用以下城市雨水利用方式：一是屋面雨水集蓄系统，收集的雨水经简单处理后，可用于家庭、公共场所和企业的非饮用水；二是雨水截污与渗透系统，道路雨水通过下水道排入沿途大型蓄水池或通过渗透补充地下水。德国城市街道雨洪管道口均设有截污挂篮，以拦截雨洪径流携带的污染物，城市地面采用透水铺装，减小径流；三是小区雨水利用系统，小区沿着排水道修建植草沟，表面植有草皮，供雨水径流时下渗。超过渗透能力的雨水则进入雨洪池或人工湿地，作为水景或继续下渗。

绿色屋顶，是德国“海绵城市”建设中屋面雨水集蓄的重要场地。1867 年，建筑师拉比兹 · 卡尔在巴黎的世界博览会上，展出了由他创作的“屋顶花园”模型。此后，德国开展了关于“建筑物大面积植被化”的研究探讨。柏林从 1920 年开始，完成了大约 2000 个屋顶的植被化工程。1927 年，在柏林的卡斯达特超市连锁百货公司 4000m^2 的屋顶上，修建了当时世界上最大的屋顶花园。德国屋顶绿化快速发展 50 多年以来，由于制定了屋顶绿化发展原则、指南与规范，加上政府政策的强制与鼓励，德国的研究和推广工作走在了最前列，成为屋顶绿化最先进的国家。在目前世界上有关“建筑物大面积植被化”的科研开发和技术成果中，大约有90%都是属于德国的专利。

20世纪末期，英国开创了可持续性排水系统（Sustainable Urban Drainage Systems，SUDS），其不仅保证开发区域的雨水排放系统足以应对极端降雨事件威胁，同时伴随着入渗量增加，地下水资源得以补充，地面的径流量减小。SUDS系统从宏观角度出发，尽可能地调蓄雨水，从而要增加可利用的雨水资源，促进城市水循环系统的良性发展。可持续性雨水系统与LID理念类似，强调源头措施的重要性，在源头就对雨水进行控制管理，以达到控制水质水量，减少水污染的目的。同时在设计的过程中，对整个区域的径流水质、水量及所采用的管理措施进行综合评估，对管理措施的潜在景观价值和经济价值进行判定。

在城市发展中，澳大利亚的很多城市都面临城市防洪、水资源短缺和水环境保护等方面的挑战。作为城市水环境管理尤其现代雨洪管理领域的新锐，以墨尔本为代表，其倡导的WSUD水敏性城市设计（Water Sensitive Urban Design）和相关持续的前沿研究，使其逐渐成为城市雨洪管理领域的世界领军城市[19]。以墨尔本为首所倡导的WSUD，于20世纪90年代在澳大利亚兴起。当时城市的雨洪分流体系基本完善，通过建设污水处理设施，城市点源污染的排放基本得到完全控制。但人们期待的生态城市河道并未如期呈现，城市雨水径流的面源污染成为改善河道生态健康所不能回避的问题。WSUD的一个重要原则是源头控制，水量水质问题就地解决，不把问题带入周边，避免增加流域下游的防洪和环保压力，降低或省去防洪排水设施建设或升级的投资。其雨洪水质管理措施，如屋顶花园、生态滞蓄系统、人工湿地和湖塘，也能在不同程度上滞蓄雨洪，进而减少排水设施的需要。绿色滨水缓冲带在保证行洪的同时，能有效降低河道侵蚀，保持河道稳定性。雨水的收集和回用提供替代水源，减少了自来水在非饮用用途上的使用性。与景观融合的雨洪管理设施设计，可营造富有魅力的公共空间，提升城市宜居性。围绕其城市雨洪管理的技术核心，澳大利亚持续进行了大量前沿研究和跨学科讨论，墨尔本提出的水敏性城市理念中，还首次引入了雨水、地下水、饮用水、污水及再生水的全水环节管理体系。工程实践中采用的水量控制措施，主要包括透水铺装、下凹绿地、地下储水池及雨洪滞蓄水库（人工湖、雨洪公园）等;水质处理措施主要包括道路雨水口截污装置、植被缓冲带、排水草沟、生态排水草沟、泥沙过滤装置、泥沙沉蓄池、雨水花园、人工湖及人工湿地等。

海绵城市的理念是人类与自然之间和谐共处的一个象征，反映了“尊自然为母、享景观为乐、秉城市为家”的哲学思想。海绵，是一种人造产物（如同城市），具有多孔的表面（如同透水的土地利用和土地覆盖类型）和巨大的内部保水能力（如同一个保护着自身文化和生态的城市，包括原生土壤、绿地、湿地、河流和森林等），它具有弹性恢复能力，如同一个可以从灾害中恢复的弹性城市[20]。重庆是我国典型的山地城市之一，结合地区的实际条件，研究适宜山地城市的海绵城市建设技术体系，对我国水资源保护及生态文明建设都具有重要的推动作用。目前，海绵城市的相关技术研究已付诸行动，且部分技术已在重庆市试点地区应用。

本章参考文献

[1] 郑圣峰，侯伟龙 . 基于生态导向的山地城市空间结构控制——以重庆涪陵区城市规划为例 [J]. 山地学报 . 2013，31（4）：482-488.

[2] 陈玮 . 对我国山地城市概念的辨析 [J]. 华中建筑 . 2001，19（3）：55-58.

[3] 黄光宇 . 山地城市学原理 [M]. 北京：中国建筑工业出版社，2006.

[4] 沃夫冈 • f • 盖格 . 海绵城市和低影响开发技术——愿景与传统 [J]. 景观设计学 . 2015，3（2）：10-21.

[5] 雷晓玲，王泽宇，刘贤斌 . 三峡库区山地城市排水体制和管网方案的选择 [J]. 给水排水 . 2010，36（3）：101-103.

[6] 仇保兴 . 我国城市水安全现状与对策 [J]. 给水排水 . 2014，40（1）：1-7.

[7] 章林伟 . 海绵城市建设概论 [J]. 给水排水 . 2015，41（6）：1-7.

[8] 靳俊伟，彭颖 . 山地城市综合管廊规划设计探讨 [J]. 给水排水 . 2016，42（5）：115-118.

[9] 车生泉，谢长坤，陈丹，等 . 海绵城市理论与技术发展沿革及构建途径 [J]. 中国园林 . 2015，31（6）：11-15.

[10] 俞孔坚 ."海绵城市" 理论与实践 [J]. 城市规划 . 2015，39（6）：26-33.

[11] 唐晓会 . 海绵城市技术在重庆山地城市建设中的应用 [J]. 重庆建筑 . 2015，14（12）：62-63.

[12] 李强，孙惠颖，赵萌 . 西方低影响开发设施体系 [J]. 北京规划建设 . 2015（2）：86-90.

[13] 车生泉，于冰沁，严巍 . 海绵城市研究与应用 [M]. 上海：上海交通大学出版社，2015.

[14] 窦秋萍 . 如何利用模型来辅助海绵城市的设计 [J]. 给水排水动态 . 2015（6）：15-18.

[15] 张智 . 排水工程 . 上册 [M]. 第五版 . 北京：中国建筑工业出版社，2015.

[16] 刘垚 . 低影响开发（LID）措施在雨水系统规划中应用研究 [D]. 南昌：南昌大学，2015.

[17] 张颖夏 . 美国低影响开发技术（LID）发展情况概述 [J]. 城市住宅 . 2015（9）：23-26.

[18] 梁晓莹，宫永伟，李俊奇，等 . 美国明尼苏达大学体育馆区域（TCF Bank Stadium）低影响开发技术应用案例研究 [J]. 建设科技 . 2015（17）：72-75.

[19] 梁春柳 . 国外优秀案例：低影响开发 [J]. 广西城镇建设 . 2016（4）：56-64.

[20] 李明翰，罗毅，王润滋 . 海绵城市：2015 低影响开发国际会议概要 [J]. 南方建筑 . 2015（3）：8-13.

第2章
山地海绵城市规划

2.1 重庆市主城区海绵城市专项规划

重庆市主城区海绵城市专项规划，规划面积 5473km^2，其中建设用地面积为 1188km^2，规划人口约 1200 万人，规划期限与重庆市城乡总体规划保持一致，近期规划至 2020 年。规划重点为城市建设用地所在的组团范围，面积约 1712km^2，其中建设用地面积为 1158 km^2，区域性基础设施面积 38km^2。主城区海绵城市规划建设的重点区域为组图范围内的建设用地及区域性基础设施。

根据主城区自然特征和环境条件，综合采用“净、蓄、滞、渗、用、排”等措施，将 70% 的降雨就地消纳和利用，完善生态格局、改善水环境、修复水生态、加强水安全、保障水资源，建设“具有山地特色的立体海绵城市”，实现“水体不黑臭、小雨不积水、大雨不内涝、热岛有缓解”的目标。到 2020 年，城市建成区 20% 以上的面积达到目标要求，到 2030 年，城市建成区 80% 以上的面积达到目标要求。

坚持因地制宜的原则，老城区以问题为导向，重点解决径流污染、黑臭水体、局部积水及大面积硬化等问题；新区以目标为导向，优先保护自然生态，综合平衡自然生态保护，城市发展，经济投入，提升海绵城市建设综合效益。统筹发挥自然生态功能和人工干预功能，以源头减量为重点，结合过程控制和末端治理，形成完善的雨水综合管理体系。

2.1.1 问题及需求分析

1. 水生态问题

（1）水土流失问题

三峡库区重庆段在全国水土流失类型区划中属西南土石山区，是国家级水土流失重点监督区和水土流失重点治理区，占三峡库区总面积的 80%，覆盖了库区的绝大部分范围，它的水土流失问题对于三峡水利枢纽工程的长期安全运行以及长江下游地区的防洪与生态安全具有特殊重要的战略意义。

据 2005 年遥感调查知，全市水土流失面积 4.0 万 km^2，占辖区面积的 48.55%。平均土壤侵蚀模数 3641.95t/(km^2 · a)，土壤侵蚀总量 1.46 亿 t/a。其中三峡库区水土流失面积 2.38 万 km^2，占辖区面积的 51.71%，平均侵蚀模数 3738.51t/（km^2 · a），土壤侵蚀总量 8924 万 t/a。重庆市每年投入大量资金进行水土流失治理，根据 2013 年 5 月《第一次全国水利普查水土保持情况公报》发布数据：重庆市土壤水利侵蚀面积仍有 31363km^2，占辖区面积的 38.07%。

2004～2013 年年治理水土流失面积　　表 2.1.1

年份	年治理水土流失面积（km^2）
2004	2201.0
2005	2514.21
2006	2533
2007	2612.67
2008	2538.7
2009	2815.2
2010	2418.73
2011	3175
2012	1675
2013	1527

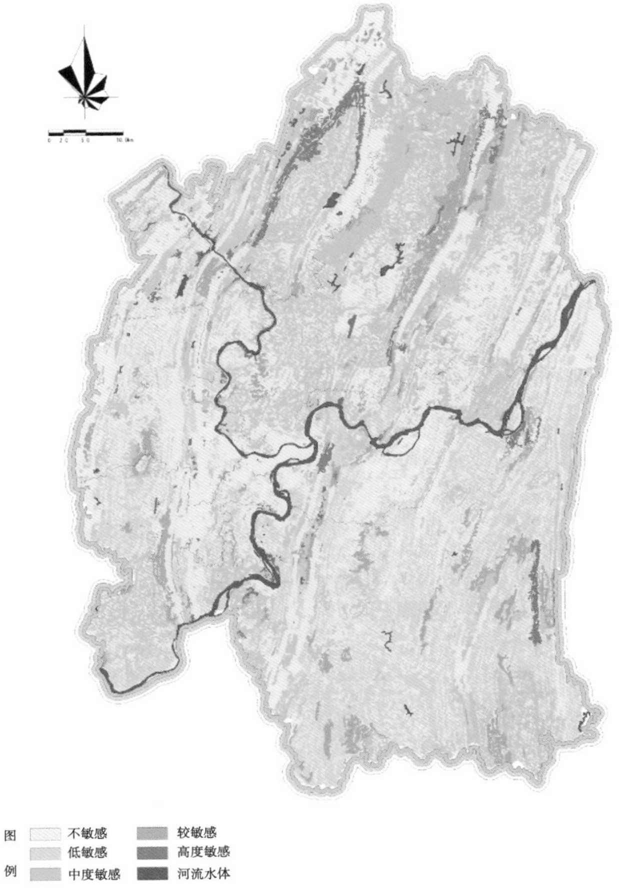

图 2.1.1　重庆主城区水土流失敏感性分析图

从图 2.1.1 中可以看出，重庆主城区域内，水土流失敏感性为不敏感和低敏感的区域占据大部分面积，中度敏感区和较敏感区主要分布在嘉陵江及长江以北，高度敏感区域主要集中在北碚区、渝北区、南岸区及小部分的巴南区。

水土流失导致土壤肥力下降，使大量肥沃的表层土壤丧失，水库淤积，河床抬高，通航能力降低，洪水泛滥成灾；威胁工矿交通设施安全，恶化生态环境。

（2）生态敏感区环境问题

生态敏感区是指那些对人类生产、生活活动具有特殊敏感性或具有潜在自然灾害影响的地区，极易受到人为的不当开发活动的影响而产生生态负面效应的地区。生态敏感区包括生物、生态环境、水资源、大气、土壤、地质、地貌以及环境污染等属于生态范畴的所有内容。生态敏感区作为一个区域中生态环境变化最激烈和最易出现生态问题的地区，也是区域生态系统可持续发展及进行生态环境综合整治的关键地区。

重庆作为典型的山水城市，水系发达，且有着典型喀斯特地貌。根据重庆的特有环境，生态敏感区类型主要包括喀斯特生态敏感区和亚热带喀斯特水源保护区。

喀斯特环境是一个独特的生态系统，具有环境容量低、生物量小、生态环境系统变异敏感度高、抗干扰能力弱、稳定性差等一系列的生态脆弱特征。重庆市位于我国第二级地貌阶梯边缘地带，喀斯特地貌十分发育。主城区内喀斯特敏感区主要分布于：缙云山山脉、中梁山山脉、铜锣山山脉、明月山山脉、东温泉山山脉等。

水源保护区是国家对某些特别重要的水体加以特殊保护而划定的区域，是污染控制的重点区域。重庆市主城区水源保护区主要分布于嘉陵江上游支流区域（渝北区、北碚区），及长江下游部分支流区域（巴南区）。

2. 水环境问题

（1）点源污染、面源污染问题

点源污染是指污染物从集中地点排入水体。主要包括生活污染和工业污染，就重庆主城区而言，其点源污染具有以下特点：

1）重庆主城区内工业企业相对较少，且对于工业企业的污水排放管理较为严格，对于排入城市污水管网的工业废水，均要求其处理达标后尚可排放，故对重庆主城区而言，其点源污染主要以生活污染为主；

2）污水管道覆盖率尚未达到 100%，尚有部分地区污水采用散排或排放至雨水管道的情况；

3）部分老旧污水管道污水渗漏严重；

4）已有污水处理厂的处理能力有限。

污水收集和处理设施的不足，导致部分生活污水排入水体，给周边水体环境带来了较大的污染。

随着城市化进程的快速推进，由于暴雨径流冲刷引起的城市径流污染已成为受纳水体水质安全的重要威胁。城市径流污染的产生随机性强，影响因素众多，不同地区的研究结果鲜有一致。山地城市地形起伏多变，其径流污染的发生规律更为复杂。

重庆市不同下垫面和流域尺度的降雨径流监测结果表明[1-5]，城市交通干道 TSS 和 COD 的 EMCs 显著高于生活区道路、商业区、混凝土屋面、瓦屋面和校园综合汇水区，同时，商业区和城市交通干道 TN 的 EMCs 相互接近（7.1 ～ 8.9mg/L），且高于混凝土屋面、瓦屋面和校园综合汇水区三种用地类型。城市交通干道的 TSS、COD 和 TP 的污染负荷分别为 589、404、1.0t/（km^2·a），是 TSS、COD 和 TP 城市径流污染负荷的主要贡献体；同时，TN、NH_3-N 城市径流污染负荷产率的主要贡献体是城市交通干道、商业区和居民生活区道路，分别为 6.6 ～ 8.5 t/（km^2·a）、4.1 ～ 4.5t/（km^2·a）。

重庆是三峡上游最大的面源污染城市，且随着城市化进程的加快，面源污染有日益恶化的趋势。

（2）水体污染问题

对长江、嘉陵江以及主城区的 40 条一级支流进行评价：长江和嘉陵江的水质良好，分别是Ⅲ类和Ⅱ类水体；江北区以及中西部片区内的水体水质较差，河流水质以Ⅴ类和劣Ⅴ类居多；主城区 40 条一级支流中有 16 条（27 段）呈黑臭状态，约占 40%。

3. 水资源问题

重庆地区过境水资源量丰富，但可利用水资源量较少。重庆市域多年平均降水量约 1184mm，地表水资源量为 567 亿 m^3，地下水资源量 96 亿 m^3，平均产水系数为 0.58，平均产水模数 73 万 m^3/km^2。人均占有当地水资源量仅为 $1644m^3$。依据国际上的“水紧缺指标”：当人均水资源量处于 1000 ～ $1700m^3$ 时，属于中度缺水状态，重庆属中度缺水地区。尤其是重庆市容易受气候影响降水的现象比较严重，在一般的中等干旱时，重庆市的水资源总量中，可以被直接利用的水资源量大约为 121 亿 m^3，人均的水资源量约为 $393m^3$。在城市大规模的发展过程中缺乏雨水源头控制措施和水系保护措施，不少源头水塘湖泊及河流逐渐功能枯竭或被填埋开发，建成区实际水资源储蓄容量在减少，水面率仅约 1% ～ 3%，远低于其他城市。

重庆水资源时空分布极为不均，汛期占 70%，非汛期占 30%；东部水多，西部水少；丘陵、平原人多水少辖区面积小，高山深丘人少水多幅员面积大；土壤含水层薄，保水能力差。

重庆地形高差较大，主城区海拔标高 200 ～ 550m，因此从两江提水成本较高，同时河谷深切导致水资源开发利用难度大，成本高，而大量的雨水通过硬化的路面快速排掉，因此资源浪费。由于山地城市降雨后原始地貌下的保水性并不强，城市内的绿化浇洒、道路广场冲洗需水量较大，高程较大处采用江水提升的市政给水，占总用水量的 10% 左右，成本费用较大。重庆市利用地表水量占全市当地水资源总量的 7.8%，利用地下水量占全市地下水资源总量的 1.5%。因此，重庆市水资源的利用对水利工程的依赖性大，属工程型缺水地区。

4. 水安全问题

重庆多年平均年降水量 1208mm，降水主要集中在汛期（5 ~ 9 月），占全年总降水量的 69%，降水量分配极不均匀，雨峰靠前，主城区 219 个易涝点，内涝严重。

重庆是典型的山地城市，山丘广布、地形崎岖、高低悬殊，不仅降水受地形的影响较大，而且重庆独特的地形地貌使得境内水流具有较大的势能差，活动能力较强，由高地势向低地势区汇集，形成支流众多、不对称的向心水系网。一旦大范围降水或局地强降水，雨水迅速向低洼点（凹点）汇集，由于凹点排水出路坡度较小，容易积水，造成严重的洪涝灾害。

近年来，随着重庆市主城区城镇化进程不断加快，城市规模不断扩大，在气候变化和城市化快速发展的背景下，区域短历时强降水的强度和分布特征均发生了显著变化，极端降水事件的强度增强，如 2007 年“7•17”、2009 年“8•4”、2013 年“6•9”、2016 年“6•24”等强降水事件，导致主城区部分地区出现排水不畅、内涝、交通堵塞现象，带来了严重的社会影响和经济损失。

5. 海绵城市建设空间保障分析

山地城市建设用地局促，往往需要削山造地，土地开发利用行为对山地自然环境影响更为直接，原有渗水、滞水、保水的海绵结构更易遭受破坏。建设空间保障上应充分考虑城市海绵体的平面展延和立体构建，平面上严格划定禁止开发或控制开发区域，严格控制城市开发建设边界，垂直方向上结合山地地形，构建山地海绵，优化水系通廊，强化“滞、渗、蓄、净、用、排”山地海绵体构建。

主城区具备良好的构建海绵斑块和廊道的生态基础。城市绿地系统的自然生态机制较强，总体生态效应好。城市用地复杂，异形绿地概率增大，楔形、带形绿地多；但是由于用地紧张，城市内绿地偏少，被严重隔离，且分布随机性较大，不均匀，有较大高差。由于山地地形的起伏凹凸、曲折多变，山地城市的绿地也随地形而层层叠叠，高低错落，自然形成一个三维立体绿地系统，有利于城市生态海绵系统的稳定及良性循环。

水系是联通“山地海绵体”基础载体和流动血脉，城市水系形成的自然排水系统是海绵城市生态雨水管理的重要组成部分。主城区多丘陵、低山或山地地貌，地形复杂多变，各等级水线纵横交错。水系及其滨水空间构成了山地城市典型的线状海绵通廊，是维系山地海绵体水循环的流动载体，是联系山体、绿地、城市空间、水生态海绵的关键纽带。

6. 水问题的需求分析

根据《重庆市城乡总体规划（2007 ~ 2020年）》中对于美丽山水城市的规划策略，要加强生态环境的保护和建设，加强污染预防与治理，倡导低碳生活和绿色发展。生态文明建设贯彻城乡规划建设管理和经济社会发展以及居民生活的全过程。美丽山水城市建设是生态文明建设的重要载体和组成部分。

重庆作为典型的山水城市，水系发达，城市绿地面积较广。但由于直辖以来，人口增多、发展迅速等原因，在城市发展过程中遇到了生态破坏、水环境污染、水资源供应不足及城市内涝等诸多问题。要解决发展与资源环境的矛盾，实现城市发展目标，重庆必须走集约、低碳生态发展之路。因此，按海绵城市建设要求，建设低影响的开发雨水系统是解决重庆主城区水生态、水安全、水环境、水资源面临的问题的必由之路。

（1）通过海绵城市建设，进一步改善和提升水生态环境质量，恢复自然水生态系统，减少水土流失。根据海绵城市建设的理念及要求，最大限度地保护原有的河流、湖泊、湿地等水生态敏感区，维持城市开发前的自然水文特征；同时，控制城市不透水面积比例，最大限度地减少城市开发建设对原有水生态环境的破坏；此外，对传统城市建设模式下已经受到破坏的水体和其他自然环境运用生态的手段进行恢复和修复。

（2）通过海绵城市建设，进一步加强城市防洪排涝体系的建设。根据需求适当建设调蓄水池、增加调蓄水体，暴雨前利用低潮位开闸放水腾出调蓄空间，高潮时关闸蓄水，避免城市内涝。同时，促进雨水的积存、渗透和净化，在一定程度上提升城市雨水管渠系统及超标雨水径流排放系统的服务能力，充分发挥自然生态系统对水的调蓄功能，有效缓解城市的排涝压力。

（3）通过海绵城市建设，进一步减轻水环境治理压力，改善水体环境，消除黑臭水体。采用绿色屋顶、植草沟、雨水花园等低影响开发措施，在蓄滞雨水的同时拦截面源污染。结合原有的湿地，根据需要建设人工湿地，充分利用自然生态系统的净化功能，将入河污染物削减到环境容量允许的范围，缓解城市水体污染严重的问题。

（4）通过海绵城市建设，进一步保障水资源安全。在城市建设区充分利用湖、塘、库、池等空间滞蓄利用雨洪水，城市工业、农业和生态用水尽量使用雨水和再生水，将优质地表水用于居民生活。在减少城市洪涝风险的同时，缓解可利用水资源缺乏的现实问题。

2.1.2 规划指标体系

在主城区海绵城市建设专项规划中，明确了将海绵城市建设理念贯穿于重庆城市建设全过程，结合山地地貌雨水流速过快的特点，打造具有自然良性循环的城市水系，保护水环境，保障城市水安全，提升水价值，承担起长江上游水源保护和水土生态保护的责任。增强城市防涝能力，提高新型城镇化质量，逐步实现“小雨不积水、大雨不内涝、水体不黑臭、热岛有缓解”的目标，让群众切身感受到海绵城市建设的效果，最大限度减少城市开发建设对生态环境的影响，构建健康完善的城市水生态系统。根据重庆主城区海绵城市建设需求，提出以下建设具体指标。

1. 水生态建设指标

（1）年径流总量控制率：≥ 70%（强制性）;

（2）新建区域在 2 年一遇 24h 降雨条件下，外排雨水峰值流量不高于建设前（指导性）;

（3）生态护岸比例：≥ 55%（不包含自然岸线，指导性）。

2. 水环境建设指标

（1）水环境质量：建设区域内的水功能区水质达标率≥ 95%；

（2）城市面源污染控制：雨水径流污染物削减率≥ 50%（以 SS 表征，强制性）。

3. 水资源建设指标

对有需求的地区经过经济技术比选确定雨水资源利用率（指导性）。

4. 水安全建设指标

（1）中心城区雨水管道暴雨重现期设计标准 5 年，非中心城区雨水管道设计标准 3 年，中心城区重要地区雨水管道设计标准 10 年，中心城区地下通道和下沉式广场的雨水管道设计标准为 50 年（强制性）;

（2）排水防涝标准：50 年一遇降雨条件下，道路至少一条车道积水深度不超过 15cm，居民住宅和工商业建筑物的底层不进水（强制性）;

（3）城市防洪标准：主城区防洪标准为 100 年一遇（北碚为 50 年一遇），具体参照《重庆市主城区防洪规划》（强制性）。

5. 指标体系特色

（1）综合考虑重庆坡度大、坡地面积大（大于 7 度的坡地占总面积的 88%）、土层浅薄持水能力弱、相对湿度大、雨峰靠前、雨型急促、短时暴雨、自然地貌径流系数高等特点，主城区年径流总量控制率因地制宜按不低于 70% 控制。

（2）由于重庆主城区属于典型的山地城市，自然坡度大，雨水汇流时间短，降雨时自然河道容易出现满流状况，对河道生态岸线侵蚀较为严重；同时山地城市的雨水流速较大，对裸露地面的水力侵蚀严重，城市内涝时积水颜色为土黄色，表征水土流失严重。为了保护自然河道、裸露地面等免受中小降雨径流侵蚀，参照美国的 CPV（Channel Protection Volume）提出了径流峰值控制指标，在 2 年一遇 24h 降雨条件下，外排雨水峰值流量不高于建设前。本指标主要针对水生态保护，同时对水安全中径流峰值引发的内涝风险也有一定的缓解作用。途径是通过调蓄各个地块的峰值流量来达到消减自然河道峰值流量、减少对裸露土地的水土侵蚀、缓解水土流失的目标，主要应对高频率中小降雨情况。

2.1.3　海绵空间格局构建及功能区划

1. 山、水、林、田、湖

主城区山体面积总计约 1634km^2，约占规划范围的 30%。重庆主城区范围内的山地地理单元，分为中山、低山和丘陵。从地形条件来看，包括平行山岭、孤立高丘、城中山体、崖线等。中山和低山是主城区重要的生态屏障和“绿色肺叶”，在保持水土、涵养水源、净化空气、调节气候和抗御自然灾害、减低城市热岛效应等方面都发挥着重要效用。主城区范围内山体分布主要包括四山，即缙云山、中梁山（含龙王洞山）、铜锣山、明月山；双脊，即枇杷山 - 鹅岭 - 平顶山中部山脊线、龙王洞山 - 照母山 - 石子山北部山脊线及其支脉；四十座重要的城中山体，即樵坪山、云篆山、寨山坪、云台山等。

主城区水域面积总计约 198 km^2，约占规划范围的 3.6%。重庆主城区内江河纵横，水网密布，所有江河均属长江水系。长江与嘉陵江分别自西南、西北流入主城区，并在朝天门汇合后向东，沿途横切低山或丘陵，形成峡谷，而在峡谷后的江面相对较宽阔，形成沙洲或江心岛。主城区内河流按流域划分，分属长江干流和嘉陵江干流，其他小河流为网络，构成密度较大的水系网络，干支流呈格状、树枝状水系。除长江、嘉陵江两大干流以外，主城区内流域面积在 10km^2 以上的一级支流共 40 条，其中流域面积大于 50km^2 的 18 条，包括璧北河、梁滩河、后河、竹溪河、柏水溪、跳蹬河、大溪河、一品河、花溪河、苦溪河、鱼溪河、五布河、双河、鱼藏河、御临河、朝阳溪、朝阳河、双溪河；流域面积大于 10km^2 小于 50km^2 的 22 条，分别是三溪口、龙滩子、井口南溪、双碑詹家溪、盘溪河、童家溪、清水溪、曾家河沟、九曲河、张家溪、三岔河、马河溪、西彭黄家湾、黄溪河、兰草溪、沙溪、望江、茅溪、伏牛溪、溉澜溪、桃花溪、葛老溪。其中绕城高速公路以内的有 32 条。

主城区林地资源丰富，主要分布在四山区域。主城区内林地面积总计约 1497km^2，约占规划范围的 27.3%。其中四山范围内的林地约 928km^2，占主城区总林地的 62%。

主城区田园（耕地、园地）面积总计约 1942km^2，约占规划范围的 35.5%。主城区内的农田主要分布在渝北区北部和巴南区东南部，主要在缙云山、中梁山（含龙王洞山）、铜锣山、明月山、桃子荡山、东温泉山之间沿麻柳河、御临河、二圣河等一级支流两岸的有阶地发育。

主城区内现状各类水面共 285 处。其中小（2）型（库容大于或等于 10 万 m^3 而小于 100 万 m^3）及以上的水库 190 处，其他一般性集中水面 95 处。作为城市饮用水源的水库 4 处，分别是南彭、马家沟、观音洞和迎龙水库。主城区内现有彩云湖（国家级）、迎龙湖（国家级）、九曲河 3 处湿地公园。主城区的水库、湖泊、大型湿地是水系统常年蓄水的主体空间之一，承担着蓄洪、防洪，调节干流水量，改善城市局地气候的作用，部分水库还承担着饮用、灌溉等功能。

重庆市主城区山、水、林、田、湖分布见图 2.1.2。

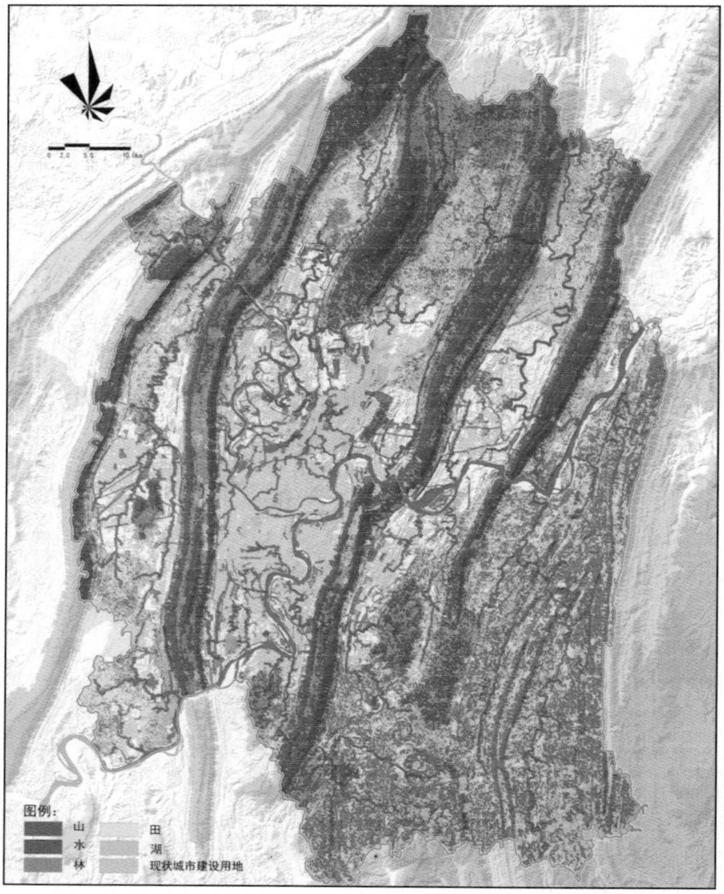

图 2.1.2　重庆市主城区山、水、林、田、湖分布图

2. 海绵生态空间格局

通过对主城区现状山、水、林、田、湖自然本底的梳理和对《主城区美丽山水城市规划》的规划评估，规划在重庆主城区海绵城市建设形成“四山双脊四十丘，千溪百湖汇两江，半城山水满城绿”的总体海绵生态空间格局。

四山双脊四十丘：主要是指缙云山、中梁山（含龙王洞山）、铜锣山、明月山等四座重要城中山以及樵坪山、云篆山、寨山坪、云台山等四十座城中山体。“四山双脊四十丘”是主城区水源涵养的空间载体。主要体现“渗”水、“净”水的海绵功能，一定程度上有“滞”

水的相关功能。

千溪百湖汇两江：主要是指长江、嘉陵江两条主要干流以及40条重要的一级支流、2000余条二三级支流和两百多个湖泊水库。“千溪百湖”是主城区主要的水空间载体。主要体现“蓄”水、“滞”水、“用”水的海绵功能。

半城山水满城绿：主要是指田园、林地、公园绿地、河岸防护绿带、道路防护绿带等建设与非建设绿地空间。这类空间是山水径流运动过程的过渡区域，是重要的“净”水和“滞”水区域。

3. 海绵功能区划

结合主城区生态空间格局分析、大海绵体空间分布和功能分析，将规划范围内的用地分为四个一级海绵功能区，分别是海绵涵养区、海绵缓冲区、海绵提升区和海绵修复区。详见图2.1.3，图2.1.4。

（1）海绵涵养区

海绵涵养区面积约1634km^2，约占规划范围的29.8%。海绵涵养区主要是指缙云山、铜锣山、中梁山、明月山四山管制区，龙王洞山、桃子荡山、东温泉山等连片山体，寨山坪、樵坪山、照母山等具有极高生态服务功能的城中山体，以及彩云湖、九曲河等湿地公园区域。海绵涵养区以生态涵养和生态保育为主，该区域内应严格控制各类开发建设活动，加强对水土流失、石漠化等区域的生态修复，加大生态环境综合整治力度，可结合森林

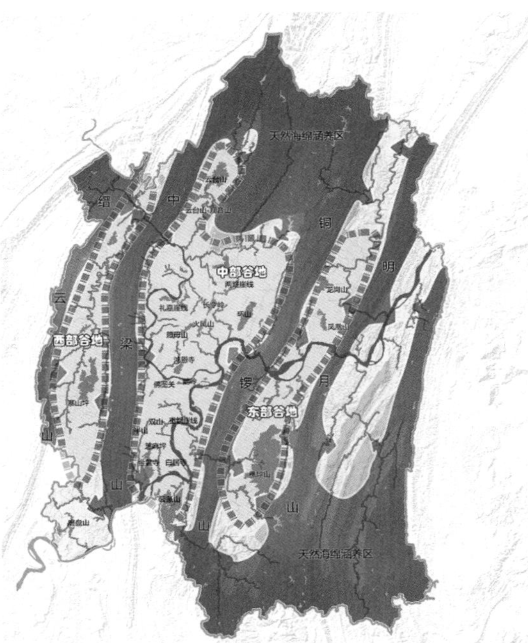

图2.1.3　重庆市主城区海绵生态空间格局图

图2.1.4　主城区海绵空间一级功能区划图

公园、郊野公园、湿地公园等具体项目，规划设置如陂塘系统、雨水花园等海绵设施，提高海绵空间的涵养功能。

（2）海绵缓冲区

海绵缓冲区面积约 2614km^2，约占规划范围的 47.8%。海绵缓冲区是海绵涵养区与海绵提升区的过渡区域，主要是指城市建设区外围的农田和林地区域。该区域内由于受到人为活动的干扰较为频繁，生态系统不稳定，而且面临一定的农业面源污染问题。海绵缓冲区以生态保护和缓冲功能为主，控制各类开发建设活动，加强农田林网、河岸防护绿带的建设，加强农业面源污染治理，发展生态旅游、生态农业等生态友好型产业，结合农田、水库、坑塘、洼地等空间分布，规划设置具有调蓄功能的海绵设施，提高海绵空间的缓冲功能。海绵缓冲区内若涉及到未来城镇发展建设用地拓展区域，应积极保护具有重要海绵功能的山体、水体、坑塘、林地等生态空间，优先保护生态空间格局，以绿色基础设施为主，灰色基础设施为辅，构建海绵系统，推广低影响开发建设模式。

（3）海绵提升区

海绵提升区面积约 594km^2，约占规划范围的 10.8%。海绵提升区主要是指城市规划未建设区域，包括规划范围内小城镇建设用地区域，海绵提升区是城市未来发展的核心区域。海绵提升区以目标为导向，以生态功能优化和建设品质提升为主，以生态文明建设理念为核心，优先落实蓝绿空间体系，保护水系及其绿化缓冲区域，综合平衡自然生态保护，城市发展，经济投入，提升海绵城市建设综合效益。以绿色基础设施为主，灰色基础设施为辅，合理规划布局“渗、滞、蓄、净、用、排”等海绵设施，从源头、过程、末端系统性地控制径流、净化水质，提升海绵城市建设质量。

（4）海绵修复区

海绵修复区面积约 631km^2，约占规划范围的 11.6%。海绵修复区主要是指现状城市建成区域，包括现状区域性基础设施用地等。该区域大量的硬质化铺装、河岸硬化、河道改线等现象导致水系生态功能退化、水质下降、内涝现象严重等问题。海绵修复区以问题为导向，重点解决径流污染、局部积水及自然渗透受阻等问题，修复生态。结合现状的公园绿地、道路防护绿地、配套绿地等空间，规划设置植草沟、滞留池、雨水花园等生态基础设施；结合排水管网及绿地等空间的初期雨水设施；采用透水铺装，逐步改造硬化地面；采用生态修复技术，逐步修复渠化河道；尽量恢复建成区的生态服务功能。

2.1.4 管控指引及规划措施

在自然汇水流域分区的基础上，结合城市用地、道路规划布局，雨水管渠布置，同时充分考虑城市规划管理要求，将主城区划分为 79 个海绵流域排水分区，对各海绵分区内的各类用地进行分析，便于指标分解及指引制定。

结合海绵涵养区、海绵缓冲区、海绵提升区、海绵修复区的划分原则和空间关系，在分析 79 个流域排水分区的用地比例和主导海绵功能区的基础上，将本次规划划分的 79 个海绵流域排水分区分为四种功能类型区见图 2.1.5 ~图 2.1.9：

一类区，主要指是建设用地比例和建成区比例加权值在 75% 以上的流域排水分区。这类流域排水分区主要分布在海绵修复区内，以现状建设用地为主，总共有 12 个流域排水分区，约占规划范围的 4%；

二类区，主要是指建设用地比例和建成区比例加权值在大于等于 50% 且小于等于 75% 的流域排水分区。这类流域排水分区主要跨越海绵提升区和海绵缓冲区（或海绵涵养区），区内建设用地面积比例较大，总共有 22 个流域排水分区，约占规划范围的 10%；

三类区，主要是指建设用地比例和建成区比例加权值在大于等于 25% 且小于 50% 的流域排水分区。这类分区主要位于海绵涵养缓冲区，并且有一定的建设用地，总共有 30 个流域排水分区，约占规划范围的 27%；

图 2.1.5　主城区海绵流域排水分区图

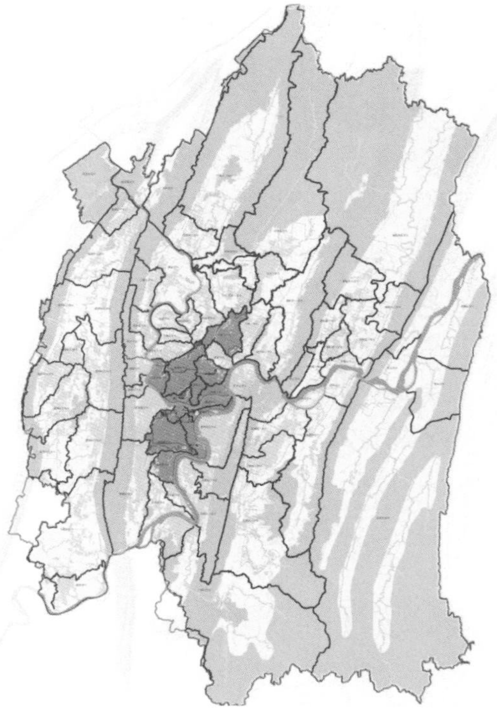

图 2.1.6　一类区流域排水分布图

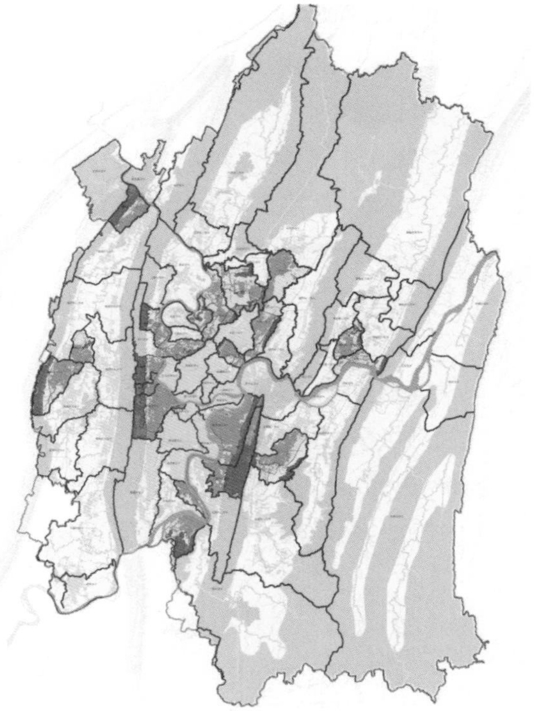

图 2.1.7　二类区流域排水分布图

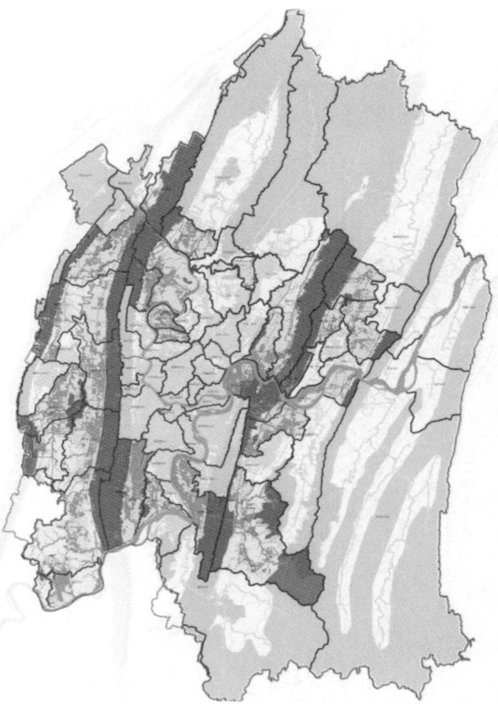

图 2.1.8　三类区流域排水分布图

图 2.1.9　四类区流域排水分布图

四类区，主要是指建设用地比例和建成区比例加权值小于25%的流域排水分区。这类分区绝大部分位于海绵缓冲区（或海绵涵养区），流域排水分区内农田、林地等非建设用地比例较大，总共有15个流域排水分区，约占规划范围的59%。

针对主城山地海绵自然本底条件及存在的问题，提出"净化优先保安全，渗透回用促循环、高蓄坡滞低缓排、山水绿文城相映、立体海绵惠渝州"的总体规划策略。

（1）净化优先保安全：由于主城区海绵城市建设面临的首要问题是径流污染，所以在"渗、滞、蓄、净、用、排"措施中优先采用净化措施，改善水体环境质量，确保库区水质安全。布置初期雨水收集设施，采用TMDL最大日污染负荷法计算面源污染削减率，并核算年径流总量控制率应满足流域污染物消减要求。

（2）渗透回用促循环：针对主城区大面积硬化的问题，推广透水铺装，全面提升城市下垫面渗透能力，促进水在城市内的自然循环过程。按用地性质分类确定改扩建及新建项目的透水铺装率。鼓励进行雨水回用，雨水回用用途及水量根据具体项目的经济技术比较确定，促进水在城市内的人工循环过程。

（3）高蓄坡滞低缓排：沿高程分布布置不同功能的海绵设施，构建立体海绵系统。在高地布置山顶坑塘蓄积雨水，在坡地布置坡塘湿地，沿坡度较大的道路布置阶梯式回转型生物滞留带滞留雨水，在低洼处布置雨水花园等调蓄设施，在支流布置生态景观坝等调蓄设施，在入河口布置河岸湿地、植被缓冲带净化雨水。结合道路、绿地等径流通道串联海绵设施与水体。当道路坡度超过2%时，道路旁的生物滞留设施，宜设置阶梯式回转型挡水堰，增加径流流程及有效蓄水容积。

（4）山水绿文城相映：划定蓝绿线，串联融合生态、生产、生活空间。规划维持现状水体边界线作为蓝线，绿地边界线作为绿线，划定城中山体保护线。各类海绵设施应实现功能与景观融合，并与周边环境景观相协调，利用道路生物滞留带联通河流、绿化带及海绵设施，形成连续的、蓝绿交织的生态景观空间，与城市生产、生活空间相互融合。

（5）立体海绵惠渝州：规划综合利用地形、建筑物、构筑物的陡坡面、垂直面或挑悬的空间增加绿化量，构建"立体绿化"，与"高蓄坡滞低缓排"一起塑造具有重庆山地特色的立体海绵系统，提升城市生态环境品质。

2.1.5 近期建设规划

1. 建设思路

根据海绵城市建设先保护修复再规划建设的原则，首先对重庆市主城区海绵城市建设需要保护和修复的区域通过生态本底调查后确定。通过建设分区将重庆主城区划分为五大功能区，分别为：海绵生态保育区，区域为生态高敏感区，禁止进行开发建设以保护自然生态格局；海绵生态涵养区，区域为重要"山水林田湖"体系，需要严格保护其自然生态格局；海绵生态缓冲区，区域为生态脆弱区域，需通过人工生态修复，恢复到自然生态状态；海绵建设先行区，区域为近期实施建设的海绵城市区域，为满足2020年20%海绵城市建设目标划定的区域；海绵建设引导区，区域为远期实施建设的海绵城市区域，为满足远期海绵城市建设目标划定的区域。

（1）老城区以问题为导向，重点解决径流污染、局部积水及自然渗透受阻等问题。在本底调查基础上，对重庆黑臭湖泊和已上报住建部的黑臭河段开展整治工作，对267个易涝点结合海绵城市建设设置低影响开发设施和雨水调蓄设施，将包含黑臭水体和易涝点的完整排水分区划入海绵城市建设示范区域，以黑臭水体以及易涝点整治效果作为海绵城市建设考核目标。

（2）城市新区、各类园区、成片开发区以目标为导向，优先保护自然生态本底，合理控制开发强度。将海绵城市建设的理念贯穿于重庆城市建设全过程，探索在城市更新和改造过程中，打造具有自然良性循环的城市水系，创造生态型的发展模式，保护水环境，保障城市水安全，提升水价值，承担起长江上游水源保护和水土生态保护的责任。新区的示范区划定遵循集中连片，并且覆盖完整的排水分区，最终考核参照具体量化的目标体系。新区的海绵城市建设主要从点、线、面控制系统展开。

点控制系统：主要遵循源头削减原则，以城市小型绿地和点状灰色控制实施，从源头减少径流污染、涵养水源、控制水土流失以及较少径流峰值。

线控制系统：主要遵循过程控制原则，由河流和河流植被所构成的水系廊道及城市线状绿地组成的生态廊道为主，并结合线状低影响开发设施，以灰色基础设施管网系统优化完善、内河水系整治、雨水行泄通道等为辅，构建灰绿结合、自然生态功能和人工工程措施并重的系统性海绵系统，重点解决雨水径流污染控制、生态恢复以及内涝防治问题。

面控制系统：重点遵循系统治理原则，以区域绿地为核心的山水机制，串联点控制系统和线控制系统，重点解决城市面源污染、径流总量控制以及生态涵养与保护等方面的问题。

以上三个控制系统分别从源头削减、过程控制、系统治理全方位体现海绵城市建设措施，体现自然生态功能和人工工程措施并重，具有系统性、整体性、完整性。

2. 建设区域

根据《国务院办公厅关于推进海绵城市建设的指导意见》（国办发75号）和《重庆市人民政府办公厅关于推进海绵城市建设的实施意见》（渝府办发37号）的要求，将70%的降雨就地消纳和利用，到2020年，城市建成区20%以上的面积达到目标要求。根据《重庆市近期建设规划》：重庆主城区2020年规划建成区约900km^2，即不低于180km^{2}的面积达到海绵城市目标要求。

2.2　万州区海绵城市专项规划

2.2.1　城市概况

1. 万州概况

万州区位于长江中上游结合部，重庆市东北部，三峡库区腹心，四川盆地东部边缘，地处东经 107° 52′ 22″ 到 108° 53′ 25″，北纬 30° 24′ 25″ 到 31° 14′ 58″ 之间，东与云阳相连，南邻石柱和湖北利川，西连梁平、忠县，北倚开县和四川省开江县，北有大巴山，东邻巫山，南靠七曜山。中心城区距重庆水路 327km，陆路 328km，下至宜昌 321km，距三峡工程三斗坪大坝 283km，位于三峡库区中部，是长江沿岸十大港口之一，万州城区依山就势，主要分布在 175m 至 350m 高程范围，沿江至山呈坡台地分布，属典型山地城市，兼具山城和江城特色。简言之即“二水分流，三岸对望，群山环城”。万州区区位图见图 2.2.1。

2013 年重庆市委四届三中全会研究部署了重庆市功能区域划分和行政体质改革工作，综合考虑人口、资源、环境、经济、社会、文化等因素，将重庆划分为都市功能核心区、都市功能拓展区、城市发展新区、渝东北生态涵养发展区、渝东南生态保护发展区五个功能区域。作为重庆“一圈两翼”发展战略中“两翼”中“渝东北翼”的中心，万州协同其他渝东北生态涵养发展区，城区以保护好三峡库区的青山绿水为重点，共同肩负起长江上游重要生态屏障的责任。

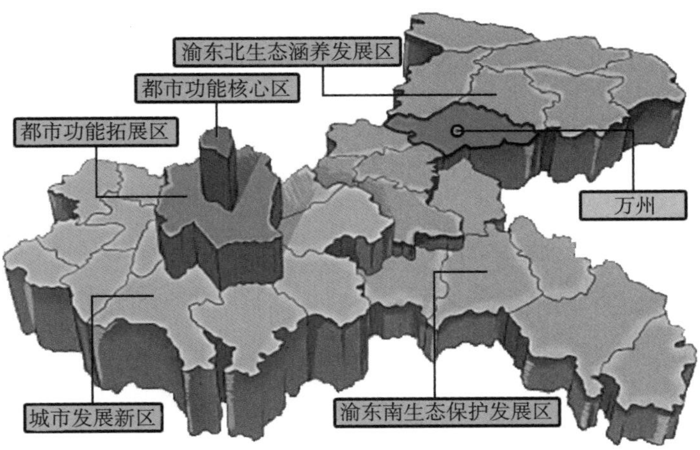

图 2.2.1　万州区区位图

2. 高铁片区概况

高铁片区位于重庆市万州区中心城区北部天城组团范围内，处于歇凤山与都历山之间，东至天城董家，西接申明坝工业园，南接周家坝组团 II 管理单元，北靠沪蓉高速公路，总规划面积 8.49km^2。高铁片区作为万州重要的空间拓展区域，重要的交通枢纽、区域性商贸服务中心和宜居新城，是万州“一江四片”的重要沿江都市风貌展示区，也是落实中心城区南北拓展“一主两副”的核心区位。见图 2.2.2。

秉持创建具有滨江山水特色和历史文化底蕴深厚的现代化生态宜居城市的原则，以建设成为国家级生态园林城市为目标，响应国家法规政策，相关部门进行万州区高铁片区海绵城市专项规划编制。

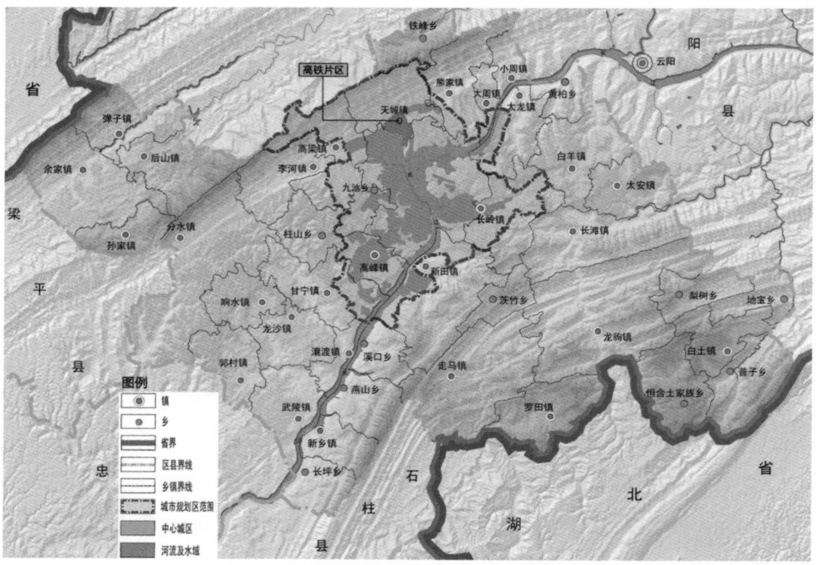

图 2.2.2　高铁片区区位图

2.2.2　问题及需求分析

规划区为新建区，大部分区域还处于规划建设阶段，现阶段其水文特征主要依赖于原始地形。随着规划区城市的发展，大规模的城市开发会造成规划区内水安全、水资源、水环境、水文循环的破坏，而海绵城市的理念就是在最大程度的保护现有生态环境的前提下，对城市可持续发展提供最优先的规划引领，这一系列问题都凸显了规划区内实施海绵城市的必要性。

由于规划区目前还处于规划建设阶段，海绵城市专项规划详细分析是在现有开发模式下，以及城市将面临的风险和可优化空间的前提下，指出的更详尽的城市需求。海绵城市建设与城市开发同时规划、同时建设、同时实施，可以更有利于因地制宜的提出海绵城市建设方案，减少建成后修建改建的可能性。为地方政府统筹该区域的建设减少后续的烦恼。

1. 水生态问题及需求

（1）水体循环遭到破坏

规划区内主要河流为长生河、刘房河、龙溪河，由于人为影响，导致原始河流断流。根据现场调研显示，规划区内以上主要河流长期处于断流状态。原始天子湖湖面宽广，为原天城片区生态景观的亮点，现状湖体长期处于干涸状态，仅丰水期湖底有细水流过。海绵城市优先利用自然排水系统与低影响开发设施，实现雨水的自然积存、自然渗透、自然净化和可持续水循环，提高生态系统的自然修复能力，维护城市良好的生态功能。海绵城市的建设，为规划区内恢复原始水循环、重现天子湖美景提供了可能。天子湖现状见图 2.2.3 和图 2.2.4。

（2）径流控制率低

随着万州高铁片区的开发建设，现状农林用地变为建设用地，不透水地面比例的增加使得年径流总量控制率减小。在新的土地利用规划下，如果不考虑海绵城市建设理念，在传统开发模式下，区内径流控制率为 40.78%，控制降雨量 7.68mm，距离海绵城市建设要求中将 75%（22.8mm）的降雨就地消纳的要求差距较大，各地块均无法满足。

（3）水文循环问题及需求

在未经开发的自然地表，雨水通过土壤层透水之后、经过过滤净化储藏于地表，或渗入浅水层，最终溢出变成溪水的基流，形成一个地表漫流过程，这一过程为环境带来了许多的益处。

大规模的城市化建设对地表结构带来干扰，导致地表结构特征产生变化，直接影响到与之相关的生态环境。同时，城市化降低了水文系统调节能力。近年来，国内许多城市的水文数据都具有同化趋势，如暴雨出现频率增高，洪涝灾害频率增大，这些都产生于水文循环系统遭到干扰和破坏。万州高铁片区若按照传统城市开发理念进行建设，势

图 2.2.3　天子湖现状鸟瞰图

图 2.2.4　天子湖现状近景图

图 2.2.5 海绵城市理念下水文循环比例图

必也会出现上述城市化对水文循环所造成的一些弊端。海绵城市的建设有利于修复城市水文循环。详见图 2.2.5。

1）增加降雨向土壤水的转化量

海绵城市的建设能够增加降雨向土壤水的转化量。以下凹式绿地和透水性铺装为例，采用下凹式绿地和透水铺装能够大大增加降雨渗入土壤的水量。通常绿地的径流系数为 0.15，小区内传统的混凝土硬化铺装地面的径流系数为 0.9，实施雨洪利用措施后，对于设计标准内降雨，绿地和透水地面的外排径流系数可降为零。一般情况下小区内绿地占 30%、硬化铺装地面占 35%，若绿地的截留量按 10% 计，仅此两部分采取雨洪利用措施后，相比不采取雨洪利用措施时降雨向土壤水的转化量，增加约 160%。

2）增加地下水补给量

部分土壤水在重力作用下逐渐向下运动最终补给地下水。以北京市为例，城区的水文地质条件，渗入土壤的雨水转化为地下水的比例一般在 5% ~ 20%，平均为 10%。因此，仅绿地和铺装地面采取雨洪利用措施，所增加的地下水补给量为降雨量的 3.6%。

3）增加蒸散发量

下凹式绿地能够使土壤含水量增加 2% ~ 5%，使植物生长旺盛，从而增加绿地的蒸散发量为 0.02 ~ 0.32mm。通过透水地面渗入土壤的雨水、铺装层吸收和滞蓄的雨水，在降雨过后会逐渐通过铺装层的孔隙蒸发到空气中。

4）有效减少径流外排量

实施雨洪利用措施能够使外排径流量大大削减，甚至能够实现对于一定标准的降雨无径流外排。

5）有利于城市河道“清水常流”

调控排放形式的雨洪利用措施可使滞蓄在小区管道和调蓄池内的雨水在降雨结束后 5 ~ 10h 内缓慢排走，再考虑 5 ~ 10h 的汇流时间，则可使城市河道的径流时间延长

10 ~ 20h。使城市河道呈现出类似天然河道基流的状态，趋向于“清水常流”。

2. 水环境问题及需求

（1）城市定位

万州以保护好三峡库区的青山绿水为重点，同时也肩负起长江上游重要生态屏障的责任。高铁片区位于整个万州规划范围西北侧，属于万州城区规划“一主两副”的北部副城，以及“一江四片”的天城片区。规划区功能为：西三角经济区面向东部沿海地区的城市门户；成渝城镇群及三峡库区重要交通枢纽；“万开云”城镇群核心功能区。万州城市总体规划明确指出，开发建设过程中，坚持城市建设与生态建设并举，建设“城乡一体化”的区域生态安全防护系统，完善生态、生产、游憩三重层次的绿化网络系统，创建具有滨江山水特色和历史文化底蕴深厚的现代化生态宜居城市。

（2）城市面源污染特征

本规划根据中国科学院、西南大学及重庆大学开展的《城市区域不同屋顶降雨径流水质特征》、《山地城市暴雨径流污染特性及控制对策》、《山地城市径流污染特征分析》、《重庆市不同材质路面径流污染特征分析》、《重庆市不同材质屋面径流水质特性》、《重庆市城市居民区不同下垫面降雨径流污染及控制研究》等关于重庆市不同下垫面雨水径流水质的研究结果进行分析。

由于坡度的原因，山地城市初期冲刷效应比平原城市更为显著。降雨径流污染物质的流失率高于平原城市，能够在短时间内携带大量的污染物质，使得初期径流具有更强的污染性，可能会造成污染物浓度在短时间内急剧上升，容易导致流域水质迅速恶化。

（3）污染物入河量与环境容量对比

规划范围内的两大水系为长生河水系、龙溪河水系，最终汇入长江支流苎溪河。

万州区次级河流水质评价结果　　表 2.2.1

河流名称	断面名称	断面水域功能	2013 年水质类别	2014 年水质类别	2014 年主要污染指标（超标倍数）
瀼渡河	逍遥庄	Ⅲ	Ⅳ类	Ⅲ类	
	瀼渡大桥	Ⅲ	Ⅲ类	Ⅲ类	
磨刀溪	长滩	Ⅲ	Ⅱ类	Ⅲ类	
	向家	Ⅲ	Ⅱ类	Ⅲ类	
石桥河	老娃洞	Ⅲ	Ⅲ类	Ⅲ类	
	河溪口	Ⅲ	Ⅲ类	Ⅲ类	
五桥河	交警大队	Ⅳ	劣Ⅴ类	劣Ⅴ类	氨氮（3.18），总磷（2.34），化学需氧量（0.95）
	沱口养老院	Ⅳ	Ⅲ类	Ⅳ类	总磷（0.07）

续表

河流名称	断面名称	断面水域功能	2013 年水质类别	2014 年水质类别	2014 年主要污染指标（超标倍数）
苎溪河	高粱	Ⅳ	Ⅳ类	Ⅲ类	
	关塘口	Ⅳ	劣Ⅴ类	Ⅴ类	总磷（0.9），氨氮（0.22） 化学需氧量（0.1）
新田河	河口	Ⅲ	—	Ⅲ类	

本次海绵城市建设目标中，对于规划区的内河水系要求为：下游断面主要指标不低于来水指标。Ⅴ类水体指适用于农业用水及一般景观要求的水域，是考量城市水体水质的重要指标之一。根据 2014 年万州水环境质量报告书可以看出，苎溪河整体水质情况较好，仅 2013 年时关塘口断面出现劣Ⅴ类水体，其余年份及断面水质均优于Ⅴ类水体指标，详见表 2.2.1。因此，将Ⅴ类水体水质作为本次海绵城市建设的控制目标。经计算，规划区内雨水及其污染物削减率应满足表 2.2.2 要求。

污染物削减率要求　　表 2.2.2

类别	CODcr（mg/L）	TN（mg/L）	TP（mg/L）	NH_3-N（mg/L）
入河污染物浓度	74.16	3.55	0.38	1.95
环境容量浓度	58.85	1.97	0.19	1.36
所需污染物削减率	20.6%	44.5%	50%	30.3%

由表 2.2.2 可以看出，要使得污染物入河量小于环境容量值，所需 CODcr、TN、TP、NH_3-N 污染物削减率分别为 20.6%、44.5%、50%、30.3%，水体可以达到目标水质指标，即海绵城市雨水径流污染物削减率（以悬浮物 TSS 计）≥ 50% 能满足要求。苎溪河流域最终流入长江，根据万州水环境质量报告，2014 年 3 月长江万州段水质为 IV 类水质。长江环境容量较大，该流域排入的水质虽然低于长江自身水质，但排入的水量与长江容量相比可忽略。

3. 水资源问题及需求

万州区地形高差较大，降水充沛，属工程性缺水地区，可通过海绵城市建设，达到水资源合理利用目的。

万州年平均降水量为 1079mm，规划区面积 8.49km^2，全年降水总量约为 916.92 万 m^3，降水充沛。规划区内城市绿化浇洒、道路广场冲洗需水量较大，且对水质要求较低，可充分利用雨水资源，从而达到节水目的。以提高资源利用效率为核心，以节能、节水为重点，推动城市的发展，雨水回用于城市杂用水（道路冲洗和绿地浇洒）具有较大经济效益和社会效益。

然而由于山地城市的特有地貌，其保水性并不强，大量的雨水通过硬化的路面快速排掉，造成资源浪费。通过海绵城市建设，可有效截留储蓄部分雨水，有效实现雨水的资源化利用。

通过计算规划区内可收集、可利用的雨水计算结果如表2.2.3和表2.2.4所示。

雨水收集量计算表　　表2.2.3

屋面雨水收集量（m^3）	春	夏	秋	冬
	199998	295637	190745	27537
道路与广场雨水收集量（m^3）	春	夏	秋	冬
	1854749	2741688	1768937	255377
合计（m^3）	春	夏	秋	冬
	2054748	3037325	1959682	282915

可利用雨水量统计表　　表2.2.4

	春	夏	秋	冬	合计
需水量（m^3）	213799	379460	217686	206414	1017359
收集量（m^3）	205475	303733	195968	28291	733467
可利用雨水量（m^3）	205475	303733	195968	28291	733467

由表2.2.3和表2.2.4可得，一年用于道路浇洒及绿地灌溉用水量分别为：春季213799m^3、夏季379460m^3、秋季217686m^3、冬季206414m^3。各个季度雨水收集量分别为：春季205475m^3、夏季303733m^3、秋季195968m^3、冬季28291m^3。由雨水收集量与需水量对比图（图2.2.6）可以看出，各个季度收水量占需水量百分比分别为：96.1%、80.0%、

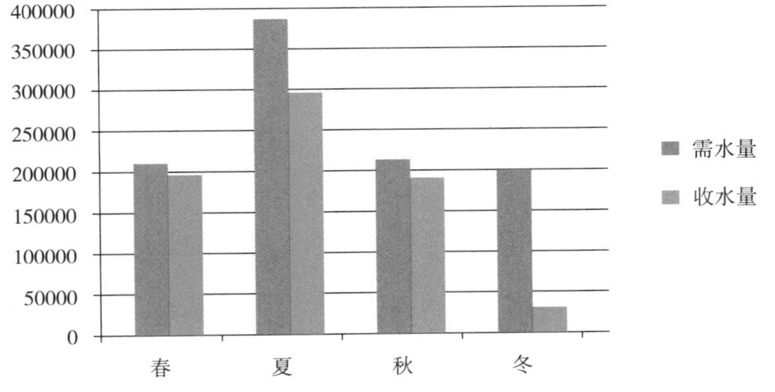

图2.2.6　雨水收集量与需水量对比图

90.0%、13.7%，除冬季以外，各季度收集水量均能占到蓄水量较大百分比。因此，通过有效合理的调蓄设施，雨水回收利用量理论上能够很大程度上减轻市政供水用量，用以规划区内城市绿化浇洒、道路广场冲洗用水。

4. 水安全问题及需求

（1）模型构建

项目中对高铁片区 8.49km^2 的规划范围内现状和规划排水系统进行梳理和信息集成，理清排水（雨水）系统家底，划分排水分区。在此基础上建立排水系统水力模型，进行一维二维耦合模拟分析，评估管网排水能力，识别内涝风险区域，并进行局限性和内涝成因分析，为工程规划提供支撑，如图 2.2.7 所示。

1）信息集成与排水分区划分

规划范围为新建城区，采用雨污分流体制，分 3 区 3 年建成，如图 2.2.8 所示，其中一区 2016 年建成，二区、三区 2017 年建成。一区建成区域较多，已建管网的区域主要有天子湖两侧北部新区、万州移民就业标准厂房、康德天子湖小区、外国语学校，以及站前大道路段。塘坊至周家坝的老万开路建有污水管道，其他区域顺应自然地形排放。排水管网设施较少，随着城市拓展需要大量配建污水管网。二区、三区内排水管网覆盖率较低。据统计，已建雨水管道总长度为 8015m，主要为站前大道雨水干管，以及环天子湖移民就业厂房和康德天子湖小区。其中管径小于 800mm 的管道有 1592m，管径 800 ~ 1200mm 的管道有 6093m，管径大于 1200mm 的管道有 330m，如图 2.2.9 所示。根据地形高程以及雨水系统排口收集的汇水范围，对规划区划分了 6 个子流域，如图 2.2.10，各分区的面积如表 2.2.5 所示。

子流域面积 表 2.2.5

子流域编号	面积（hm^2）
1	143.6
2	111.2
3	106
4	147.3
5	224.7
6	116.8
合计	849

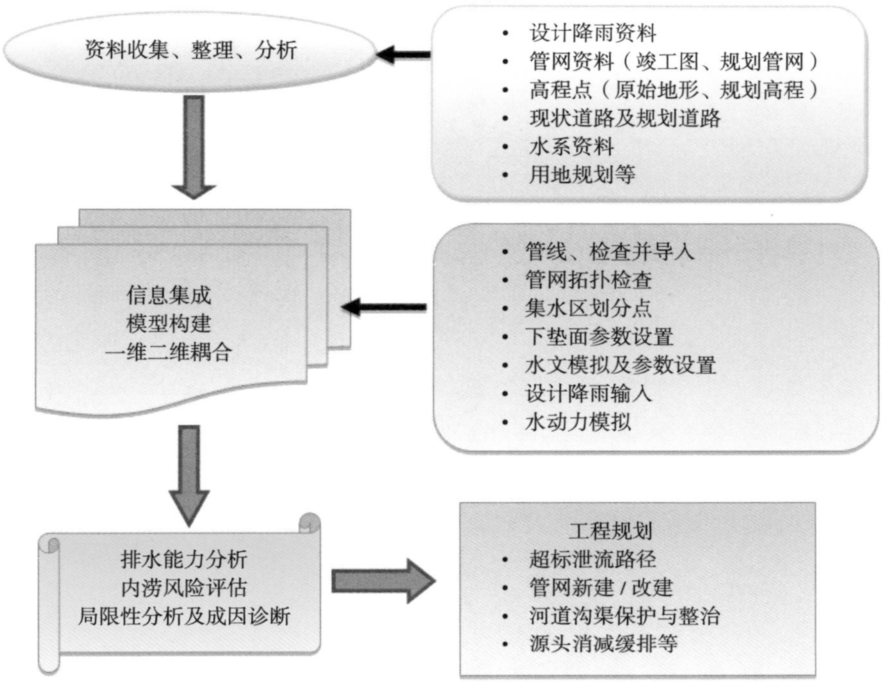

图 2.2.7　模型技术路线

图 2.2.8　万州高铁片区项目三年实施计划

图 2.2.9　已建管网和规划管网分布图

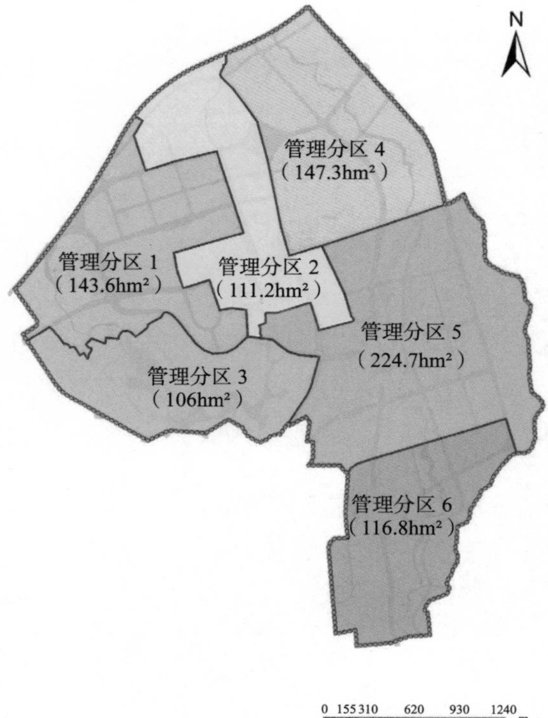

图 2.2.10　管理分区划分图

2）模型网络概化

利用ICM模型进行管道数据拓扑检查，生成规划地形地面高程模型，综合考虑了地形高程、雨水分区、雨水管道分布等因素来划分集水区，完成模型网络概化。

3）产汇流方法

降雨产流模型采用SCS曲线法，模拟透水与不透水下垫面的扣损和产流特征；汇流模型采用SWMM非线性水库法模拟不同集水区的地形坡度下的汇流特征，进行各集水区的动态产汇流模拟。

4）水动力方法

地表产汇流进入雨水管网系统后，在雨水管网中流动状态较为复杂。管网中的水流运动通常采用圣·维南方程组描述。

采用动力波方法对圣·维南方程组进行离散差分求解，动态模拟重力流、压力流、逆向流等水动力状态，进行动态非恒定流模拟。

5）设计降雨

模型采用的设计降雨来源于《重庆市主城区设计雨型研究2014》的成果。

6）边界条件

规划范围内的雨水排口位于龙溪河、天子湖、刘房河的洪水位以上，排口下边界视为自由出流，不受河道水位影响。

（2）排水能力评估

《室外排水设计规范》GB50014-2006中规定，雨水管按满管流设计。雨水管网排水能力评估将依据管段是否发生压力流而超载这一状态来进行分析。通过动态模拟1、2、3、5年一遇的设计暴雨下的管道水力状态，完成管网排水能力评估。见表2.2.6、图2.2.11和图2.2.12所示。

管网排水能力评估　　表2.2.6

排水能力	长度（km）	百分比（%）
<1年一遇	3.90	6.80
1～2年一遇	4.93	8.60
2～3年一遇	2.80	4.87
3～5年一遇	3.43	5.98
>5年一遇	42.31	73.74
总计	57.37	100.00

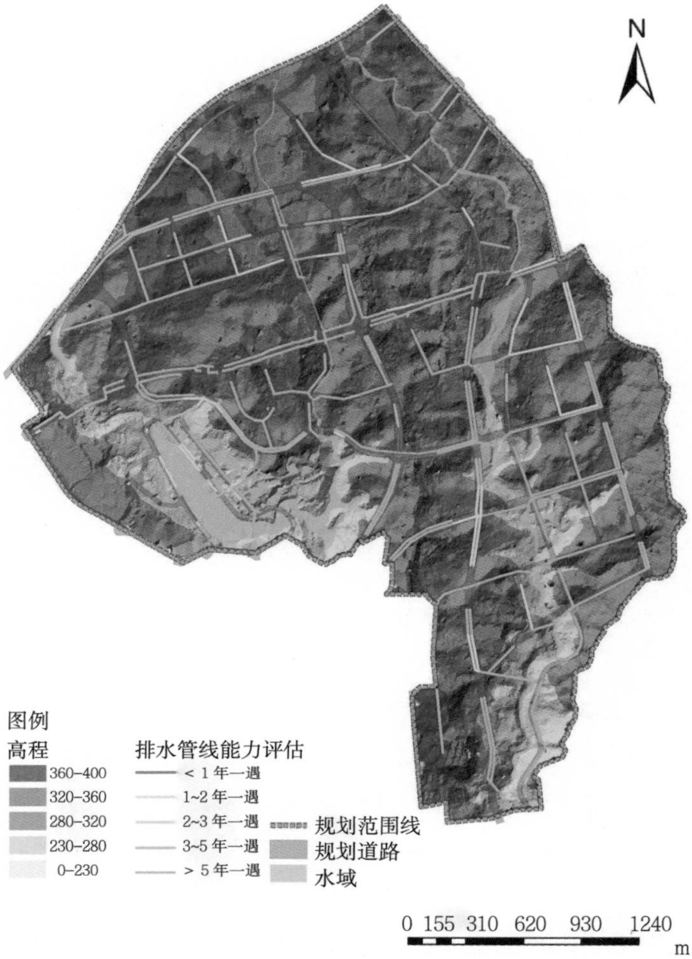

图 2.2.11 管网排水能力分布图

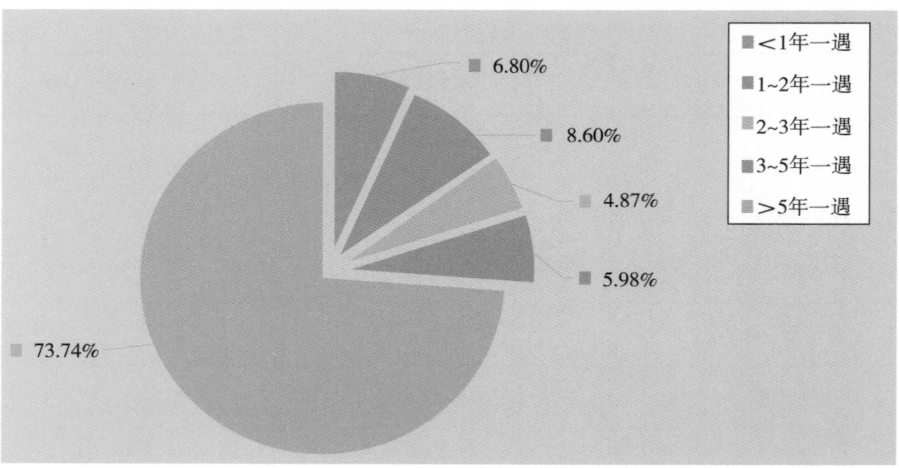

图 2.2.12 管网排水能力占比图

（3）洪涝风险评估

排水管渠系统的排水能力不能有效反映出排水系统的风险程度，这是由于排水能力评估是按照满管无压流进行评估的，而排水管网具有埋深，可以形成压力流排水。管网在排水时可产生压力流，当水力坡度线不超出地面时，管网系统不会产生溢流；当汇集更多的径流，管网超载形成压力流致使检查井水位高于地面高程时，管网系统发生溢流，形成地表积水，产生内涝风险。因而需要进行排水系统的风险评估，分析排水系统超载溢流后的积水风险。

对排水系统进行一维、二维耦合模拟，分析 50 年一遇设计暴雨下的管网系统的表现，分析地表积水范围、水深、流速和汇流路径，分析模拟结果进行内涝风险评估。

规划区的内涝风险评估将考虑以下两种组合：水力要素和影响对象。水力要素主要考虑超标降雨下积水深度、流速的组合来评估积水程度等级；影响对象主要考虑积水影响对象的防护等级。

1）积水程度分级

根据《室外排水设计规范》GB20014-2006（2014 年版）中 3.2.4B 的条文解释，“地面积水设计标准”中的道路积水深度是指该车道路面标高最低处的积水深度。当路面积水深度超过 15cm 时，车道可能因机动车熄火而完全中断，将积水深度为 0.15m 作为积水程度分级的一个档级。考虑积水深度增加后对行人自救安全性的考虑，将积水深度 0.5m 作为积水程度分级的另一个档级。规划范围的山城道路具有大坡度的特点，地面积水时的汇流流速较快，冲刷作用和冲击力不能忽视，将地表积水的汇流流速 2m/s 视为一个档级。

规划范围内的积水程度分为轻微积水、轻微内涝和严重内涝 3 个等级。按表 2.2.7 进行评价。

积水程度分级标准　　表 2.2.7

内涝等级	评价要素	
	地面积水深度	流速
轻微积水	≤ 0.15m	<2m/s
轻微内涝	0.15 ~ 0.5m	<2m/s
	≤ 0.15m	≥ 2m/s
严重内涝	> 0.5m	
	0.15 ~ 0.5m	≥ 2m/s

注：积水程度分级评价时需考虑地面积水深度和流速两个评价要素同时满足进行。

2）影响对象分级

地表积水影响对象的危害程度和防护等级不同，将地表积水影响到的对象分为重要和一般两类，按表 2.2.8 进行评价。

防护对象重要性分级　　表 2.2.8

防护对象重要性等级	评价要素	
	路段	地区
重要	城市主干道及以上等级道路、地铁、过江（湖）地下隧道、下穿（道路、铁路等）通道、立交桥	医院、学校、档案馆、行政中心、重要文物地、下沉式广场等重要建构筑物、交通枢纽等重要公共服务设施用地、保障性大型基础设施用地、省市防涝救灾指挥机关用地
一般	次干路和支路	其他地区

注：防护对象重要性分级评价时需考虑路段或地区任一评价要素满足进行。

3）风险分级

内涝风险考虑“积水程度分级”和“影响对象分级”的 2 种组合，风险区划分按表 2.2.9 进行评价，重庆内涝风险区可划分为低风险区、中风险区和高风险区。

内涝风险等级定义表　　表 2.2.9

内涝等级＼防护对象	重要地区和路段	一般地区和路段
轻微积水	中风险区	低风险区
轻微内涝	高风险区	中风险区
严重内涝	高风险区	高风险区

4）内涝风险评估

对规划范围的雨水系统进行一维、二维耦合模拟，分析 10、50、100 年一遇设计暴雨下的管网系统的表现，包括地表积水范围、水深、流速和汇流路径，分析模拟结果进行 50 年一遇内涝风险评估。50 年一遇设计降雨下，规划范围内的积水分布见图 2.2.13 所示。

重要地区和路段高风险区域面积约为 1803.54m^2，中风险区域面积为 259851.26m^2；一般地段和路段高风险区域面积约为 15605.514m^2，中风险区域面积为 18962.81m^2，低风险区域面积为 15605.514m^2。综上，高风险区域面积约为 40582.70m^2，占风险区域总面积的 9.22%，占总规划面积的 0.48%；中风险区域面积约为 255640.43m^2，占风险区域总面积的 58.06%，占总规划面积的 3.01%；低风险区域面积约为 144099.87m^2，占风险区域总面积的 32.73%，占总规划面积的 1.70%。详见表 2.2.10 和图 2.2.14。

规划范围内的内涝风险评估表　　表 2.2.10

风险等级	面积（m^2）	占积水面积百分比	占规划面积比例
低风险	144099.87	32.73%	1.70%
中风险	255640.43	58.06%	3.01%
高风险	40582.70	9.22%	0.48%
合计	440323.01	100.00%	5.19%

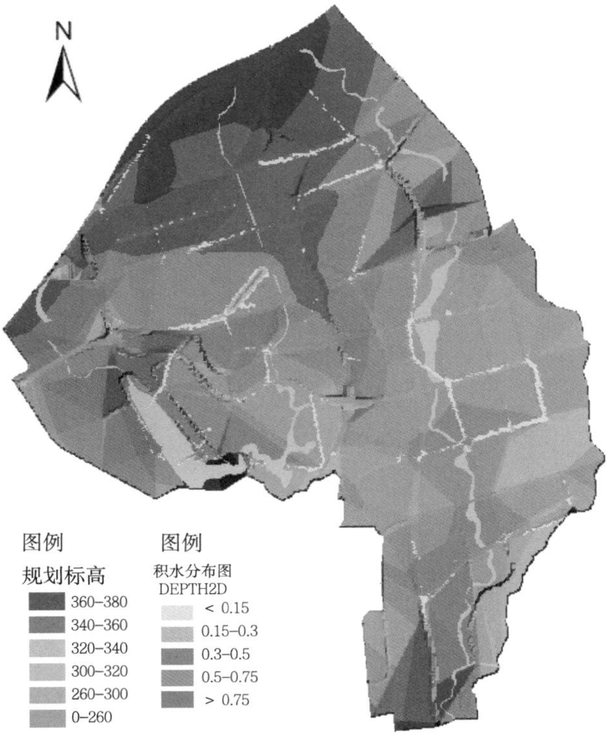

图 2.2.13　积水程度分布图（50 年一遇）

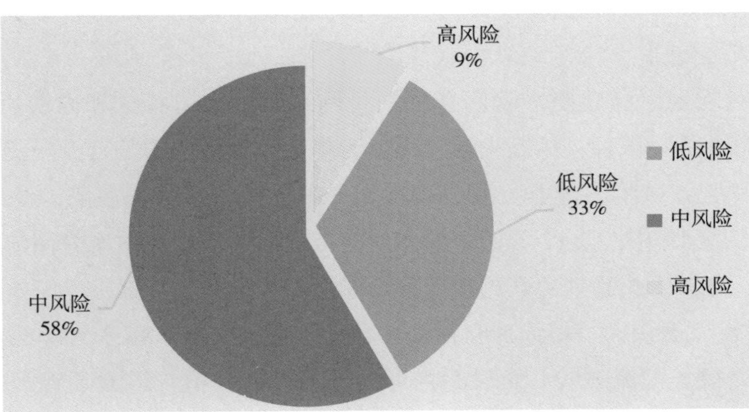

图 2.2.14　内涝风险评估图

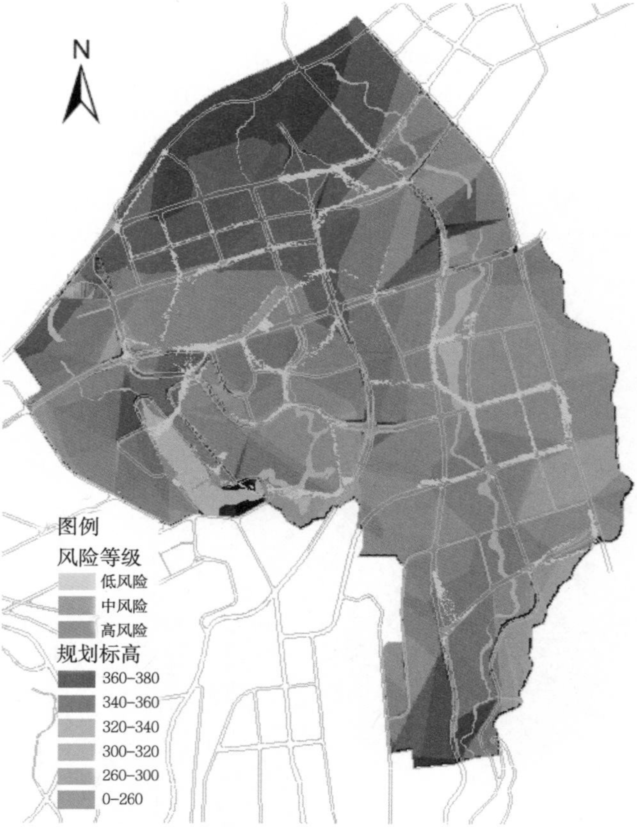

图 2.2.15 内涝风险等级图

从上述风险区域占总规划面积百分比分析可见，内涝高风险区占总规划面积仅为0.48%，无系统性内涝风险。由图 2.2.13 和图 2.2.15 规划区积水程度分布和内涝风险分布来看，内涝积水区域和内涝风险区域分散零星，多位于局部地势低洼的局部道路上，可考虑优化道路竖向，利用山城地形优势规划泄流通道，通过局部低洼区域调蓄、上游汇水径流源头消减和缓排、管道薄弱环节改造等综合措施降低内涝风险。

（4）内涝成因分析

利用模型对规划区已建雨水管网和规划管网系统的水力特征和内涝风险进行模拟，分析排水系统存在的局限性，诊断内涝成因，为降低风险采取的综合措施提供支撑。

万州高铁片区高风险内涝点主要分布在天子湖周围、南广场右侧以及局部地势低洼的道路上。图 2.2.16 和图 2.2.17 为天子湖一内涝点的泄水路径和排水管网的水力坡度线。

以图为例，分析万州高铁片区内涝点成因如下：

1）城市建设发展快，下垫面变化快，大量硬质铺装减少了雨水入渗滞留量，骤增了雨水径流量，缩短了汇流时间，短时间内形成瘦尖径流峰值，增大了管网排水压力，产生溢流的风险加大。

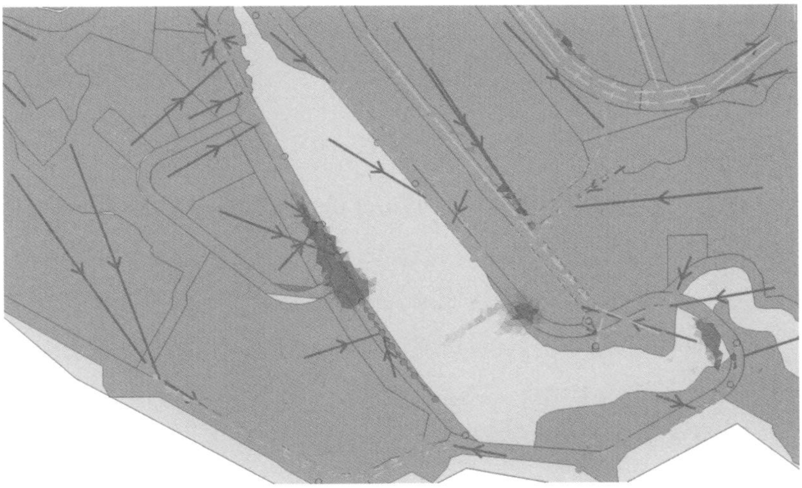

图 2.2.16　天子湖积水点在 50 年一遇降雨下地面泄水路径

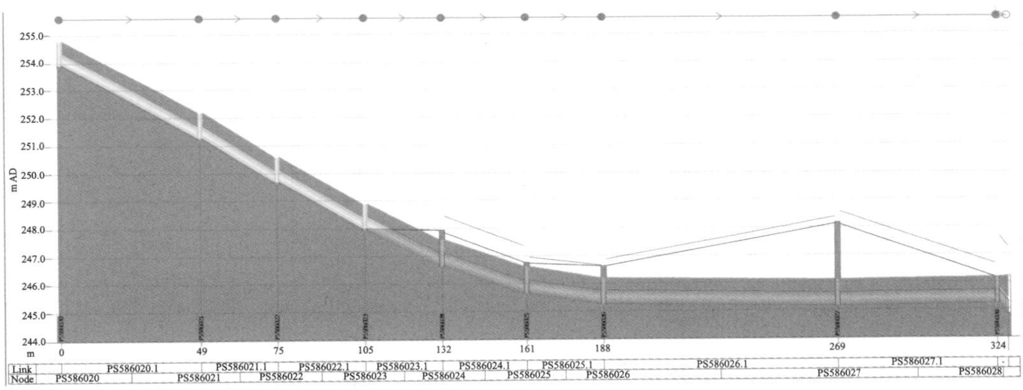

图 2.2.17　天子湖积水点在 50 年一遇降雨下排水管网的水力坡度线

2）城市不断膨胀发展过程中，新增开发区域的管网不断接入原先设计的排水系统，致使转输汇水面积过大，造成原有排水系统负荷加大，暴雨期产生溢流积水。

3）传统的排水管网设计方法简单，但计算公式存在缺陷，当排水系统复杂、汇流面积大时，由于技术误差累计导致排水系统的抗风险能力不足。

4）局部管网存在可能是施工上的不规范或设计上的不合理造成的排水瓶颈现象。

5）排水系统的维护管理有缺陷，本应排水畅通的管网系统存在堵塞，淤积、雨水箅和收水、井内被杂物堵塞等情况，加大积水风险。

6）城市用地规划缺失雨洪风险评估研究，原本适宜规划成洪涝通道、调蓄水面、低洼绿地等的地块性质未被规划配置，使原本利用自然地形调蓄地表涝水的有效设施缺失。

7）城市排水系统缺乏有效的系统管理工具，排水管网基本资料不清，理不顺的情况普遍，内涝风险降低的决策基础数据不足。

2.2.3 规划目标及总体思路

1. 规划总体目标

高铁片区作为万州区的重点发展新区，城市建设理念走在全国前列，将打造成为全国区县海绵城市建设的典范。按照海绵城市建设理念，坚持“生态为本、自然循环，规划引领、统筹推进，政府引导、社会参与”的基本原则，通过加强城市规划建设管理，综合采取“渗、滞、蓄、净、用、排”等措施，充分发挥建筑、道路和绿地、水系等生态系统对雨水的吸纳、蓄渗和缓释作用，有效控制雨水径流，实现自然积存、自然渗透、自然净化的城市发展方式。做到“小雨不积水，大雨不内涝，水体不黑臭，热岛有缓解”。从顶层规划转变传统规划思路，引入海绵城市理念，增强海绵城市建设的整体性和系统性，做到“规划一张图、建设一盘棋、管理一张网”，实现从规划指导建设。

海绵城市建设体系主要有防洪、排涝、结合城市建设的低影响开发雨水系统。国家颁发的《海绵城市建设技术指南－低影响开发雨水系统构建》提出“控制目标包括径流总量控制、径流峰值控制、径流污染控制、雨水资源化利用等，建议各地应结合水环境现状、水文地质条件等特点，合理选用其中一项或多项目标作为控制目标”。

结合万州高铁片区实际情况，万州海绵城市建设主要解决初期雨水面源污染问题，本规划采用“年径流总量控制率、年径流污染去除率、径流峰值控制、雨水资源化利用率”作为总体控制目标。

2. 规划海绵城市建设指标体系

（1）水生态指标

1）年径流总量控制率

根据各地降雨量规律及特点，《海绵城市建设技术指南》将我国大陆地区的年径流总量控制率大致分为五个区，并对各区的年径流总量控制率 α 提出了借鉴范围。其中，Ⅰ区（$85\% \leqslant \alpha \leqslant 90\%$）、Ⅱ区（$80\% \leqslant \alpha \leqslant 85\%$）、Ⅲ区（$75\% \leqslant \alpha \leqslant 85\%$）、Ⅳ（$70\% \leqslant \alpha \leqslant 85\%$）、Ⅴ区（$60\% \leqslant \alpha \leqslant 85\%$）。

规划区位于重庆大都市中部，属于第Ⅲ区段。其中 α 取值范围为 $70\% \leqslant \alpha \leqslant 85\%$。综合考虑示范区的降雨、下垫面等自然特征，以及生态定位、规划理念等多方面的特点，选取高铁片区海绵城市建设区的年径流总量控制率为 75%。

同时，通过统计学方法确定年径流总量控制率 75% 对应的设计降雨量值。通过搜集整理万州区气象局提供的近 10 年的日降雨（不包括降雪）资料，将降雨量日值按雨量由小到大进行排序（扣除小于等于 2mm 的降雨事件的降雨量后），统计小于某一降雨量的降雨总量（小于该降雨量的按真实雨量计算出降雨总量，大于该降雨量的按该降雨量计算出降雨总量，两者累计总和）在总降雨量中的比率，此比率（即年径流总量控制率）对应的降雨量（日值）即为设计降雨量。经统计计算 75% 年径流总量控制率对应的设计降雨量为 22.8mm。详见表 2.2.11 和图 2.2.18。

万州区年径流总量控制率对应的设计降雨量值一览表　　表 2.2.11

控制率（%）	10	20	30	40	50	60	70	75	80	85	90	95
设计降雨量（mm）	1.5	3.1	4.9	7.3	10.2	14	19.3	22.8	27	32.4	40.9	56.8

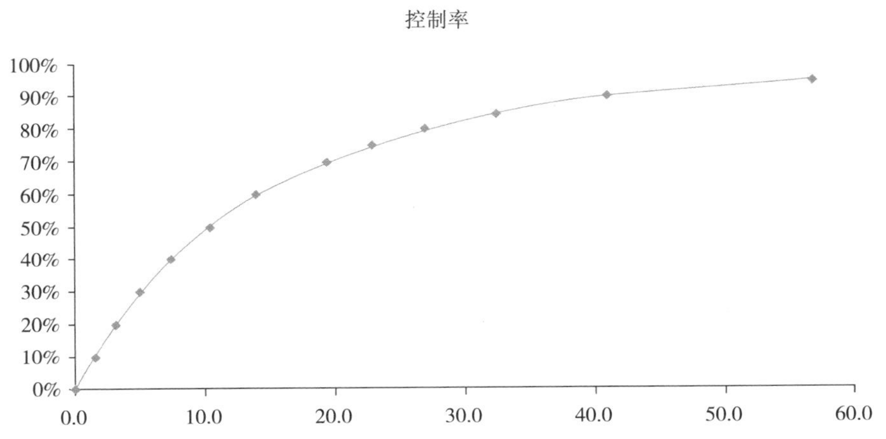

图 2.2.18　控制降雨强度与径流控制率关系图（降雨强度单位：mm）

综上所述规划区范围内的水生态指标如下：

年径流总量控制率：≥ 75%；（年径流总量控制率：根据多年日降雨量统计数据分析计算，经过下垫面自身消纳和 LID 设施处理后的降雨量占全年总降雨量的比例。当达到该目标时，可保证污染物削减率达到 50% 以上。）

2）生态岸线

应该保护好现状河流、湖泊、湿地、沟渠等城市自然水体，避免“三面光”工程出现。在有条件的情况下，生态岸线应设计为生态驳岸，并根据调蓄水位变化选择适宜的水生及湿地植物。

3）水域率

水域率：≥ 3.8%；指承载水域功能的区域面积占区域总面积的比率。试点区域内的河湖、湿地、塘洼等面积不得低于开发前。同时，试点区域内规划建设新的水体或扩大现有水体的水域面积，应与低影响开发雨水系统的控制目标相协调，增加的水域宜具有雨水调蓄功能。

4）径流峰值控制

高铁片区在 2 年一遇 24h 降雨条件下外排雨水小时峰值流量不应高于建设前水平。

（2）水环境

地表水体水质标准：根据《地表水环境质量标准》GB3838-2002将地表水环境质量标准基本项目标准值分为五类，不同功能类别分别执行相应类别的标准值。其中源头水与国家自然保护区按Ⅰ类标准；集中式饮用水源地一级保护区、珍贵鱼类保护区、鱼虾产卵场等按Ⅱ类标准；集中式饮用水源地二级保护区、一般鱼类保护区及游泳区按Ⅲ类标准；一般工业用水区及人类非直接接触的娱乐用水区按Ⅳ类标准；农业用水区及一般景观要求水域按Ⅴ类标准。

根据海绵城市建设要求：高铁片区内长生河、天子湖和刘房河水质不低于《地表水环境质量标准》Ⅳ类标准，龙溪河断面主要指标不低于来水指标。

年径流污染削减率：年径流污染削减率（以总悬浮物计）不低于50%。

（3）水资源

雨水资源化利用率：是指雨水资源利用量与多年平均降雨量比值。雨水资源的合理利用即能解决城市高速发展、用水量急剧增加与供水限制之间的矛盾，同时又能减轻城市的防洪压力，改善水资源状况与水生态环境，给城市带来明显的环境与经济效益。

高铁片区新建区域雨水资源化利用率≥3%，该指标为鼓励性指标。

（4）水安全

排水防涝标准：根据《室外排水设计规范》GB50014-2012（2014年版），结合万州区中心城区2020年规划人口为150万人，其人口规模属于大城市，以此确定高铁片区内涝防治重现期为50年。即万州区高铁片区在50年一遇的降雨条件下，城区不发生内涝灾害。

城市防洪标准：根据《重庆市万州城市总体规划（2003-2020）》（2011修改），高铁片区按100年一遇防洪标准设防，其中堤防护岸工程按50年一遇防洪标准设防。

2.2.4 空间格局构建及功能区划

1. 生态海绵空间布局

生态海绵空间的布局主要体现在以下两个方面：

（1）基于海绵城市建设理念，在划定的生态空间上，统筹各类大型市政公园和水体布局，实现城市与自然的和谐发展；

（2）在以生产、生活为主的社区街头优化布局绿地系统。绿地和城市空间耦合是绿地空间存在于城市中的基本方式，城市绿地作为城市结构中的自然生产力主体，在缓解城市热岛调节城市气候和协助城市应对未来气候变化中扮演着极其重要的角色。

万州高铁片区把生态优先、尊重自然的理念融入到海绵城市建设总体规划中，充分识别规划区内山、水、林、田、湖等生态本底条件，营造全区域、多层次的城市开放空间，以此构建海绵城市的生态空间布局，形成“一园、两廊、三带、多点”的生态海绵空间。见图 2.2.19。

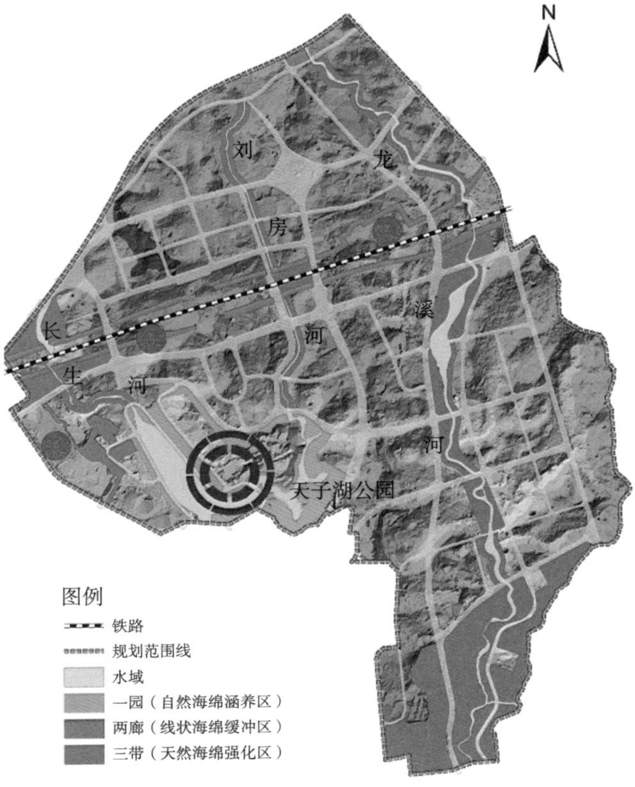

图 2.2.19　海绵空间布局图

1）一园

天子湖公园：天子湖位于高铁片区西南角，是长生河与刘房河的汇流点，控规面积 $25.03hm^2$。现状天子湖水量小，湖体呈干涸状态。未来拟将原天子湖打造成阶梯式生物滞留带为主的大型生态海绵设施，湖体蓄水，恢复原有生态风貌。未来天子湖公园将以其周围分布的天然绿地为驳岸，充分利用湿地的水体净化功能，对流经该湖泊的水体进行生态修复。同时利用其本身的水体容积，实现收水蓄水的功能。与景观布局相结合，同时达到美化区域自然景观，净化区域水质，蓄积水资源的效果。

2）两廊

防护绿地绿廊：渝万城际铁路两侧防护绿地，形成两条天然防护绿地廊道，面积 $35.35hm^2$。通过设置打造雨水塘、阶梯式生物滞留带、下凹式绿地、溢流排水改造、增设植被过滤带、雨水湿地或者调节池等生态海绵设施，减少城市道路污染，同时形成城市沿路景观廊道。

3）三带

龙溪河、长生河、刘房河滨水景观带：流经高铁片区区域内的龙溪河、长生河、刘房河，两侧均布有防护绿地。由北至南，形成带式空间分布，面积49.67hm^2。未来拟对区域内河防护绿地打造生态滨水景观带为主的大型生态海绵设施，沿途加载自然景观与生态护岸，对汇入河流内的雨水进行过滤净化。恢复河道蓄水，形成以滨水景观为特色的城市内河风景带。

4）多点

地块海绵设施分散布置：根据《重庆市城乡规划绿地与隔离带规划导则》，高铁片区各地块规划用地均需满足最低绿化率要求，是城市专门用以改善生态，保护环境，为居民提供游憩场地和美化景观的绿化用地。规划拟对各个地块分别设置生物滞留带、绿色屋顶、透水铺装等分散式海绵设施。建筑与小区内外点状分布的公园绿地，道路防护绿地，均可打造成为小型生态海绵设施。

以上四个层次的开放空间层次清晰、架构分明，既是城市的灵动空间、人的休憩场所，更是区域内雨水循环利用的重要载体。通过建筑与小区对雨水应收尽收、市政道路确保绿地集水功能、景观绿地依托地形自然收集、骨干调蓄系统形成调蓄枢纽，形成四级雨水综合利用系统，达到对雨水的“渗、滞、蓄、净、用、排”，实现雨水全生命周期的管控利用。

2. 生态功能区布局

以上四个层次的开放空间，根据各生态海绵空间所发挥功能，以上“一园、两廊、三带、多点”功能区生态功能分别为：自然海绵涵养区、线状海绵缓冲区、天然海绵强化区、建筑海绵提升区。

（1）自然海绵涵养区

自然海绵涵养区，主要是指自身水体消纳容积大，生态敏感度高，自身海绵功能全面的区域，高铁片区内天子湖公园海绵生态功能区是区域海绵系统的重要涵养区。该区域作为两条内河的汇集点，具有极高的生态服务功能。由于该区域自身具有较高的海绵生态功能，功能区内应以生态涵养河生态保育为主，严格控制在该区域内进行各类开发建设活动，加大生态环境综合治理力度。同时充分利用天然海绵体，加上阶梯式生物滞留带、雨水湿地等海绵设施，强化水体净化功能，增大湖体调蓄容积。

（2）线状海绵缓冲区

整个高铁片区地势由北至南逐渐降低，作为横穿整个高铁片区的渝万城际铁路沿线绿地廊道，是区域内自然水体流至江河水体的必经之路，沿线布置海绵设施，可以起到缓冲水量对下游冲击的作用。缓冲区内生态敏感度较高，容易受到雨水冲击的影响，应适当控制开发规模和强度。由于区域内受纳上游大面积的客水，加上模型模拟区域内的地块径流控制率，规划缓冲区内需修建两座容积分别为560m^3、530m^{3}的调蓄池。

（3）天然海绵强化区

天然海绵强化区主要是指有较大海绵潜力，但需在开发建设时对区域进行目的性改造，强化其自身海绵体收集水、净化水的能力。龙溪河、长生河、刘房河自身具有较大的水容积，其沿线两岸的防护绿地，具有打造成天然的滨水景观带的潜力。然而，由于无规则开发对区域水系的破坏，导致现状河流断流。规划需恢复河流水系蓄水，并沿河流及岸线设置生态驳岸、阶梯式生物滞留系统、透水铺装等海绵设施，强化区域内水系及其沿岸护坡形成带状生态廊道。

（4）建筑海绵提升区

建筑与小区、城市广场等区域自身对于自然水的控制处理功能较低，开发建设时需与海绵设施同时实施，提升建筑地块海绵处理能力。由于建筑小区天然海绵体较少，需利用社区公园、小区绿地等蓄水净水能力较大的区域对整个建筑地块的海绵能力进行提升，同时结合绿色屋顶等建筑低影响开发设施，综合提升各管理分区的海绵能力。

以上四个海绵功能区在生产运行过程中相互依托，分工明确。区域内形成完整的收集水、净化水、输送水、储存水、利用水的生态系统。借助自然力量，让城市如同生态“海绵”般舒畅地“呼吸吐纳”。

2.2.5 管控要求

1. 区域管控指标体系

为系统推进海绵城市建设，落实重点建设任务，按照科学性、典型性及体现万州特色的原则，在充分考虑万州发展水平的基础上，依据《关于推进海绵城市建设的指导意见》[国办发（2015）75 号] 中海绵城市建设要求，参考万州相关规划成果，定了万州高铁片区海绵城市建设的四项项目标及 7 分项指标，四项目标具体表述为：水生态修复、水环境保护、水资源利用、水安全保障。具体指标如表 2.2.12。

万州区高铁片区海绵城市建设指标体系　　表 2.2.12

目标	序号	指标	2018	备注
水生态修复	1	年径流总量控制率	≥ 75%	
	2	年径流总量控制容积		
	3	水面率	≥ 3.8%	
	4	峰值容积控制	2 年一遇 24h 降雨	外排雨水最大小时峰值流量不高于建设前
水环境保护	5	雨水径流污染物削减率	≥ 50%	管理分区及海绵分区污染物削减率均达到 50%
	6	水环境质量	不低于Ⅳ类标准	

续表

目标	序号	指标	2018	备注
水资源利用	7	高铁片区新建区域雨水资源化利用率	≥ 3%	该指标为鼓励性指标
水安全保障	8	排水管线设计标准	2 ~ 5 年	
	9	内涝防治标准	内涝防治设计重现期 50 年	

2. 管理分区管控指标体系

在自然汇水流域分区的基础上，结合城市用地、道路规划布局，雨水管渠布置，同时充分考虑城市规划管理要求，将规划区划分为 293 个海绵分区。同时将 293 个海绵分区按照一定分区原则划分为 6 个子汇水区域（管理分区见图 2.2.20），对各海绵分区内的各类用地进行分析（表 2.2.13），便于指标分解及指引制定。

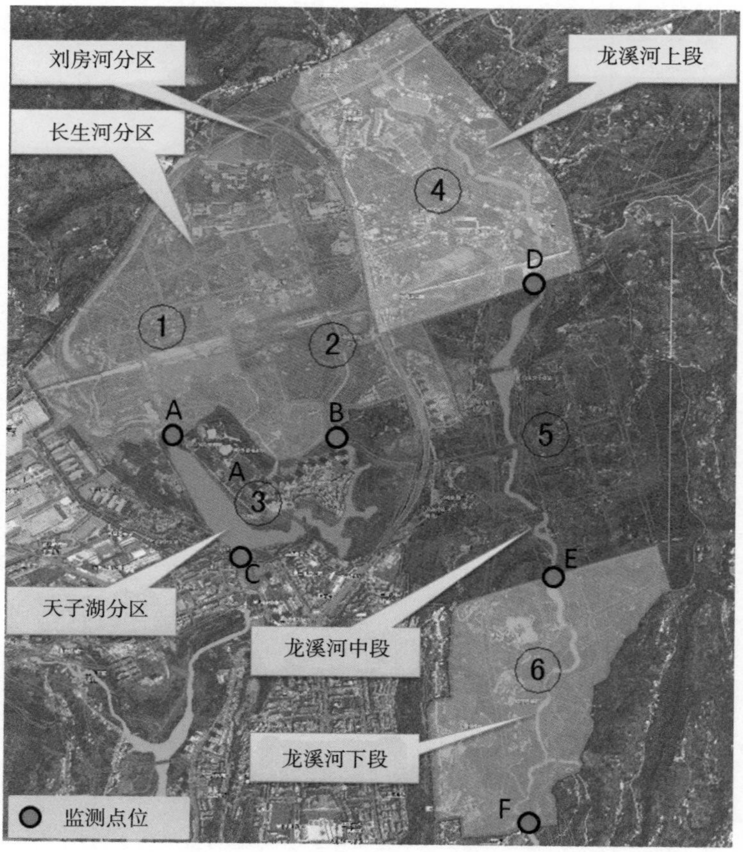

图 2.2.20　规划地形管理分区划分图

各管理分区海绵城市建设指标体系　　表 2.2.13

分区编号	总面积（hm^2）	地块面积（hm^2）	道路面积（hm^2）	水域面积（hm^2）	绿化率	年径流总量控制率	控制容积（m^3）	污染物控制率	峰值控制容积（m^3）
1	143.6	115.5	26.7	1.4	27.58%	71.68%	14635	50.18%	605
2	111.2	77.2	32.6	1.4	26.89%	72.38%	9409	50.67%	1
3	106	77.5	12.34	16.16	38.30%	77.58%	8695	54.31%	631
4	147.3	124.22	19.78	3.3	34.02%	72.48%	14577	50.74%	532
5	224.7	179.7	38.4	6.6	36.52%	75.91%	21239	53.13%	0
6	116.8	96.1	17.3	3.4	51.65%	82.76%	9573	57.93%	5
总计	849.6	670.22	147.12	32.26	34.54%	75.33%	26066	52.73%	1773

备注：径流控制容积已包含峰值控制容积。

3. 管控单元级指标体系

对划分的 6 个管理分区中每个地块进行指标分析，并将低影响开发设施工程落实到每一个地块。通过模型模拟，针对各地块的具体情况，将总体指标进行分解，允许各地块年径流总量控制率指标有所不同，但满足规划区总的年径流总量控制率≥ 75% 的要求。

（1）管理分区 1 目标分解

管理分区 1 为天子湖上游长生河分区，区域面积 143.6hm^2。根据现场调研情况，该分区内长生河为起点河流，流经管理分区后汇入天子湖。为方便运行过程中整体管控管理分区 1 的运行情况，在汇入天子湖入口处设置监测点 A，该监测点能够反映降雨过程中上游雨水出流量，以及上游水质情况。管理分区 1 中各地块分解指标如表 2.2.14。

管理分区 1 目标分解情况　　表 2.2.14

地块编号	系统类型	海绵城市建设下年径流总量控制率	控制容积（m^3）	污染物削减率	峰值控制	管理分区
Ⅱ 06- 02/01	A33- 中小学用地	69%	362	51.58%	0	1
Ⅱ 19- 03/01	B1- 商业用地	68%	584	51.19%	0	1
Ⅱ 02- 07/01	B1- 商业用地	68%	163	51.17%	0	1
Ⅱ 03- 08/01	B1- 商业用地	68%	497	51.08%	0	1
Ⅱ 15- 12/01	B1- 商业用地	68%	122	51.17%	0	1
Ⅱ 02- 01/01	B1- 商业用地	68%	480	51.08%	0	1
Ⅱ 06- 07/01	B2- 商务用地	68%	231	51.13%	0	1
Ⅱ 03- 05/01	B2- 商务用地	68%	237	51.15%	0	1

续表

地块编号	系统类型	海绵城市建设下年径流总量控制率	控制容积（m^3）	污染物削减率	峰值控制	管理分区
Ⅱ 19-01/01	B2-商务用地	68%	928	51.20%	0	1
Ⅱ 01-04/01	G1-公园绿地	89%	224	62.41%	0	1
Ⅱ 01-06/01	G1-公园绿地	89%	158	62.45%	0	1
Ⅱ 01-14/01	G1-公园绿地	89%	191	62.48%	0	1
Ⅱ 01-11/01	G1-公园绿地	89%	222	62.44%	0	1
Ⅱ 15-06/01	G1-公园绿地	89%	131	62.45%	0	1
Ⅱ 15-04/01	G1-公园绿地	89%	127	62.45%	0	1
Ⅱ 15-01/01	G1-公园绿地	89%	30	62.44%	0	1
Ⅱ 01-10/01	G2-防护绿地	94%	41	65.90%	0	1
Ⅱ 01-13/01	G2-防护绿地	94%	76	65.90%	0	1
Ⅱ 01-07/01	G2-防护绿地	94%	54	65.90%	0	1
Ⅱ 02-02/01	G2-防护绿地	94%	100	65.90%	0	1
Ⅱ 02-08/01	G2-防护绿地	94%	68	65.90%	0	1
Ⅱ 01-08/01	G2-防护绿地	94%	70	65.90%	0	1
Ⅱ 02-15/01	S41-公共交通场站	67%	469	50.59%	0	1
Ⅱ 19-02/01	S42-社会停车场用地	67%	41	50.03%	0	1
Ⅱ 15-13/01	R2-二类居住用地	69%	432	51.66%	0	1
Ⅱ 03-01/01	R2-二类居住用地	69%	499	51.71%	0	1
Ⅱ 03-06/01	R2-二类居住用地	69%	525	51.70%	0	1
Ⅱ 06-01/01	R2-二类居住用地	69%	241	51.62%	0	1
Ⅱ 03-07/01	R2-二类居住用地	69%	562	51.71%	0	1
Ⅱ 04-03/01	R2-二类居住用地	69%	447	51.70%	0	1
Ⅱ 15-02/01	R2-二类居住用地	69%	573	51.63%	0	1
Ⅱ 03-01/01	R2-二类居住用地	69%	7	51.85%	0	1
Ⅱ 01-02/01	U 公用设施用地	68%	223	50.92%	0	1
Ⅱ 01-01/01	U 公用设施用地	68%	476	51.01%	0	1
Ⅱ 20-02/01	RB-商住混合	70%	593	52.73%	0	1
Ⅱ 03-02/01	A1-派出所	64%	162	50.14%	40	1
Ⅱ 03-04/01	RB-商住混合	70%	239	52.63%	0	1
Ⅱ 06-08/01	RB-商住混合	70%	342	52.74%	0	1

续表

地块编号	系统类型	海绵城市建设下年径流总量控制率	控制容积（m³）	污染物削减率	峰值控制	管理分区
Ⅱ 02- 09/01	RB- 商住混合	70%	205	52.73%	0	1
Ⅱ 15- 07/01	R22 幼儿园	69%	51	51.64%	0	1
Ⅱ 15- 02/01	A6- 老年养护院	66%	43	50.22%	0	1
Ⅱ 02- 13/01	H21 铁路和交通枢纽	67%	1061	50.59%	178	1
Ⅱ 02- 12/01	H21 铁路和交通枢纽	67%	792	50.51%	137	1
Ⅱ 02- 11/01	H21 铁路和交通枢纽	67%	558	50.54%	95	1
Ⅱ 01- 08/01	H21 铁路和交通枢纽	67%	812	50.26%	151	1
Ⅱ 02- 03/01	S41- 公共交通场站	67%	84	50.52%	0	1
Ⅱ 04- 02/01	B41- 加油加气站用地	73%	101	50.83%	5	1
—	道路地块	75%	4731	52.68%	0	1

管理分区 1 内总控制容积 19366m³，建筑地块径流总量控制率较低，地块Ⅱ 02-13/01 至Ⅱ 01- 08/01 段在峰值控制时需滞留约 560m³ 的水量，才能满足 2 年一遇 24 小时降雨的外排洪峰流量控制目标，规划在地块附近修建体量接近的调蓄设备。见图 2.2.21。

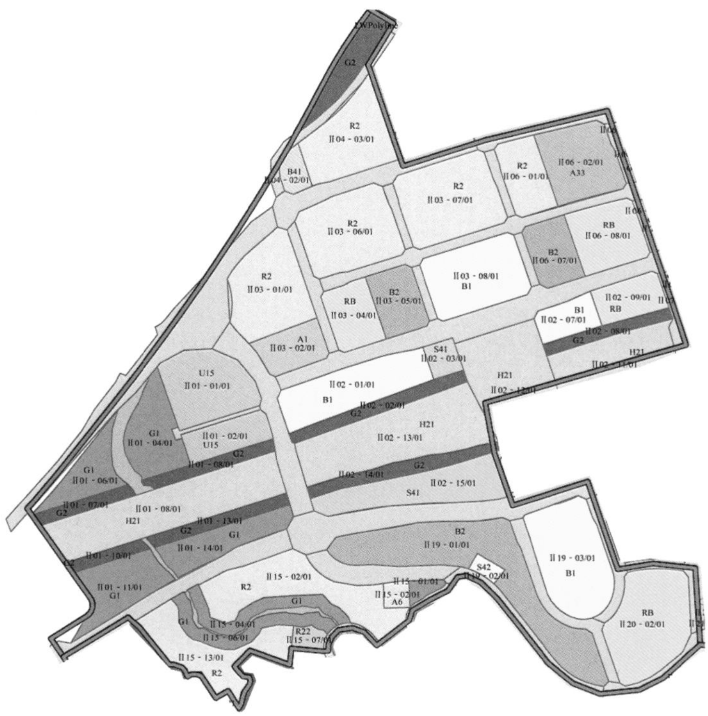

图 2.2.21 管理分区 1 管控单元

（2）管理分区 2 目标分解

管理分区 2 为天子湖上游刘房河分区，区域面积 111.2hm^2。该分区内刘房河为起点河流，流经管理分区后汇入天子湖。监测点 B 能够反映降雨过程中上游雨水出流量，以及上游水质情况。管理分区 2 中各地块分解指标如表 2.2.15 所示。

管理分区 2 目标分解情况　　表 2.2.15

地块编号	系统类型	海绵城市建设下年径流总量控制率	控制容积（m^3）	污染物削减率	峰值控制	管理分区
Ⅱ 04- 05/01	A33- 中小学用地	69%	432	51.57%	0	2
Ⅱ 21- 04/01	A1- 文化设施用地	69%	807	51.58%	0	2
Ⅱ 02- 19/01	B1- 商业用地	68%	433	51.18%	0	2
Ⅱ 20- 01/01	B2- 商务用地	68%	758	51.17%	1	2
Ⅱ 07- 11/01	B2- 商务用地	68%	215	51.21%	0	2
Ⅱ 07- 01/01	G1- 公园绿地	89%	26	62.46%	0	2
Ⅱ 06- 11/01	G1- 公园绿地	89%	13	62.43%	0	2
Ⅱ 06- 03/01	G1- 公园绿地	89%	47	62.41%	0	2
Ⅱ 06- 05/01	G1- 公园绿地	89%	11	62.46%	0	2
Ⅱ 06- 09/01	G1- 公园绿地	89%	40	62.46%	0	2
Ⅱ 07- 03/01	G1- 公园绿地	89%	8	62.45%	0	2
Ⅱ 07- 08/01	G1- 公园绿地	89%	34	62.43%	0	2
Ⅱ 07- 06/01	G1- 公园绿地	89%	119	62.46%	0	2
Ⅱ 07- 09/01	G1- 公园绿地	89%	113	62.46%	0	2
Ⅱ 07- 10/01	G1- 公园绿地	89%	6	62.44%	0	2
Ⅱ 21- 01/01	G1- 公园绿地	89%	88	62.46%	0	2
Ⅱ 21- 02/01	G1- 公园绿地	89%	12	62.50%	0	2
Ⅱ 21- 03/01	G1- 公园绿地	89%	13	62.39%	0	2
Ⅱ 21- 08/01	G1- 公园绿地	89%	24	62.45%	0	2
Ⅱ 21- 05/01	G1- 公园绿地	89%	46	62.39%	0	2
Ⅱ 02- 18/01	G2- 防护绿地	94%	97	65.90%	0	2
Ⅱ 07- 05/01	G2- 防护绿地	94%	53	65.90%	0	2
Ⅱ 07- 07/01	G2- 防护绿地	94%	44	65.90%	0	2
Ⅱ 21- 05/01	S42- 社会停车场用地	66%	68	50.54%	0	2
Ⅱ 05- 06/01	A3- 教育科研用地	69%	603	51.57%	0	2
Ⅱ 05- 03/01	R2- 二类居住用地	69%	304	51.71%	0	2
Ⅱ 07- 04/01	R2- 二类居住用地	69%	203	51.76%	0	2
Ⅱ 06- 12/01	R2- 二类居住用地	69%	402	51.68%	0	2

续表

地块编号	系统类型	海绵城市建设下年径流总量控制率	控制容积（m³）	污染物削减率	峰值控制	管理分区
Ⅱ 06- 06/01	R2- 二类居住用地	69%	445	51.70%	0	2
Ⅱ 23- 01/01	R2- 二类居住用地	69%	1356	51.69%	0	2
Ⅱ 05- 04/01	A3- 教育科研用地	69%	375	51.58%	0	2
Ⅱ 02- 17/01	S42- 社会停车场用地	67%	207	50.60%	0	2
Ⅱ 05- 02/01	RB- 商住混合	70%	1138	52.81%	0	2
Ⅱ 05- 09/01	RB- 商住混合	70%	403	52.72%	0	2
Ⅱ 23- 04/01	R22 幼儿园	69%	33	51.51%	0	2
Ⅱ 04- 04/01	R22 幼儿园	69%	131	51.58%	0	2
Ⅱ 05- 08/01	G1- 公园绿地	89%	159	62.48%	0	2
Ⅱ 05- 05/01	G1- 公园绿地	89%	144	62.46%	0	2
—	道路地块	75%	5776	52.68%	0	2

管理分区 2 规划建筑用地较多，区域总控制容积 15185m³，各地块污染物削减率均大于 50%，几乎完全满足 2 年 24 小时雨水径流峰值控制容积，区域无需设置雨水调蓄设施。详见图 2.2.22。

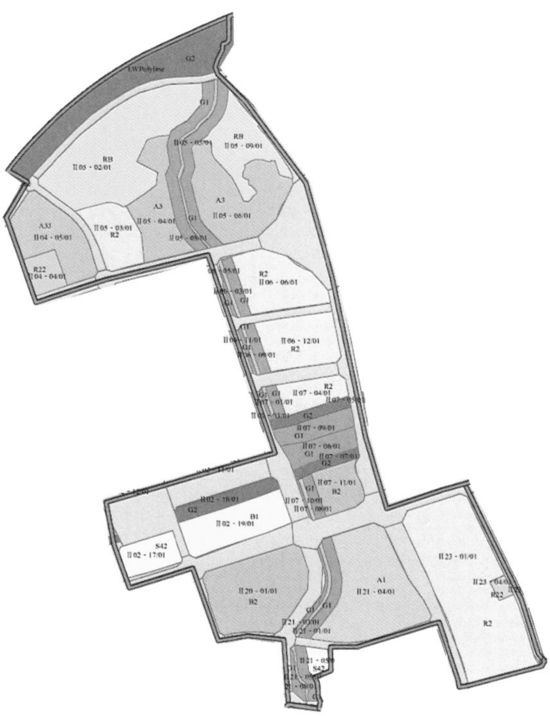

图 2.2.22　管理分区 2 管控单元

（3）管理分区 3 目标分解

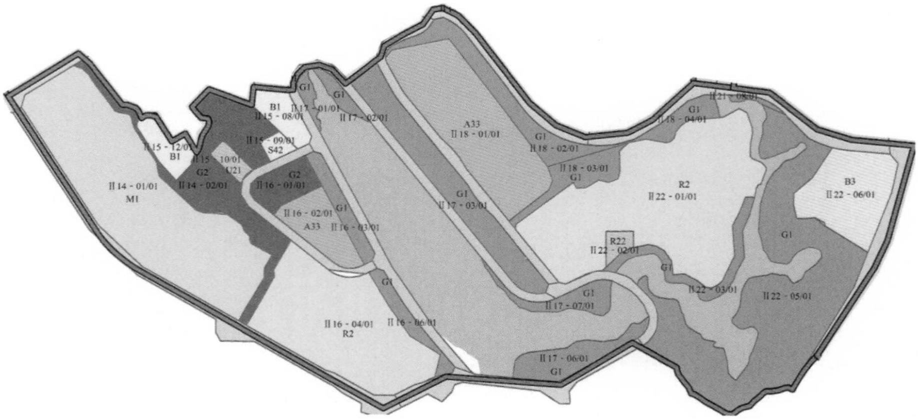

图 2.2.23　管理分区 3 管控单元

管理分区 3 为天子湖分区，区域面积 106hm^2。上游长生河、刘房河汇入此区域。监测点 C 能够反映降雨过程中管理分区 1 ~ 3 总出水量及水质情况。管理分区 3 中各地块分解指标如表 2.2.16 所示。详见图 2.2.23。

管理分区 3 目标分解情况　　表 2.2.16

地块编号	系统类型	海绵城市建设下年径流总量控制率	控制容积（m^3）	污染物削减率	峰值控制	管理分区
Ⅱ 16- 02/01	A33- 中小学用地	69%	200	51.60%	0	3
Ⅱ 18- 01/01	A33- 中小学用地	69%	767	51.61%	0	3
Ⅱ 22- 06/01	B3- 康体娱乐用地	69%	406	51.57%	0	3
Ⅱ 15- 08/01	B1- 商业用地	68%	129	51.16%	0	3
Ⅱ 17- 03/01	G1- 公园绿地	89%	339	62.44%	0	3
Ⅱ 16- 03/01	G1- 公园绿地	89%	81	62.47%	0	3
Ⅱ 16- 06/01	G1- 公园绿地	89%	70	62.43%	0	3
Ⅱ 17- 02/01	G1- 公园绿地	89%	37	62.44%	0	3
Ⅱ 17- 01/01	G1- 公园绿地	89%	26	62.45%	0	3
Ⅱ 18- 04/01	G1- 公园绿地	89%	67	62.47%	0	3
Ⅱ 18- 03/01	G1- 公园绿地	89%	113	62.42%	0	3
Ⅱ 18- 02/01	G1- 公园绿地	89%	201	62.44%	0	3
Ⅱ 17- 06/01	G1- 公园绿地	89%	136	62.42%	0	3
Ⅱ 17- 07/01	G1- 公园绿地	89%	88	62.45%	0	3

续表

地块编号	系统类型	海绵城市建设下年径流总量控制率	控制容积（m^3）	污染物削减率	峰值控制	管理分区
Ⅱ 22- 03/01	G1- 公园绿地	89%	104	62.47%	0	3
Ⅱ 22- 05/01	G1- 公园绿地	89%	1013	62.44%	0	3
Ⅱ 21- 08/01	G1- 公园绿地	89%	5	62.40%	0	3
Ⅱ 21- 08/01	G1- 公园绿地	89%	7	62.42%	0	3
Ⅱ 16- 01/01	G2- 防护绿地	94%	85	65.90%	0	3
Ⅱ 14- 02/01	G2- 防护绿地	94%	362	65.90%	0	3
Ⅱ 14- 01/01	M1- 工业用地	69%	1818	51.72%	631	3
Ⅱ 15- 09/01	S42- 社会停车场用地	67%	41	50.55%	0	3
Ⅱ 16- 04/01	R2- 二类居住用地	69%	973	51.71%	0	3
Ⅱ 22- 01/01	R2- 二类居住用地	69%	1533	51.70%	0	3
Ⅱ 15- 10/01	U 公用设施用地	68%	56	50.84%	0	3
Ⅱ 22- 02/01	R22 幼儿园	69%	39	51.54%	0	3
—	道路地块	75%	2186	52.68%	0	3

管理分区 3 总控制容积 19366m^3，年径流量控制率 77.58%，各地块污染物削减率均大于 50%。建筑地块径流总量控制率较低，地块Ⅱ 14- 01/01 在峰值控制时需滞留约 630m^3 水量，才能满足 2 年一遇 24 小时降雨的外排洪峰流量控制目标，规划在该地块附近修建体量接近的调蓄设备。

（4）管理分区 4 目标分解

管理分区 4 为龙溪河上段，区域面积 147.3hm^2，龙溪河在该区域内为经流河段。监测点 D 能够反映降雨过程中管理分区 4 及其龙溪河上游段总出水量及水质情况。管理分区 4 中各地块分解指标如表 2.2.17 所示。

管理分区 4 目标分解情况　　表 2.2.17

地块编号	系统类型	海绵城市建设下年径流总量控制率	控制容积（m^3）	污染物削减率	峰值控制	管理分区
Ⅱ 12- 09/01	B1- 商业用地	68%	964	51.19%	0	4
Ⅱ 12- 01/01	B1- 商业用地	68%	763	51.17%	0	4
Ⅱ 08- 05/01	B1- 商业用地	68%	641	51.18%	0	4
Ⅱ 09- 04/01	B1- 商业用地	68%	990	51.19%	0	4
Ⅱ 13- 06/01	B41- 加油加气站用地	73%	137	50.82%	7	4
Ⅱ 12- 02/01	G1- 公园绿地	89%	103	62.48%	0	4

续表

地块编号	系统类型	海绵城市建设下年径流总量控制率	控制容积（m³）	污染物削减率	峰值控制	管理分区
Ⅱ 13- 15/01	G1- 公园绿地	89%	141	62.47%	0	4
Ⅱ 13- 17/01	G1- 公园绿地	89%	158	62.44%	0	4
Ⅱ 09- 05/01	G1- 公园绿地	89%	181	62.42%	0	4
Ⅱ 09- 08/01	G1- 公园绿地	89%	211	62.49%	0	4
Ⅱ 13- 03/01	G1- 公园绿地	89%	81	62.43%	0	4
Ⅱ 13- 04/01	G1- 公园绿地	89%	103	62.45%	0	4
Ⅱ 11- 04/01	G1- 公园绿地	89%	69	62.45%	0	4
Ⅱ 11- 02/01	G1- 公园绿地	89%	84	62.43%	0	4
Ⅱ 09- 01/01	E2- 防护绿地	94%	54	65.89%	0	4
Ⅱ 12- 06/01	G2- 防护绿地	94%	200	65.90%	0	4
Ⅱ 12- 08/01	G2- 防护绿地	94%	150	65.90%	0	4
Ⅱ 13- 11/01	G2- 防护绿地	94%	68	65.90%	0	4
Ⅱ 13- 07/01	G2- 防护绿地	94%	45	65.89%	0	4
Ⅱ 13- 08/01	G2- 防护绿地	94%	40	65.90%	0	4
Ⅱ 12- 10/01	S42- 社会停车场用地	67%	94	50.62%	0	4
Ⅱ 12- 03/01	S42- 社会停车场用地	67%	82	50.60%	0	4
Ⅱ 08- 08/01	S42- 社会停车场用地	67%	82	50.63%	0	4
Ⅱ 08- 06/01	S42- 社会停车场用地	67%	142	50.01%	0	4
Ⅱ 13- 01/01	R2- 二类居住用地	69%	531	51.71%	0	4
Ⅱ 11- 01/01	R2- 二类居住用地	69%	597	51.73%	0	4
Ⅱ 09- 07/01	R2- 二类居住用地	69%	1368	51.69%	0	4
Ⅱ 08- 07/01	RB- 商住混合	70%	1328	52.72%	0	4
Ⅱ 10- 01/01	A51- 社会福利用地	69%	1093	51.59%	0	4
Ⅱ 12- 05/01	U 公用设施用地	68%	91	50.83%	0	4
Ⅱ 13- 13/01	A59- 救助管理站	66%	56	50.16%	0	4
Ⅱ 12- 04/01	S41- 公共交通场站	67%	68	50.53%	0	4
Ⅱ 11- 05/01	RB- 商住混合	70%	307	52.73%	0	4
Ⅱ 13- 05/01	RB- 商住混合	70%	508	52.73%	0	4
Ⅱ 13- 14/01	RB- 商住混合	70%	62	52.74%	0	4

续表

地块编号	系统类型	海绵城市建设下年径流总量控制率	控制容积（m^3）	污染物削减率	峰值控制	管理分区
Ⅱ 12- 07/01	H21 铁路和交通枢纽	67%	1831	50.48%	319	4
Ⅱ 13- 10/01	H21 铁路和交通枢纽	67%	1104	50.27%	206	4
Ⅱ 13- 12/01	G2- 防护绿地	94%	48	65.90%	0	4
—	道路地块	75%	3505	52.68%	0	4

管理分区 4 总控制容积 18082m^3，各地块污染物削减率均大于 50%。其中地块Ⅱ 12- 07/01、Ⅱ 13- 10/01 在峰值控制时需滞留约 530m^3 的水量，才能满足 2 年一遇 24 小时降雨的外排洪峰流量控制目标，规划在地块附近修建体量接近的调蓄设备。见图 2.2.24。

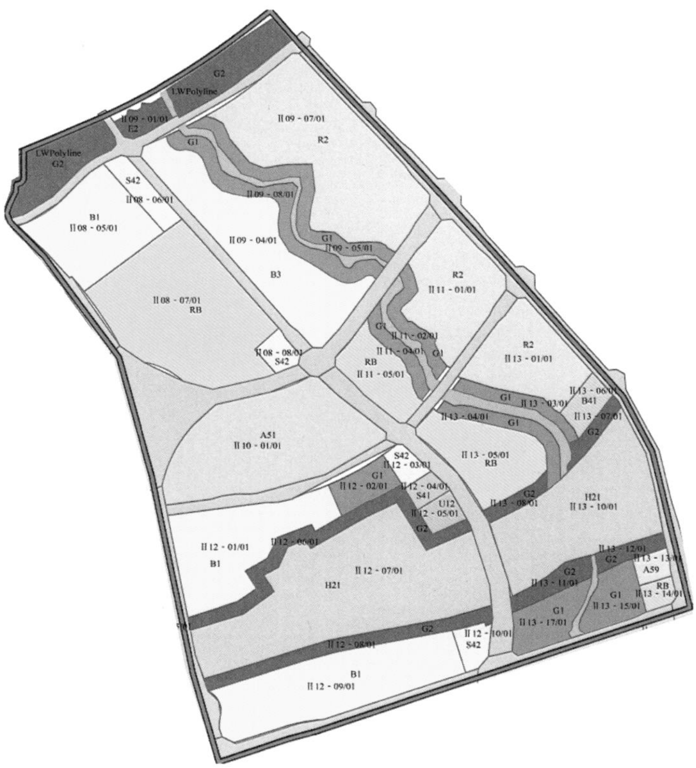

图 2.2.24　管理分区 4 管控单元

（5）管理分区 5 目标分解

管理分区 5 为龙溪河中段，区域面积 224.7hm^2，龙溪河在该区域内为经流河段。监测点 E 能够反映降雨过程中管理分区 4 ～ 5 及龙溪河上游段总出水量及水质情况。管理分区 5 中各地块分解指标如表 2.2.18 所示。见图 2.2.25。

图 2.2.25　管理分区 5 管控单元

管理分区 5 目标分解情况　　　　表 2.2.18

地块编号	系统类型	海绵城市建设下年径流总量控制率	控制容积（m^3）	污染物削减率	峰值控制	管理分区
Ⅱ 29- 06/01	A33- 中小学用地	69%	1081	51.66%	0	5
Ⅱ 26- 05/01	A33- 中小学用地	69%	580	51.57%	0	5
Ⅱ 32- 03/01	A33- 中小学用地	69%	578	51.57%	0	5
Ⅱ 21- 09/01	A4- 体育用地	82%	1529	57.53%	0	5
Ⅱ 31- 01/01	B1- 商业用地	68%	246	51.18%	0	5
Ⅱ 32- 01/01	B1- 商业用地	68%	104	51.14%	0	5
Ⅱ 29- 05/01	B1- 商业用地	68%	114	51.10%	0	5
Ⅱ 26- 03/01	B1- 商业用地	68%	213	51.17%	0	5
Ⅱ 29- 03/01	B1- 商业用地	68%	233	51.20%	0	5
Ⅱ 23- 06/01	B1- 商业用地	68%	123	51.24%	0	5
Ⅱ 26- 06/01	B1- 商业用地	68%	358	51.19%	0	5
Ⅱ 31- 03/01	G1- 公园绿地	89%	274	62.46%	0	5

续表

地块编号	系统类型	海绵城市建设下年径流总量控制率	控制容积（m^3）	污染物削减率	峰值控制	管理分区
Ⅱ 24-01/01	G1-公园绿地	89%	312	62.45%	0	5
Ⅱ 24-03/01	G1-公园绿地	89%	197	62.41%	0	5
Ⅱ 26-04/01	G1-公园绿地	89%	178	62.45%	0	5
Ⅱ 29-04/01	G1-公园绿地	89%	148	62.46%	0	5
Ⅱ 29-01/01	G1-公园绿地	88%	0	61.87%	0	5
Ⅱ 32-07/01	G1-公园绿地	89%	207	62.45%	0	5
Ⅱ 32-05/01	G1-公园绿地	89%	14	62.38%	0	5
Ⅱ 32-08/01	G1-公园绿地	89%	106	62.45%	0	5
Ⅱ 29-01/01	G1-公园绿地	89%	134	62.48%	0	5
Ⅱ 24-01/01	G2-防护绿地	94%	565	65.90%	0	5
Ⅱ 23-07/01	S42-社会停车场用地	67%	62	50.62%	0	5
Ⅱ 32-02/01	S42-社会停车场用地	67%	55	50.62%	0	5
Ⅱ 32-03/01	S42-社会停车场用地	67%	82	50.65%	0	5
Ⅱ 26-07/01	S42-社会停车场用地	67%	82	50.61%	0	5
Ⅱ 31-02/01	R2-二类居住用地	69%	1050	51.77%	0	5
Ⅱ 24-05/01	R2-二类居住用地	69%	1204	51.71%	0	5
Ⅱ 30-01/01	R2-二类居住用地	69%	823	51.70%	0	5
Ⅱ 27-01/01	R2-二类居住用地	69%	823	51.70%	0	5
Ⅱ 32-04/01	R2-二类居住用地	69%	730	51.69%	0	5
Ⅱ 27-03/01	R2-二类居住用地	69%	1280	51.70%	0	5
Ⅱ 23-02/01	R2-二类居住用地	69%	1176	51.78%	0	5
Ⅱ 28-01/01	R2-二类居住用地	69%	2334	51.77%	0	5
Ⅱ 23-09/01	R2-二类居住用地	69%	845	51.79%	0	5
Ⅱ 23-05/01	U 公用设施用地	68%	101	50.90%	0	5
Ⅱ 26-08/01	A51-社会福利用地	69%	36	51.59%	0	5
Ⅱ 32-01/01	RB-商住混合	70%	966	52.73%	0	5
Ⅱ 34-01/01	E2-农林用地	94%	1806	65.90%	0	5
Ⅱ 23-03/01	R22 幼儿园	69%	53	51.52%	0	5
Ⅱ 27-01/01	R22 幼儿园	69%	59	51.56%	0	5

续表

地块编号	系统类型	海绵城市建设下年径流总量控制率	控制容积（m^3）	污染物削减率	峰值控制	管理分区
Ⅱ 32-05/01	R22 幼儿园	69%	60	51.57%	0	5
Ⅱ 32-04/01	R22 幼儿园	69%	135	51.63%	0	5
Ⅱ 32-02/01	S41-公共交通场站	67%	70	50.53%	0	5
Ⅱ 24-04/01	S41-公共交通场站	67%	42	50.50%	0	5
Ⅱ 23-08/01	S41-公共交通场站	67%	70	50.61%	0	5
—	道路地块	75%	6804	52.68%	0	5

管理分区 5 总控制容积 28043m^3，各地块污染物削减率均大于 50%，各地块均能满足 2 年一遇 24 小时降雨的外排洪峰流量控制目标。

（6）管理分区 6 目标分解

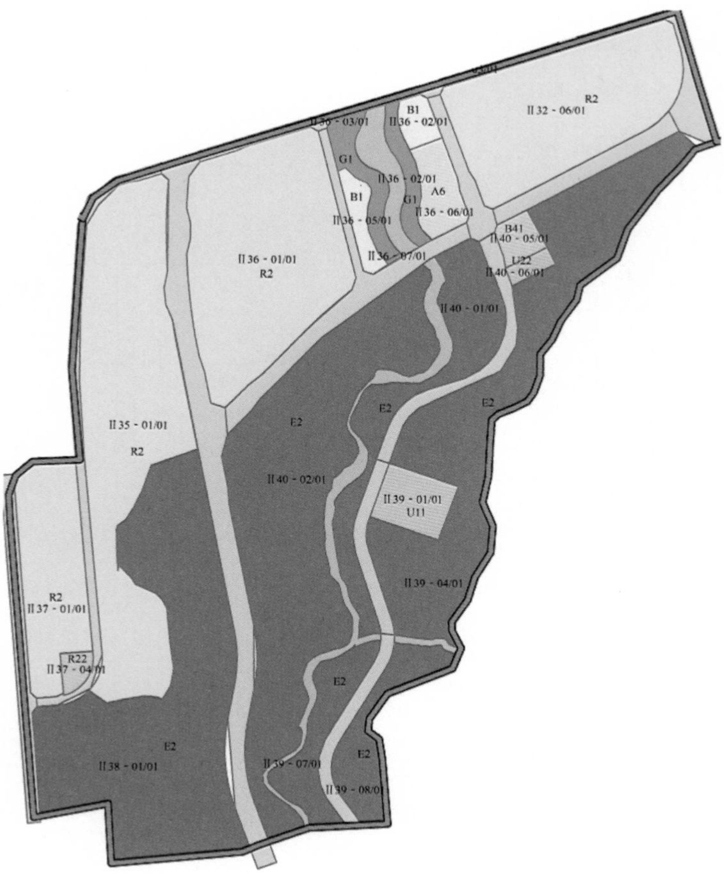

图 2.2.26　管理分区 6 管控单元

管理分区 6 为龙溪河下段，区域面积 116.8hm^2，龙溪河在该区域内为经流河段。监测点 F 能够反映降雨过程中管理分区 4 ～ 6 及龙溪河上游段总出水量及水质情况。管理分区 6 中各地块分解指标如表 2.2.19 所示。见图 2.2.26。

管理分区 6 目标分解情况　　表 2.2.19

地块编号	系统类型	海绵城市建设下年径流总量控制率	控制容积（m^3）	污染物削减率	峰值控制	管理分区
Ⅱ 36- 02/01	B1- 商业用地	68%	79	51.24%	0	6
Ⅱ 36- 05/01	B1- 商业用地	68%	95	51.14%	0	6
Ⅱ 40- 05/01	B41- 加油加气站用地	73%	97	50.85%	5	6
Ⅱ 36- 03/01	G1- 公园绿地	89%	100	62.41%	0	6
Ⅱ 36- 07/01	G1- 公园绿地	89%	2	62.23%	0	6
Ⅱ 36- 02/01	G1- 公园绿地	89%	74	62.45%	0	6
Ⅱ 36- 01/01	R2- 二类居住用地	69%	1426	51.83%	0	6
Ⅱ 32- 06/01	R2- 二类居住用地	69%	1144	51.69%	0	6
Ⅱ 35- 01/01	R2- 二类居住用地	69%	1696	51.69%	0	6
Ⅱ 37- 01/01	R2- 二类居住用地	69%	598	51.68%	0	6
Ⅱ 39- 01/01	U 公用设施用地	68%	199	50.90%	0	6
Ⅱ 40- 06/01	U 公用设施用地	68%	42	50.88%	0	6
Ⅱ 38- 01/01	E2- 农林用地	94%	1135	65.90%	0	6
Ⅱ 39- 07/01	E2- 农林用地	94%	168	65.90%	0	6
Ⅱ 40- 02/01	E2- 农林用地	94%	1127	65.90%	0	6
Ⅱ 40- 01/01	E2- 农林用地	94%	335	65.90%	0	6
Ⅱ 39- 08/01	E2- 农林用地	94%	170	65.90%	0	6
Ⅱ 39- 04/01	E2- 农林用地	94%	904	65.90%	0	6
Ⅱ 37- 04/01	R22 幼儿园	69%	43	51.60%	0	6
Ⅱ 36- 06/01	A6- 老年养护院	66%	138	50.15%	0	6
—	道路地块	75%	3065	52.68%	0	6

管理分区 6 总控制容积 12638m^3，区域年经流控制率 82.76%，各地块污染物削减率均大于 50%。除地块Ⅱ 40- 05/01 需增设 5m^3 峰值控制容积，各地块均能满足 2 年一遇 24 小时降雨的外排洪峰流量控制目标。

2.2.6 建设规划

1. 水生态系统规划

径流控制工程内容包括：

1）道路工程

依据万州区高铁片区控规用地指标及道路低影响设施设置面积比例，确定高铁片区道路低影响开发工程。经统计，道路低影响开发项目共计 78 个项目，其中生物滞留设施面积共计 14.85hm^2，透水铺装总面积共计 17.82hm^2。

2）建筑工程

高铁片区范围内实施居住建筑低影响设施项目共计 136 个，生物滞留设施面积共计 44.16hm^2，绿色屋顶面积共计 42.05hm^2，透水铺装面积共计 75.15hm^2。

3）绿地工程

高铁片区范围内实施居住建筑低影响设施的项目共计 79 个，生物滞留设施面积共计 8.9hm^2，透水铺装面积共计 6.5hm^2。

4）径流控制工程指标评估

海绵城市建设下区域内径流总量控制率为 75.33%，满足管控要求年径流总量控制率为 5% 的指标要求。

2. 水生态系统工程

规划区内河流现状呈干涸状态，规划拟对河流水系进行恢复。由于高铁片区河流水源补给基本来自于自然降水，且自然降水年内分布不均，规划水系的水量保障问题较突出，因此需对规划水系水量进行分析，提出相应的补水方案，达到以下目的：保证新区内集中水面水位控制在一定范围内，并具有适宜的换水周期；保证主要景观水系河道具有较长的连续水面，重要景观节点具有较强的亲水性；保证一般河道丰水季节具有较长的连续水面，枯水季节能够满足最小生态需水量。

（1）降水补给量核算

根据余家站 1970 ~ 2010 年 41 年的年径流统计，采用 P ~ Ⅲ型曲线适线确定统计参数。经频率计算，多年平均流量 7.51m^3/s，多年平均径流深 648.9mm。根据余家站年内分配计算多年平均逐月径流深。多年平均逐月降水量及径流深度如表 2.2.20 所示。

规划区多年平均径流深表　　表 2.2.20

月份	1	2	3	4	5	6	7	8	9	10	11	12	全年
径流深度（mm）	7.5	7.3	14.4	44.8	84.1	128.1	118.1	67.0	84.1	56.6	25.8	11.1	648.9

由多年平均逐月径流深可以看出，规划区年内降水分布极为不均，每年 4 ～ 10 月为丰水期，降水总量约占全年的 89.8%，其余 5 个月为枯水期，降水总量仅占全年的 10.2%。

根据各水系汇水面积可核算由自然降雨产生的汇水补给量，如表 2.2.21 所示。

主要河流月平均降水补给量表（单位：万 m^3）　　表 2.2.21

名称	汇水面积（hm^2）	月份												
		1	2	3	4	5	6	7	8	9	10	11	12	全年
龙溪河	18.53	13.9	13.5	26.7	83.0	155.7	237.4	218.9	124.2	155.7	104.9	47.8	20.6	1202.4
长生河	16	12.00	11.68	23.04	71.66	134.48	205.01	189.03	107.21	134.48	90.56	41.29	17.76	1038.2
刘房河	4.1	3.08	2.99	5.90	18.36	34.46	52.54	48.44	27.47	34.46	23.21	10.58	4.55	266.05
合计	38.63	29.0	28.2	55.6	173.0	324.7	495.0	456.4	258.8	324.7	218.7	99.7	42.9	2507

规划区域内河流自然条件下月平均径流量如表 2.2.22 所示。

主要河流自然条件下月平均径流量（单位：m^3/s）　　表 2.2.22

名称	汇水面积（hm^2）	月份												
		1	2	3	4	5	6	7	8	9	10	11	12	全年
龙溪河	18.53	0.053	0.052	0.102	0.316	0.593	0.904	0.833	0.474	0.594	0.340	0.182	0.078	0.38
长生河	16	0.046	0.044	0.088	0.273	0.512	0.781	0.719	0.408	0.512	0.345	0.157	0.068	0.33
刘房河	4.1	0.012	0.011	0.023	0.070	0.131	0.199	0.184	0.104	0.131	0.088	0.041	0.017	0.08

（2）水系需水量核算

1）蒸发量

万州城区内多年平均蒸发量约 650mm，根据余家站统计数据，规划高铁片区多年平均蒸发量约 620mm，蒸发量的季度变化与年降水量的季度变化大体一致。由于相对于河流水量而言蒸发量较小，故仅以丰水期和枯水期区分，丰水期蒸发率为 2mm/d，枯水期为 0.4mm/d。

2）渗透量

规划区内土层以黏土和粉质黏土居多，属弱渗透性土质，渗透速度较小，符合达西渗透定律，即渗透量计算公式为：$Q_{渗}=kAi/100$。根据相关工程设计报告中通过钻孔提水实验得到渗透系数约为 8×10.5 ～ 1.2×10.4cm/s；因此选取 k 为 1×10^{-4}cm/s，i 为 0.1，则日渗透水深约为 8mm。

3）景观需水量

景观需水量主要考虑各主要河流保持一定的水深及流动水体所需水量，计算景观需水量时需分为有挡水设施和无挡水设施两种情况。

无挡水设施时，采用明渠均匀流计算，枯水期保证 0.2 ~ 0.3m 水位，丰水期保证 0.4 ~ 0.6m 水位。

有挡水设施时，河道景观水量计算主要根据各河道挡水坝前流动水位高程进行分析，采用宽顶堰流计算公式：

$$Q=\sigma_c mb\sqrt{2g}H_0^{\frac{3}{2}}$$

Q——流量（m^3/s）；

σ_c——侧收缩系数；

m——自由溢流的流量系数，与堰型、堰高等边界条件有关；

b——堰孔净宽（m）；

H_0——包括行进流速的堰前水头（m），即 $H_0=H+(V_0^2/2g)$（m）；

枯水期保证 0.6 ~ 0.8m 水位，堰上水深保证 0.01 ~ 0.02m；丰水期 0.8 ~ 1.0m 水位，堰上水深至少 0.02m。

枯水期景观需水量：

枯水期无挡水设施时，水系景观需水量总计为 101 万 m^3/d；有挡水设施时，景观需水量总计为 0.868 万 m^3/d，远远小于无挡水设施时的需水量。详见表 2.2.23 和表 2.2.24。

枯水期无挡水设施时主要河流景观流量 表 2.2.23

名称	平均坡降 i	粗糙度 n	上口宽 B（m）	水深 h（m）	流量（m^3/s）	日需水量（m^3）
龙溪河	0.022	0.04	15	0.2	3.72	321232
长生河	0.042	0.04	12	0.2	4.09	353540
刘房河	0.031	0.03	10	0.2	3.89	336032
合计	—	—	—	—	11.70	1010804

枯水期有挡水设施时主要河流景观流量 表 2.2.24

名称	平均坡降 i	粗糙度 n	上口宽 B（m）	水深 h（m）	堰上水深 H_0（m）	流量（m^3/s）	日需水量（m^3）
龙溪河	0.022	0.04	15	0.6	0.015	0.039	3390
长生河	0.042	0.04	10	0.6	0.02	0.040	3480
刘房河	0.031	0.03	8	0.6	0.015	0.021	1808
合计	—	—	—	—	—	0.100	8678

丰水期景观需水量：

丰水期无挡水设施时，水系景观需水量总计为 315 万 m^3/d；有挡水设施时，景观需水量总计为 1.29 万 m^3/d，远远小于无挡水设施时的需水量。详见表 2.2.25 和表 2.2.26。

丰水期无挡水设施时主要河流景观流量 表 2.2.25

名称	平均坡降 i	粗糙度 n	上口宽 B（m）	水深 h（m）	流量（m^3/s）	日需水量（m^3）
龙溪河	0.022	0.04	15	0.4	11.63	1004795
长生河	0.042	0.04	12	0.4	12.75	1101338
刘房河	0.031	0.03	10	0.4	12.07	1042605
合计	—	—	—	—	36.44	3148737

丰水期有挡水设施时主要河流景观流量 表 2.2.26

名称	平均坡降 i	粗糙度 n	上口宽 B（m）	水深 h（m）	堰上水深 H_0（m）	流量（m^3/s）	日需水量（m^3）
龙溪河	0.0472	0.04	15	0.8	0.02	0.060	5220
长生河	0.0691	0.04	12	0.8	0.02	0.048	4176
刘房河	0.043	0.03	10	0.8	0.02	0.040	3480
合计	—	—	—	—	—	0.149	12875

景观需水量分析：

根据水系需水量分析可知，如果不设置挡水设施，河流景观需水量过大，即使补水也无法满足，因此河道需设置挡水设施，用以保证重要景观河段实现局部连续水面。

因此，水系需水量按照有挡水设施计算。计算规划区内主要河流需水量结果如表 2.2.27 所示。

主要河流需水量计算结果（含集中水面）（单位：m^3/d） 表 2.2.27

河流名称	丰水期				枯水期			
	蒸发量	渗透量	景观需水	总需水	蒸发量	渗透量	景观需水	总需水
龙溪河	159	119	5220	5498	32	119	3390	3541
长生河	266	19	4176	4461	53	19	3480	3552
刘房河	100	30	3480	3610	20	30	1808	1858
合计	526	168	12875	13569	105	168	8678	8951

（3）水系缺水量核算

考虑规划区内部湖库充分发挥水量调蓄功能，根据降水补给量和需水量计算主要河流缺水量。

分析表 2.2.28 可知，规划区整体水系在枯水季节 11 月 ~ 次年 3 月均可以依靠自然降水维持最小流量。丰水季节，河道有较多余水量，可维持堰上 0.05 ~ 0.08m 的水深，河道换水周期维持在 1 天左右，可以保障水环境的健康。虽然刘房河在 12 月至次年 2 月有缺水，但缺水量较少，可通过上游双堰水库放水进行补充。整体来看，规划区水系水量有保障。

主要河流逐月平均日缺水量（单位：m^3；值为正代表区域不缺水） 表 2.2.28

名称	枯水期					丰水期						
	11月	12月	1月	2月	3月	4月	5月	6月	7月	8月	9月	10月
龙溪河	12178	3221	1028	906	5231	21787	45707	72562	66475	35323	45707	28985
长生河	10021	2287	394	288	4023	19099	39753	62941	57685	30786	39753	25314
刘房河	1620	-362	-847	-874	83	2427	7720	13662	12315	5422	7720	4020
合计	23819	5146	575	320	9337	43313	93180	149165	136475	71531	93180	58319

3. 水安全系统规划

构建管网模型对现状排水防涝体系和规划排水管网系统进行分析，识别内涝积水区域。建设“源头控制、排水系统工程、城市大排蓄系统”三级排水防涝体系，对现状排水防涝体系进行改造提升，消除内涝积水点，全面提升示范区的水安全标准。

针对以上分析得出的水安全问题，分别从源头控制、排水系统工程、城市大排蓄系统三方面规划相应工程方案，以解决水安全问题。最终，将规划方案概化，并输入排水模型中，用于评估水安全问题是否解决。

高铁片区水安全规划工程方案包括源头低影响开发雨水系统工程、市政排水系统工程（管网优化与改造）、城市大排蓄系统工程（超标雨水泄流通道、内河治理措施）。

（1）源头低影响开发雨水系统工程

根据径流控制低影响开发工程量统计，其中生物滞留设施面积共计 66.69hm^2，绿色屋顶共计 42.01hm^2，透水铺装面积共计 99.47hm^2。

为提升万州高铁片区新建地块径流峰值控制能力，采用万州高铁片区 2 年 24h 降雨资料输入至海绵城市规划下的排水管网模型中进行径流计算，以确定在连续降雨下峰值流量不超过未开发前地块所需控制的峰值容积（含低影响开发设施中的可调蓄容积）。其中万州高铁片区内管理单元的径流峰值控制容积如表 2.2.29 所示。

高铁片区管理单元峰值控制容积统计 表 2.2.29

分区编号	名称	总面积（hm^2）	峰值控制容积（m^3）
1	长生河分区	143.6	605
2	刘房河分区	111.2	1
3	天子湖分区	106	631
4	龙溪河上段	147.3	532
5	龙溪河中段	224.7	0
6	龙溪河下段	116.8	5
总计	—	849.6	1773

（2）市政雨水系统工程

高铁片区本次规划目前为雨污分流制，对于现状不满足雨水重现期要求的管线，增加管径改建雨水管道；对于规划区域管线不满足雨水重现期要求的管线，提出修改规划管线管径的建议。各分区改造情况如下。各管线断面图见图 2.2.27 ~ 图 2.2.29。

1）长生河分区

根据需要修改管网管径，长生河分区需改造的管网均为规划管网，共 1501.16m，如表 2.2.30 所示。

长生河雨水管网改造方案　　表 2.2.30

序号	类型	名称	改造管径	长度（m）
1	规划	*DN*600	*DN*700	150.61
2	规划	*DN*700	*DN*800	490.09
3	规划	*DN*800	*DN*900	255.91
4	规划	*DN*900	*DN*1000	252.74
5	规划	*DN*1000	*DN*1100	351.81

2）刘房河分区

刘房河分区规划管网占大部分，需改造的管网共 1396.651m，如表 2.2.31 所示。

天子湖分区雨水管网改造工程量表　　表 2.2.31

序号	类型	名称	改造管径	长度（m）
1	规划	*DN*600	*DN*1000	221.2597
2	规划	*DN*700	*DN*1000	183.3213
3	规划	*DN*800	*DN*1000	81.6944
4	规划	*DN*900	*DN*1200	266.13
5	规划	*DN*700	*DN*900	96.6656
6	规划	*DN*700	*DN*800	248.03
7	现状	*DN*1000	*DN*1100	299.55

3）天子湖分区

天子湖分区中，现状管网较多，雨水排水管网小于 5 年一遇的管线较多，同时现状管线存在管线布置存在上游管底高程比下游管底高程低的现象，需要改变坡度。天子湖需改造的管网共 3453.2m，如表 2.2.32 所示。

天子湖分区雨水管网改造工程量表　　表 2.2.32

序号	类型	名称	改造管径	长度（m）	备注
1	现状	*DN*500	*DN*800	249.3	改建管网的坡度，PS586026-PS586028 的坡度大于 0.005

续表

序号	类型	名称	改造管径	长度（m）	备注
2	现状	*DN*500	*DN*800	166.4	
3	现状	*DN*500	*DN*1200	182.5	
4	现状	*DN*500	*DN*800	293.3	
5	现状	*DN*500	*DN*800	84.9	增加 PS586053-PS586049 段坡度，使其不小于 0.005
6	现状	*DN*500	*DN*800	1000	
7	现状	*DN*500	*DN*900	60.8	增加 PS580918-PS580919 段坡度，使其与地面坡度相同
8	现状	*DN*500	*DN*800	170.99	
9	规划	*DN*600	*DN*700	574.5	
10	规划	*DN*900	*DN*1000	100.5	
11	规划	*DN*800	*DN*900	254.1	
12	规划	*DN*800	*DN*1000	133.9	
13	规划	*DN*1000	*DN*1200	310.6	
14	规划	*DN*800	*DN*1200	42.4	

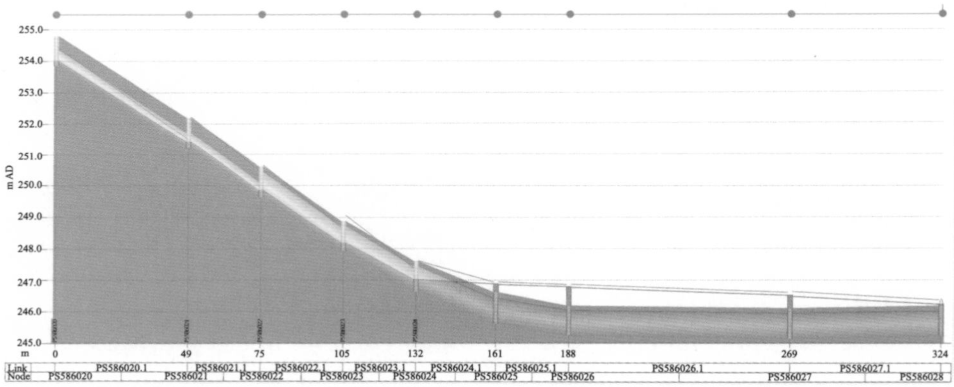

图 2.2.27　管线断面图 1　PS586026-PS586028

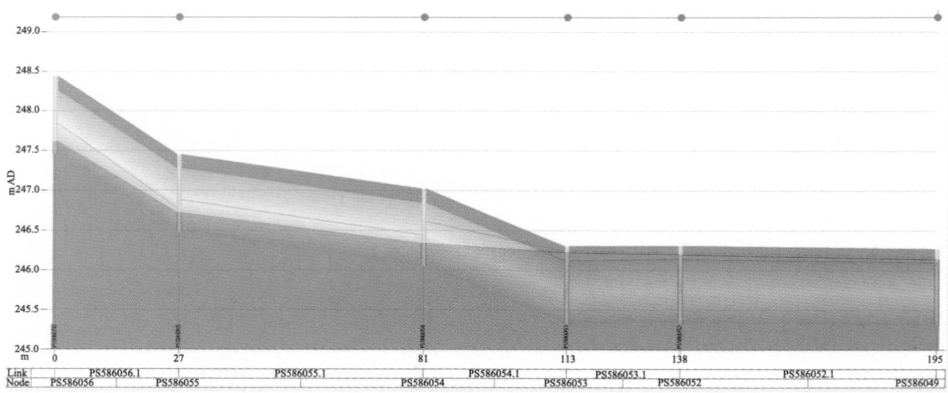

图 2.2.28　管线断面图 2　PS586053-PS586049

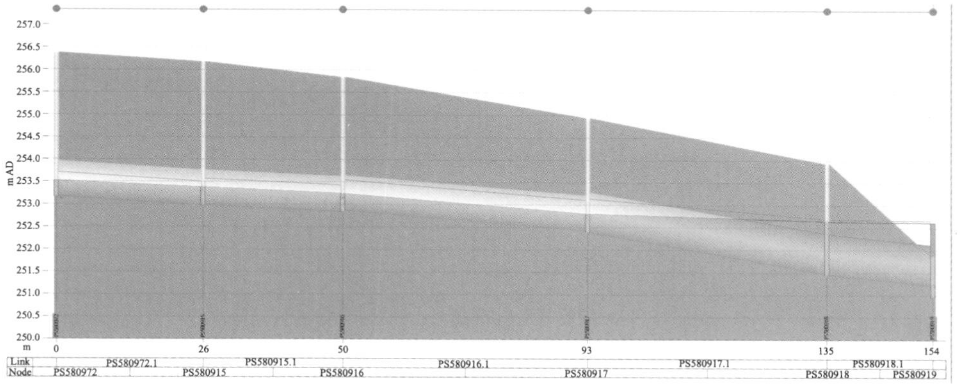

图 2.2.29 管线断面图 3 PS580918-PS580919

4）龙溪河上段

龙溪河分区规划管网占大部分，需改造的管网共 2699.25m，如表 2.2.33 所示。

龙溪河上段雨水管网改造工程量表 表 2.2.33

序号	类型	名称	改造管径	长度（m）
1	现状	*DN*600	*DN*800	243.4999
2	现状	*DN*1000	*DN*1200	129.6999
3	规划	*DN*700	*DN*900	203.04
4	规划	*DN*600	*DN*700	300.671
5	规划	*DN*800	*DN*900	139.03
6	规划	*DN*800	*DN*1200	131.084
7	规划	*DN*700	*DN*900	380.465
8	规划	*DN*1000	*DN*1200	181.85
9	规划	*DN*700	*DN*800	475.29
10	规划	*DN*600	*DN*800	351.42
11	规划	*DN*700	*DN*900	163.21

5）龙溪河中段

龙溪河中段均为规划管网，需改造的管网共 5697.69m，如表 2.2.34 所示。

龙溪河中段雨水管网改造工程量表 表 2.2.34

序号	类型	名称	改造管径	长度（m）
1	规划	*DN*600	*DN*800	648.09
2	规划	*DN*700	*DN*900	339.2
3	规划	*DN*6800	*DN*1000	379.62
4	规划	*DN*700	*DN*900	206.28

续表

序号	类型	名称	改造管径	长度（m）
5	规划	*DN*800	*DN*1100	284.65
6	规划	*DN*700	*DN*1000	307.57
7	规划	*DN*600	*DN*700	264.83
8	规划	*DN*700	*DN*1000	367.11
9	规划	*DN*600	*DN*900	375.55
10	规划	*DN*700	*DN*1000	427.76
11	规划	*DN*900	*DN*1200	397.18
12	规划	*DN*600	*DN*700	1147.84
13	规划	*DN*900	*DN*1000	145.1
14	规划	*DN*900	*DN*1200	135.14
15	规划	*DN*1000	*DN*1300	271.77

6）龙溪河下段

龙溪河下段均为规划管网，需改造的管网共869.2998m，如表2.2.35所示。

龙溪河下段雨水管网改造工程量表　　表2.2.35

序号	类型	名称	改造管径	长度（m）
1	规划	*DN*600	*DN*800	402.5098
2	规划	*DN*600	*DN*900	466.79

（3）城市大排蓄系统工程

规划的排水管渠与低影响雨水径流源头消减措施提升了系统应对内涝风险的能力，但应对50年一遇的设计降雨部分流域还存在残余的风险区域。模拟管渠规划工程实施后50年一遇设计暴雨下的一维、二维耦合模型，分析地表积水顺着地形的汇流路径，规划地表涝水的行泄通道，疏导积水汇入河道、湖库、水塘、下凹绿地、低洼广场等行洪、调蓄、临时调蓄设施降低风险。规划的行泄通道将结合城市规划、旧城改造、道路改扩建、地形测量优化实施，各分区的行泄通道如表2.2.36所示。

内涝设施建设一览表　　表2.2.36

流域名称	内涝点位	积水面积（m^2）	积水平均深度（m）	积水量（m^3）	内涝解决措施
天子湖分区	内涝点1	9505	1.08	10135	该处作为泄水通道，由于该处位于天子湖旁，在道路旁修建排水涵洞，将水收集直接排入天子湖

续表

流域名称	内涝点位	积水面积（m^2）	积水平均深度（m）	积水量（m^3）	内涝解决措施
天子湖分区	内涝点 2	4412	0.51	2249	该处作为泄水通道，由于该处位于天子湖旁，在道路旁修建排水涵洞，将水收集直接排入天子湖
刘房河分区	内涝点 3	18338	0.24	4440	该处位于小区内部，由于是规划地区，建议场地平整时考虑将其填平，留有一定坡度，如不方便增设一条 *DN*1200 排水管道，长 300m
龙溪河上段	内涝点 4	4208	1.2	5068	该处位于道路旁，增设 *DN*1200 排水管线，排入龙溪河
龙溪河中段	内涝点 5	947	0.18	172	增设雨水口，新建 *DN*800 的排水管，排入龙溪河
	内涝点 6	4226	0.27	1140	增设雨水口，修建雨水涵洞，排入龙溪河
龙溪河下段	内涝点 7	2097	0.29	609	增设雨水口，新建 *DN*800 的排水管，将水排入龙溪河
	内涝点 8	1980	0.44	892	增设雨水口，修建雨水排水涵洞，排入龙溪河

4. 水资源系统规划

在城市建设区充分利用湖、塘、库、池等空间滞蓄雨洪水，用于城市景观、工业、农业和生态用水等方面，可有效缓解高铁片区水资源不足的现实问题。根据本书 2.4 水资源问题及需求可知，高铁片区的总的可利用雨水量为 73.35 万 m^3。可在高铁片区的部分地区建设雨水罐和雨水调蓄池，将调节和储存收集到的雨水，回用于绿化浇灌、道路清洗或景观水体补水。雨水利用流程如图 2.2.30 所示。

（1）居住用地雨水的收集与利用

对于居住用地雨水的收集利用，可分为有调蓄水景小区和无调蓄水景小区。有调蓄水景小区，一般面积较大，应优先利用水景收集调蓄区域内雨水，同时兼顾雨水渗蓄利用及其他措施。将屋面及道路雨水收集汇入景观体，并根据月平均降雨量、蒸发下渗以浇洒和绿化用水量来确定水体的体积，对于超标准雨水进行溢流排放。如果以雨水径流削减及水质控制为主，可根据地形划分若干个汇水区域，将雨水通过植被浅沟导入雨水花园或低势绿地，进行处理、下渗，对于超标准雨水进行溢流排放至市政管道。如果以雨水利用为主，可以将屋面雨水经弃流后导入雨水桶内进行收集利用，道路及绿地雨水经处理后导入地下雨水池进行收集利用。见图 2.2.31。

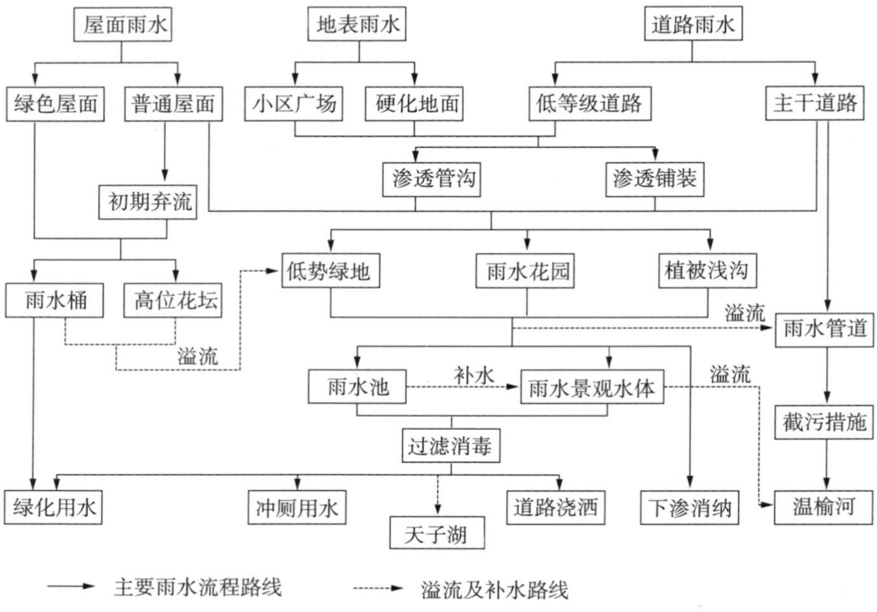

图 2.2.30　雨水利用流程图

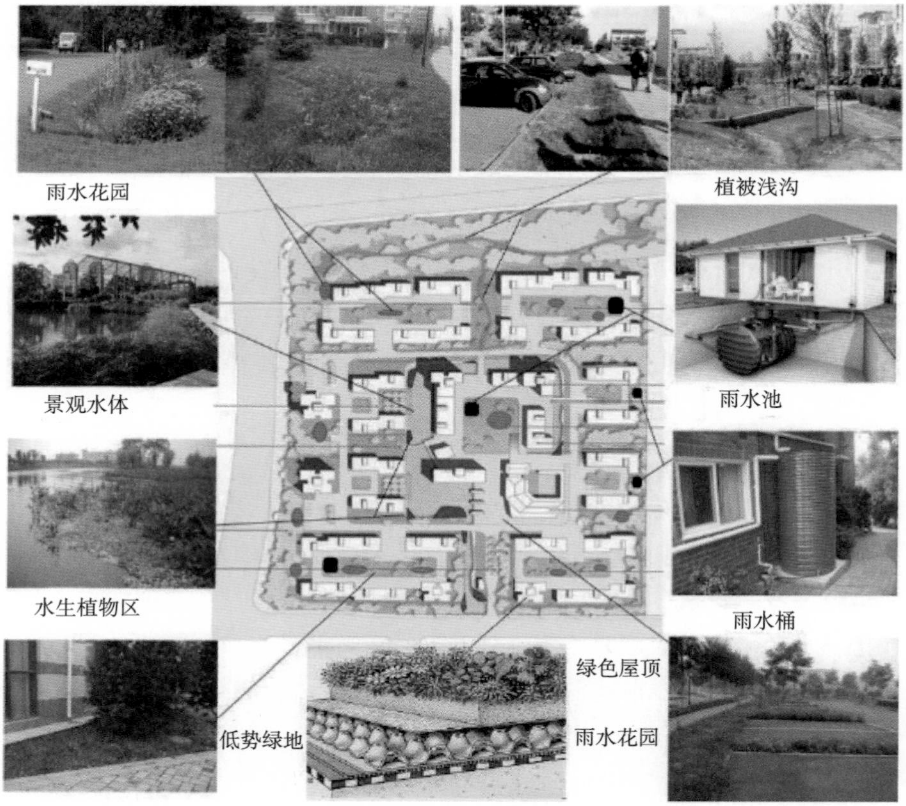

图 2.2.31　居住用地的雨水收集利用示意图

（2）公用及商业设施用地雨水的收集与利用

对于公用及商业设施用地雨水的收集利用，降落在屋面（普通屋面和绿色屋面）的雨水经过初期弃流，可进入高位花坛和雨水桶，并溢流进入低势绿地，雨水桶中雨水作为就近绿化用水使用。降落在道路、广场等其他硬化地面的雨水，应利用可渗透铺装、低势绿地、渗透管沟、雨水花园等设施对径流进行净化、消纳，超标准雨水可就近排入雨水管道。在雨水口可设置截污挂篮、旋流沉沙等设施截留污染物。经处理后的雨水一部分可下渗或排入雨水管，进行间接利用；另一部分可进入雨水池和景观水体进行调蓄、储存，经过滤消毒后集中配水，用于绿化灌溉、景观水体补水和道路浇洒等。见图 2.2.32。

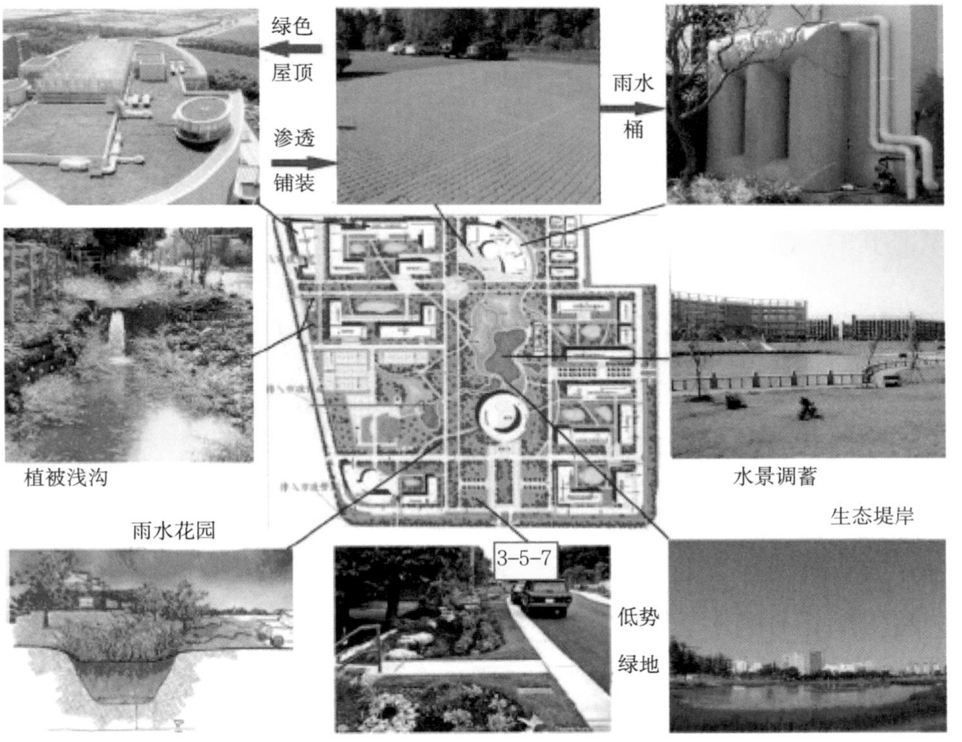

图 2.2.32 公用及商业设施用地雨水的收集利用示意图

（3）道路雨水的收集与利用

对于道路雨水的收集利用，除了可在道路红线内布置低势绿地、植被浅沟等处理措施外，还可在道路红线外的公共绿地中设置形式多样的措施组合，如分散式的雨水花园、低势绿地、植被浅沟，以及集中式的雨水湿地、雨水塘、多功能调蓄设施来对道路雨水进行处理与利用，减少道路径流污染后排入河道，同时增加雨水的下渗量，形成林水相依的道路景观。

5. 水环境系统规划

海绵城市建设对水环境治理有很高的要求，根据前面可知，面源污染控制率需达到50%。通常造成区域水环境污染的因素主要是点源污染和面源污染。现对区域内点源、面源污染提出针对性策略，通过构建“源头、过程、末端”三层控制系统削减面源污染物，把污染物消纳在规划范围内，减轻地表水环境的压力。

（1）点源污染物控制方案

通常区域内造成点源污染的原因主要是排水管网的错接漏接，雨水管网、污水管网分流不彻底，不合理的设置排污口等原因。由于高铁片区为规划建设区域，建成区面积约 59.8hm^2，仅占规划区面积的 7 %。建成区内已建管网均采用雨污分流制排水，为防止点源污染对区域水环境造成破坏，对区域后期建设及管理提出以下建议：

1）彻底采用雨、污分流排水体制；

2）禁止污水直接排入水体；

3）加快区域污水处理厂的建设，新区生活污水集中处理率要求达到 95% 以上；

4）规划区内垃圾堆放实行严格的管理，禁止向河道倾倒垃圾。

（2）面源污染物控制方案

1）源头低影响开发设施的构建

高铁片区面源污染治理源头低影响开发设施工程前文所述，源头低影响开发设施可以有效的削减地表径流污染物。

2）过程生态措施整治水系

通过构建多自然型河流，维护河流本身所具有的生物生息繁殖的环境，构筑丰富的自然生态环境，使河流具有完整的食物链和生态结构，实现河流生态的健康与可持续。可通过种植净水型水生植物、投放水生动物进行河道生态修复，重建河流生态系统，提高水体自净能力。利用植物根系吸收水分和养分的过程来吸收、转化污染河流中的污染物，达到清除污染、保护水环境的目的。一般情况下，净化能力的大小是：沉水植物 > 漂浮植物和浮叶植物 > 挺水植物，根系发达的植物 > 根系不发达的植物。植物种类的选择需遵循适应性原则、本土性原则、净化能力原则、可操作性原则等，结合原来水生植物种类，进行恢复先锋物种的选择。常用的河道修复漂浮植物包括凤眼莲、浮萍、满江红、大漂、水花生、紫萍等，常用的挺水植物如芦苇、香蒲、灯芯草、菰等，沉水植物主要选择水体本土物种。

规划根据河流水系不同断面形式针对性提出生态整治方案，高铁片区各河流断面形式如下：

龙溪河：规划河道为梯形断面，河道断面宽度最小为 15m，岸坡多为生态斜坡及绿地。少部分因规划用地较为紧张及修建景观小品，需修建小挡墙。河道堤岸与河床高差约 2.5m，堤岸低于地面至少 0.5m，满足行洪安全与场地排水要求。河道穿越道路处基本为涵洞形式，需预留充足的行洪断面。

长生河：长生河水系在本规划区范围内主要为天子湖，天子湖上游水面宽度10m左右。天子湖公园，水面面积有123366m^2，属于大湖面的水体景观。设计主要对岸坡进行绿化并对河道行洪卡口及两岸堆积生活垃圾进行清除，对影响水体生态环境的河底淤泥进行清淤疏浚。

刘房河：刘房河汇水面积较小，规划区内长度约3.19km，本水系的水面面积有27483m^2，同属于大湖面的水体景观。规划河道断面为梯形，岸坡多为生态斜坡、阶地及绿地，主要以现状岸坡地形地质特点而确定，辅以景观小品。上口控制宽度不小于10m，考虑城市雨水排放要求，复式断面底部最小控制宽度为5m，河道堤岸与河床高差约2.5m。

根据以上河流不同断面形式，对项目区内3条河道提出如下生态整治措施，见表2.2.37。

规划河段整治内容及费用估算　　表2.2.37

序号	河流名称	河道长度	整理长度	工程整治措施
		km	m	
1	长生河	1.76	2500	生态斜坡＋绿地
2	刘房河	3.19	4750	生态斜坡＋阶地＋绿地＋景观小品
3	龙溪河	5.3	6670	硬质小挡墙基础＋斜坡绿地
合计			13920	—

（3）末端雨水调蓄

城市水体包括塘、湖泊、河道等。根据水体周边地块的场地条件，基于合适的雨水利用、峰值流量削减等雨水径流控制目标，针对低影响开发措施种类和规模决策低影响开发措施空间布局与水体衔接，落实海绵城市指标。

1）充分利用现有自然水体建设湿塘、雨水湿地等具有雨水调蓄、净化功能的低影响开发设施，湿塘、雨水湿地的布局、规模应与城市上游雨水管渠系统和超标雨水径流排放系统及下游水系相衔接。

2）规划建设新的水体或扩大现有水体的水域面积时，应该与低影响开发雨水系统的控制目标相协调，增加的水域宜具有雨水调蓄功能。

3）现有湖泊可通过构建环湖湿地、控制多种水深、引入本地水生物种的方式提高湖泊水生态系统的健康性和稳定性。

以生态湖泊建设为例：环湖建立湖滨天然湿地，利用在湿地中生长的动物、植物、细菌形成食物链，吸附、截留、降解水体中的污染物质，恢复水体生态系统，维护生物多样性，提高水体的自净能力。湖滨湿地由陆生草本及木本植物、挺水植物、浮水植物、沉水植物、浮游动植物、藻类等组成，以高等水生及湿生植物为主，水体的自净能力强。见图2.2.33。

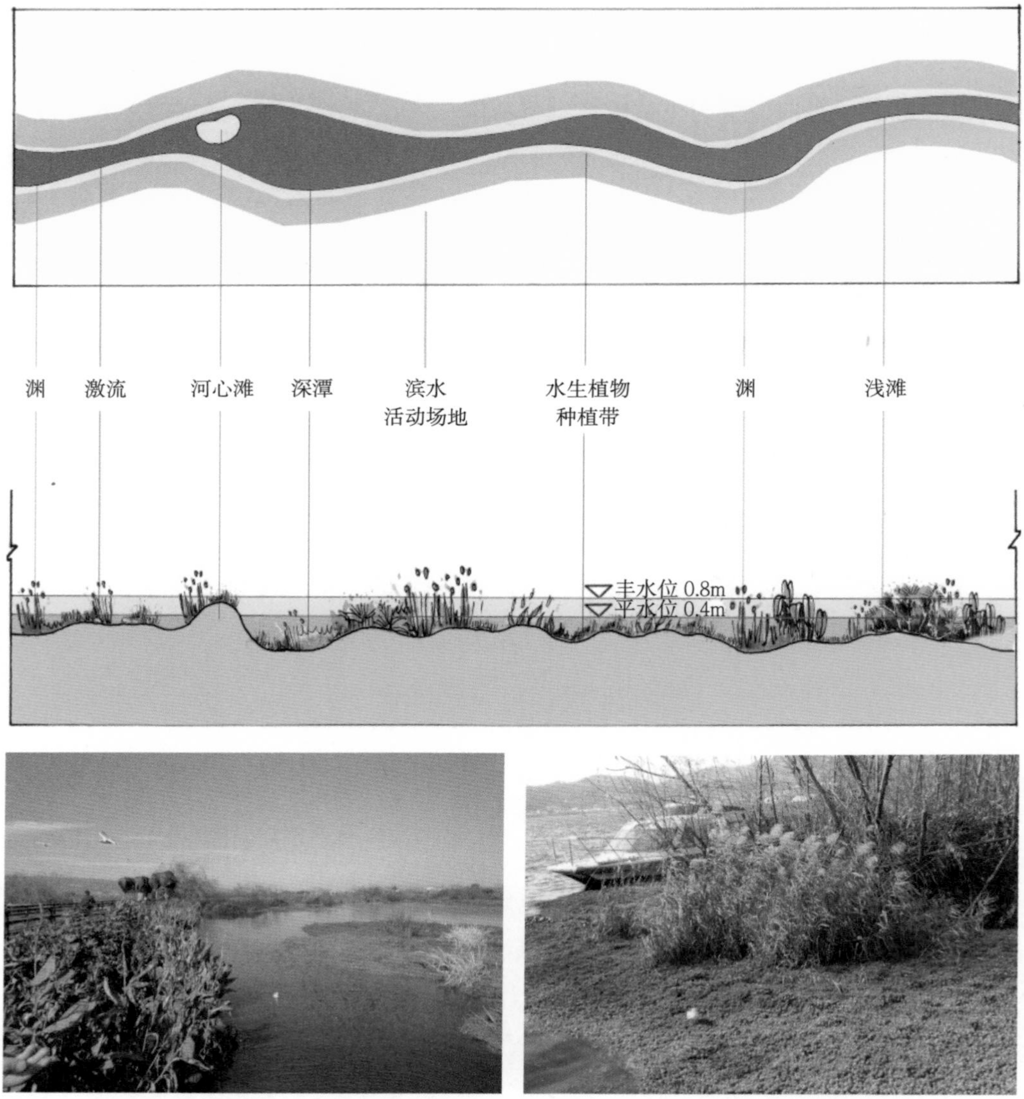

图 2.2.33　生态湖泊建设效果图

湖底应依照自然形态，由湖岸向湖心自然加深，形成漫滩至浅水、深水的自然过渡，浅滩区水深在 0.5m 左右，浅水区水深在 0.5 ~ 1.5m，深水区在 1.5 ~ 3m，不同的水深适宜不同的水生植物和动物的生长，利于提高生物多样性和水体自净能力，同时利于构建由不同水生植物构成的多种水景观。逐步引入多种本地水生植物和动物，形成“植物—动物—微生物”的良性生态循环系统，逐步建立完善的湖沼生态系统。

6. 水文化系统规划

水文化是水生态文明城市建设的灵魂。要以建设万州高铁片区涉水文化为目标，以提升全区民众对水生态文明的认知水平为目的，通过传统水文化传承与弘扬，开展水生态文明宣传教育等方式，彰显万州山水文化，推进万州水生态文明城市建设。

——现代水文化培育工程。巩固现有的涉水保护区和水利风景区创建成果，进一步挖掘区内山水资源和文化优势，通过生态水利工程建设、河湖湿地保护、水生态环境综合整治等措施，打造一批具有地方特色、水景观特点和文化独特的涉水保护区和水利风景区，实现水务与园林、治水与生态、亲水与安全的有机结合。重点建设天子湖公园、刘房河、长生河、龙溪河的水生态建设，基本形成布局合理、特色鲜明、景观其外、人文其内的风景区体系，使之成为传播万州现代山水文化的重要平台，扩大全社会对水务的认知度；全力打造水务部门和水管单位名片，进一步提升水务部门、水管单位的知名度和影响力；将万州的区位优势、山水资源优势和多元文化优势，转化为资本优势和经济发展优势。

——水情宣传教育工程。充分利用电视专题片、旅游专业网站、旅游博览会等媒介，强化万州的山水文化宣传工作，开展水文化主体活动，广泛开展水生态文明宣传，强化水生态文明教育，培育万州特色的水生态文化，举办水生态文明成果展，让广大市民了解水生态文明建设成果。到 2017 年，新打造水生态文明教育基地 1 个（天子湖公园），民众对水生态文明的认知水平显著提高，全社会形成以“节水、护水、爱水、亲水”为核心的水生态价值观。宣传普及节水和洁水观念，开展全民节水行动，拓展“关爱山川河流”水利志愿服务，积极培育社会水道德观念和水文明行为习惯，形成全社会“节水、惜水、爱水、护水、亲水”的浓厚氛围。

2.3　璧山区海绵城市专项规划

重庆市璧山区海绵城市专项规划，规划范围为璧山城区，包括旧城片区、绿岛新区、御湖新区、生态工业园区、璧山工业园壁城组团、站前片区、青杠片区、来凤片区等，总面积共计 $58km^2$，其中城市建设用地 $53km^2$，规划城市人口 47 万人。规划年限为 2016 ~ 2030 年，近期至 2020 年。

规划坚持因地制宜的原则，根据璧山区自然地理条件、水文地质特点、水资源禀赋状况、降雨规律、水环境保护与内涝防治要求等，合理确定低影响开发控制目标与指标，选用适用于本地的低影响开发设施及其组合系统。坚持生态优先的原则，坚持自然积存、自然渗透、自然净化的理念，尊重生态本底、维护生态安全、优化生态格局。注重对河流、湖泊、湿地、坑塘、沟渠等水生态敏感区的保护；优先利用城市自然排水系统，充分发挥绿地、道路、水系对雨水的吸纳、渗滞、蓄排和净用，实现雨水的自然积存与渗透，维护城市良好的生态功能。坚持问题导向与目标引导相结合的原则，结合璧山区现状问题和规划定位，因地制宜地采取“渗、滞、蓄、净、用、排”等措施。坚持协调优化的原则，结合璧山区“三区一美”战略和“水城”、“绿城”及水生态文明城市建设成果，协调城市风貌、优化提升城市景观层次。坚持经济高效的原则，根据璧山区实情出发，选择控制指标适当，合理选用低影响开发的技术、设施，投资经济，效果明显，形成示范作用。

重庆市璧山区海绵城市专项规划以城市建设和生态保护为核心，全面建设海绵城市，解决水资源短缺、城市内涝、水环境保护等突出问题，提升城区景观层次和宜居水平，将璧山区建设成为渝西片区乃至国内山地浅丘缺水城市的海绵建设典范。从璧山区“三区一美”战略高度出发，将海绵城市建设理念贯穿城市规划、建设与管理的全过程，全面提升璧山区中心城区的水生态、水安全、水环境、水资源、水文化水平，在城市尺度上构建“山水林田湖”一体化的“生命共同体”，构建低影响开发体系的海绵体。到 2020 年，璧山建成区 30% 以上的面积达到海绵城市建设目标要求，建成市级海绵城市示范区；到 2030 年，建成区 80% 以上的面积达到海绵城市建设目标要求，全面建成为重庆市海绵城市建设示范城市。

2.3.1 璧山区概况

1. 区域概况

璧山区位于重庆市以西，东经 106° 02′ 至东经 106° 20′，北纬 29° 17′ 至 29° 53′。东西最宽处 15.5km，南北最长 66.5km，区域面积 914.56km^2。东邻沙坪坝、九龙坡，南接江津，西连铜梁、永川，北接合川、北碚。璧山地处重庆西大门，是川东、川北、渝西各县市到重庆的交通要道。璧山区区位图见图 2.3.1。

璧山城区位于成渝交通要道上，规划建设用地面积为 53km^2。成渝高速路开通后，从城区到走马收费站（九龙坡），里程约为 22km；渝遂高速公路开通后，从城区到青木关收费站（沙坪坝），里程约为 14km；璧山隧道开通后，从城区至曾家收费站（沙坪坝），里程为 5km。从地理上看，璧山作为重庆主城区的近郊县，将成为主城向西拓展的首选地。

璧山城区地形相对较为平坦，高程在 250m 以下，可优先作为城镇建设的重点区域。璧山属四川盆地东南部长江上游亚热带湿润季风气候区，具有冬暖春旱，初夏多雨，盛夏炎热常伏旱，秋多连绵阴雨，降雨充沛，无霜期长，日照少等特点。

区内有璧南河、梅江河、璧北河三条溪河，三条溪河形成三大流域，自成体系，相对独立，覆盖县境。区域中部龙门溪至保家镇近东西向隆起岭岗为境内南北分水岭，把璧南河、梅江河与璧北河分成南北分流水系；其次，纵贯璧南的璧中岗梁，把璧南河与梅江河分成东西两大水系。璧北河顺谷地北流，注入嘉陵江，为嘉陵江水系；璧南河、梅江河依东西谷地南泻，于区域南端柏杨村汇合，流入江津市，注入长江，属长江水系。

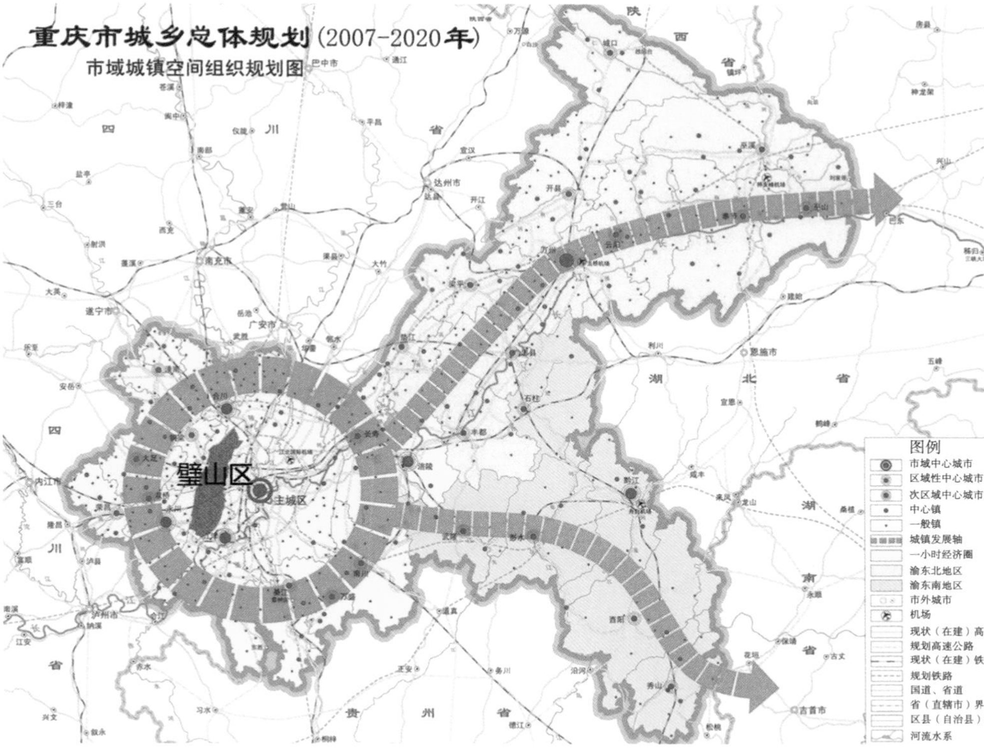

图 2.3.1 璧山区区位图（底图来源：重庆市规划设计研究院网）

2. 规划范围及规划年限

本次规划范围包括：旧城片区、绿岛新区、御湖新区、生态工业园区、璧山工业园璧城组团、站前片区、青杠片区、来凤片区等，面积共计 58km^2；其中城市建设用地 53km^2，规划人口 47 万人。

规划年限为 2016 ~ 2030 年；其中，近期为 2016 ~ 2020 年，远期为 2020 ~ 2030 年。

3. 现状开发情况

璧山城区有一部分建设用地已形成街区，规划区内已建区域主要为璧山旧城区、青杠镇、来凤镇；在建区主要分布在为绿岛新区、生态工业园区等；拟建区主要分布于御湖新区、生态工业园区、站前片区、来凤镇等，各分区面积统计见表 2.3.1。

璧山城区建设状况　　表 2.3.1

建设状况	建成区	在建区	拟建区	合计
面积（km^2）	17.25	25.97	9.78	53
比例	32.55%	49.00%	18.45%	100.00%

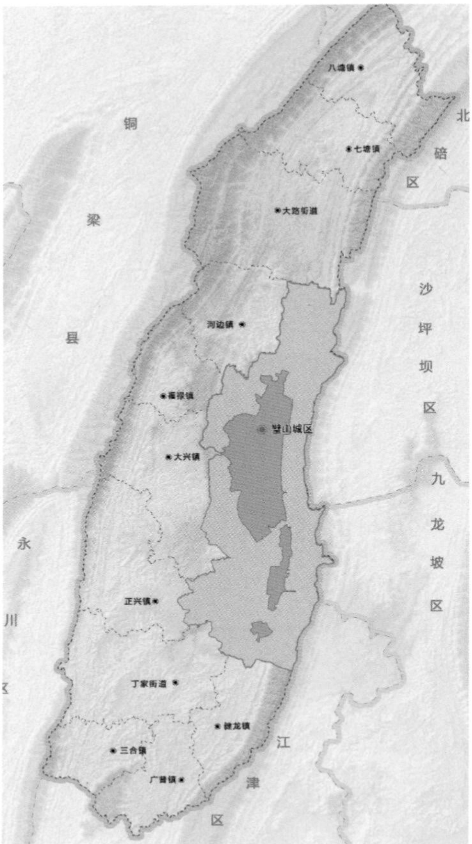

图 2.3.2 规划区范围示意图(《璧山区海绵城市专项规划(2016 ～ 2030 年)》)

图 2.3.3 现状建设情况图(《璧山区海绵城市专项规划(2016 ～ 2030 年)》)

2.3.2 问题及需求分析

规划区内由于城市自然地理和人为因素共同造成了其在水安全、水资源、水环境、水文循环、水文化的影响这几个方面存在的多种问题，这一系列的问题凸显出了规划区对海绵城市建设的强烈渴求。

海绵城市指标提出需要建立在城市需求的基础上，在现有开发模式下的城市面临的风险以及可优化空间的基础上详细分析才能因地制宜的分解及调整指标。

1. 问题分析

(1)水生态问题

1)传统城市建设不透水面积增多、年径流控制率低

运用国内外通用的英国皇家水利研究院的水力模型软件 Infoworks ICM 对璧山城区 58.5km^2 现状年径流总量控制率进行全年连续降雨模拟。

如果不考虑海绵城市建设理念，根据规划地块性质对璧山城区年径流总量控制率进行全年连续降雨模拟，采用璧山区代表降雨年 2010 年的每 5 分钟实测降雨数据作为水力模型输入，模拟全年降雨情形下雨水的控制比例。模拟结果显示，年径流总量控制率为 40.97%。规划土地的径流控制率相比现状有了一定的提升，但是仍与国家海绵城市建设要求的目标有一定的差距。

随着璧山城区的开发建设，现状农林用地变为建设用地，不透水地面比例增加。现状条件下，区内径流控制率仅仅为 35.2%，远远小于国家海绵城市建设要求。在新的土地利用规划下，如果不考虑海绵城市建设理念，在传统开发模式下，由于规划地块的绿化率提升，传统规划情况下规划区内径流控制率提升为 40.97% ，控制降雨量 5.53mm，距离海绵城市建设要求中将 75% 的降雨就地消纳的要求差距较大，各地块均无法满足。

2）城市下垫面硬化破坏水文循环

城市化打破了水文环境地景格局特征，大规模的城市化建设对地表结构带来干扰，导致地表结构特征产生变化，直接影响到与之相关的生态环境；同时，城市化降低了水文系统调节能力。生态系统通常都具有自我调节能力，水文系统也不例外，这种自我调节能力促使径流运动存在一定的规律性，但这种调节能力也存在极限，当超出极限后，将导致极端水文变化的出现。近年来，国内许多城市的水文数据都具有同化趋势，如暴雨出现频率增高，洪涝灾害频率增大，这些都产生于水文循环系统遭到干扰和破坏。璧山城区若按照传统城市开发理念进行建设，势必也会出现上述城市化对水文循环所造成的一些弊端。海绵城市的建设有利于修复城市水文循环。

璧山城区现状的不透水面积已达到规划总面积的 35.6%。随着城市快速发展，在传统开发模式下，目前规划区内在建区和农林用地透水区中的 60% 以上的面积也将逐渐转化为不透水区，璧山城区的不透水区将快速增加，城市水文循环遭到进一步破坏。而海绵城市的建设，则有利于修复城市水文循环。

图 2.3.4　城市硬化下垫面（图片来源：璧山区城乡建设委员会网）

图 2.3.5　璧南河现状图

3）硬质护岸多、水体生态功能差

规划区内的主要河流为璧南河。璧山区环保局监测站 2013 年对璧南河干流何家桥及两河口、璧北河五一堰断面进行了水质监测，监测项目为 pH、BOD_5、总磷、COD、挥发酚等 25 个指标，监测结果表明，3 个断面的水质均为Ⅳ类，市域内璧南河主要支流水质不稳定，非汛期水质偏差，个别支流城区河段水质劣于Ⅴ类，存在季节性黑臭现象，璧南河的水质较差，而璧南河的水功能区划为Ⅳ类，部分支流现状水质不满足功能区划的要求。此外，璧南河的硬质护岸多，河道的生态功能变弱，河岸的生态系统河岸衬砌硬化之后，土体与水体的关系相割裂，隔断了河道水域中的生物、微生物与陆域的接触，并导致其自然生存环境恶化，河流的天然自净能力因此下降。同时，硬化型河岸使得水生植物无法生长，各种水生动物也因生存环境改变而无法生存，整个生态系统的食物链因硬化河岸而断开，河流因此失去了生态廊道的作用，生态系统的整体平衡遭到破坏。

（2）水安全问题

璧山区东接缙云西临云雾，地貌特征主要表现为“两山一槽”的“U 形”特点。一旦降雨四周汇水均流入该盆地区域。该区域地形相对平缓，降雨形成的地面径流流速相对较慢，排水能力相对较弱，受纳水体较少，一旦发生超标降雨，极易发生洪涝灾害。

1）极端降雨频发，洪涝增多

近年来，随着璧山城镇化进程不断加快，城市规模不断扩大，在气候变化和城市化快速发展背景下，区域短历时强降水的强度和分布特征均发生了显著变化，极端降水事件的强度增强，如 2002 年“6・14、”2007 年“7・17”、2009 年“8・4”、2013 年“6・9”等强降水事件，严重超出排水管网设计能力，导致整个璧山区出现排水不畅、内涝、交通堵塞现象，造成严重的社会影响和经济损失。

根据 1985 ~ 2014 年 30 年气象资料分析，年降雨量呈增加趋势，且年际差别增大。暴雨主要集中在 6 ~ 8 月。最大暴雨日降雨量出现在 2007 年 7 月 17 日，达到 264mm。

1985 ~ 2014 年期间，璧山区的小雨日数整体呈现增加趋势，中雨日数整体呈现减少

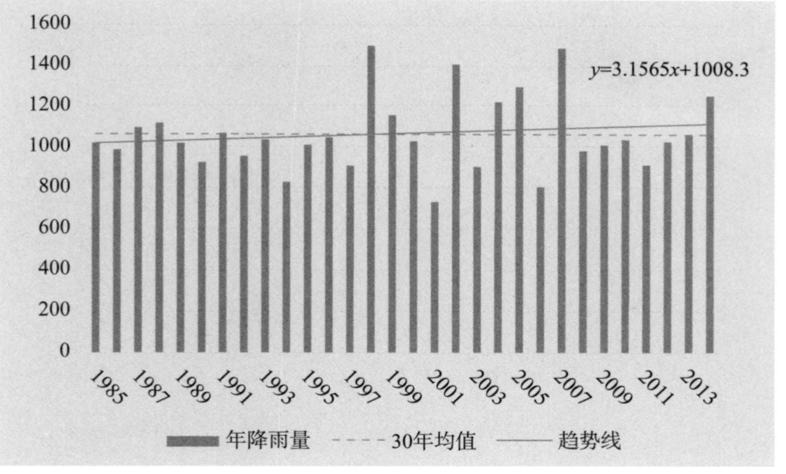

图 2.3.6 璧山区 1985 ~ 2014 年年降雨量变化规律图（单位：mm）

趋势；大雨日数整体呈现增加趋势；暴雨日数整体呈现小幅增加趋势。

2）城镇排水管网排水能力不足，部分区域易积水，存在内涝风险

技术人员对璧山城区 53km^2 的规划范围内现状和规划排水系统进行梳理和信息集成，理清排水（雨水）系统家底，划分排水分区；并在此基础上建立排水系统水力模型，进行一维二维耦合模拟分析，评估管网排水能力，识别内涝风险区域。

《室外排水设计规范》GB50014-2006 中规定，雨水管按满管流设计。雨水管网排水能力评估将依据管段是否发生压力流而超载这一状态来进行分析。通过动态模拟 1、3、5、10 年一遇的设计暴雨下的管道水力状态，得到管网排水能力评估结果如下表 2.3.2。

管网排水能力评估 表 2.3.2

排水能力	长度（m）	百分比
小于等于 1 年一遇	95505.1	28.61%
1 ~ 3 年一遇	24751.4	7.42%
3 ~ 5 年一遇	3583	1.07%
5 ~ 10 年一遇	11624	3.48%
≥ 10 年一遇	198332.9	59.42%
总 计	333796.4	100.00%

对规划范围的雨水系统进行一维、二维耦合模拟，分析模拟结果进行 50 年一遇内涝风险评估。50 年一遇设计降雨下，规划范围内的内涝风险评估见表 2.3.3，高风险区域面积约为 78.81hm^2，占风险区域总面积的 17.68%，占总规划面积的 1.40%；中风险区域面

图 2.3.7　现状内涝点分布图（《璧山区海绵城市专项规划（2016 ~ 2030 年）》）

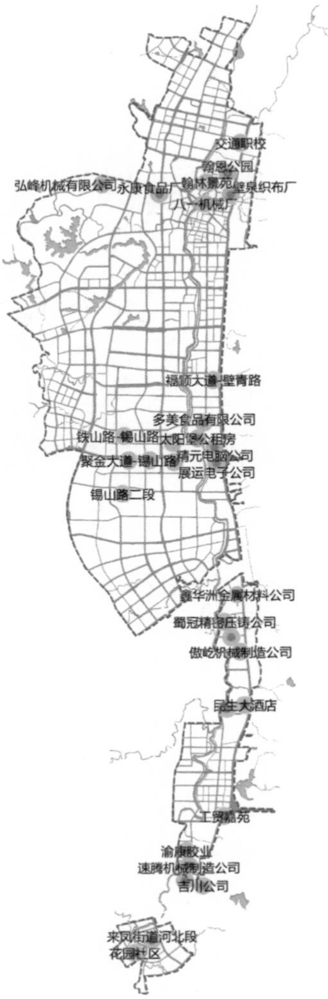

图 2.3.8　传统开发模式下内涝风险点分图（（50 年一遇）（《璧山区海绵城市专项规划（2016 ~ 2030 年）》）

积约为 119.03hm^2，占风险区域总面积的 26.71%，占总规划面积的 2.12%；低风险区域面积约为 247.79hm^2，占风险区域总面积的 55.61%，占总规划面积的 4.41 %。

规划范围内的内涝风险评估表　　　　表 2.3.3

风险等级	面积（hm^2）	百分比	占总规划面积比例
低风险区	247.79	55.61%	4.41%
中风险区	119.03	26.71%	2.12%
高风险区	78.81	17.68%	1.40%
总计	445.62	100.00%	7.94%

（3）水资源问题

璧山区的水资源短缺既属于资源型缺水又属于工程型缺水，供需矛盾突出。

1）水资源匮乏

璧山区主要河流璧北河、璧南河和梅江河，而三条河流发源地均在璧山区境内，是典型的水源区，其多年平均地表水资源总量为 41073 万 m^3，人均地表水资源量为 594m^3，而重庆市人均地表水资源量为 1968m^3，主城区人均地表水资源量为 358m^3。与全市人均地表水资源量相比有很大的差距，与重庆主城区相比有一定的优势，但主城区依托长江和嘉陵江过境水资源十分丰富，可以被利用。与邻近区县江津区和北碚区的人均水资源量差距也相对较大，总体来看，璧山区属于地表水资源相对匮乏的地区。

2）工程性缺水

璧山区缺乏调蓄能力较强的水库，目前正在运行的中型水库有盐井河、同心、金堂三座，即将投入运行的有三江水库，主要保障璧山城区用水，但受来水条件以及现实工况影响，供水和调蓄能力均受到限制，随着城区经济快速发展和城镇化率提高，供需矛盾进一步凸显，且城区处在璧南河的上游，整个璧南河流域的水资源形势都相当严峻。璧城组团周边依赖璧南河次级河道兴建了农业灌溉水库（小（二）型），主要包括养鱼水库、冉家沟水库等，目的是调蓄水源，保证旱季灌溉用水，但旱季时水库来水量严重不足，农业灌溉用水不能满足农业生产要求，严重阻碍了璧城周边乃至整个璧山区的农业生产发展。

原计划铜罐驿调水工程 2011 年输水至璧山，但由于工程建设资金缺口大、工程运行亏损等问题，工程只完成了白市驿、大学城片区的输供水，而璧山片区工程未能按计划实施。2011 年，璧山县人民政府向重庆市人民政府申请由大学城水务向璧山提供 3.0 万 m^3/d 的应急供水，该项目已于 2012 年 3 月施行，大学城每天向城区最大调水能力为 3 万 m^3/d，填补其用水缺口。2014 年初，璧山县自来水公司再次向大学城水务提出 5.0 万 m^3/d 的供水需求，由此可见，璧山区尤其是城区缺水较为严重。同时璧山水资源开发利用率较低，现状水资源开发利用率仅为 25.21%。

3）供需矛盾突出

《璧山区水资源规划》（2015 版）显示，一般情况下（p=50%），璧山城区若不向大学城买水，全区缺水率为 22.5%。若遇枯水年（p=75%）和特枯水年（p=95%），全区缺水率将达到 31.4% 和 44.8%，缺水情况较为严重。而根据《重庆市璧山县城乡总体规划（2013）》，未来 20 年璧山区将实现经济社会的跨越式发展，至 2030 年璧山区 GDP 总量将达到现状年的 5 倍，工业增加值均将达到现状年的 4 倍。未来 20 年也是璧山区加快城镇化进程的重要阶段，据预测，至 2030 年璧山区城镇化率将达到 80%，城镇总人口达到 96 万人，城镇化程度明显提高，城镇供水安全保障的要求相应提升。同时，璧山区现在仍有不少饮水不安全人口，急需解决饮水安全问题。见图 2.3.9。

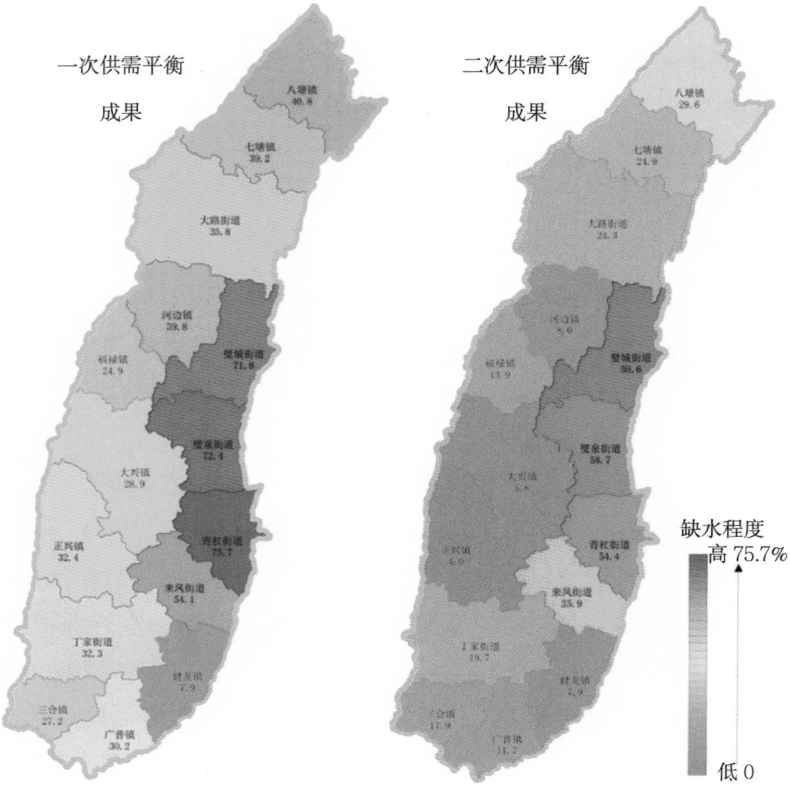

图 2.3.9　2030 年璧山区缺水程度分析图（《璧山区水资源规划》（2015 年版））

（4）水环境问题

1）现状污水系统不完善

璧南河等水体的沿岸仍有部分排污口直接将生活污水和工业废水排入水体，严重威胁水体水质。

2）面源污染措施空白

由于璧山区工业园区的快速发展，加之重庆地区居民喜爱煎炸的饮食习惯，大量街边摊贩的油污随雨水直接进入河湖，缺乏控制，导致观音塘湿地水面油污漂浮，破坏水体水质，严重影响城市形象。随着城市开发建设的进行，不透水地面将增多，雨水径流汇集城市活动的累积污染，最终进入受纳水体后必然会带来负面的环境影响。而目前璧山城区对初期雨水径流污染控制方面的措施还处于空白，区域水体生态环境和水质的保持面临较大压力。

3）污染物排放量过大

通过对比发现地表水环境容量占入河污染物总量的比例为 COD 86%，氨氮 89.5%，TN 22.5%，TP 13.9%，污染物排放量过大，特别是璧南河和观音塘湿地公园受纳区域尤其严重，各指标入河污染物量均远高于环境容量。御湖、秀湖由于周边绿化率高，湖库

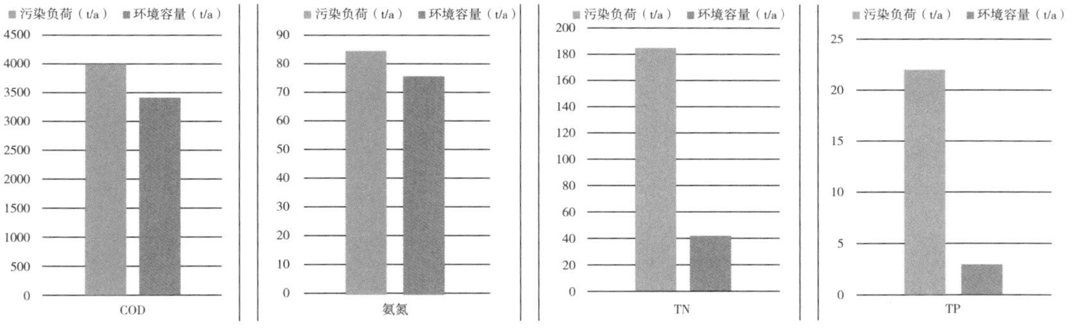

图 2.3.10 环境容量总量与入河污染物量总量对比图（《璧山区海绵城市专项规划（2016 ~ 2030 年）》）

体积大，本身环境容量较大，COD 和氨氮污染压力较小，但仍需警惕 TN 和 TP 污染。见图 2.3.10。

（5）水文化问题

文化是一个城市最具有永久价值的名片，也是城市核心竞争力的重要组成部分。璧山区自古以来即是“巴渝名区”，有“黛山秀湖”的美誉，水文化底蕴深厚，在巴渝地区独树一帜。但目前璧山区的水文化传承和弘扬还面临着下面一些问题。

1）缺乏深刻挖掘

璧山的传统文化类型较为丰富，但目前对历史文化发掘和打造不够，缺乏别具一格的匠心发现和用心雕琢，未来在涉水景观打造的过程中，仍需深挖涉水文化内涵，借助水工程景观充分展示璧山的传统水文化内涵。

2）彰显特色的现代水文化体系尚未形成

璧山境内有丰富的河流、湿地和温泉资源，目前璧山区在现代水文化打造方面取得了一定成绩，但如何依托璧山良好的生态本底，整合区内丰富的山水资源，打造璧山“秀美绿城”、“活力水城”、“文化古城”的城市名片，打造彰显璧山区域特色的现代水文体系，仍需进一步强化。

3）水文化的中心元素“水”的保护仍需加强

由于观音塘湿地公园和璧南河水体的污染，其对璧山水文化的加分效果大打折扣。秀湖、御湖公园等也将成为璧山区城市水文化名片，其水质的保持也应引起高度的重视。

2. 需求分析

（1）水生态需求分析

1）增加降雨向土壤水的转化量

通过海绵城市的建设增加降雨向土壤水的转化量。以下凹式绿地和透水性铺装为例，采用下凹式绿地和透水铺装可比不采取雨洪利用措施的项目增加的降雨向土壤水的转化量达 160%。

2）增加地下水补给量

通过海绵城市的建设增加土壤水在重力作用下逐渐向下运动最终补给地下水。仅绿地和铺装地面采取雨洪利用措施，所增加的地下水补给量可达降雨量的 3.6%。

3）增加蒸散发量

通过海绵城市的建设增加水分蒸发。例如下凹式绿地能够使土壤含水量增加 2% ~ 5%，使植物生长旺盛，从而增加绿地的蒸散发量为 0.02 ~ 0.32mm。通过透水地面渗入土壤的雨水、铺装层吸收和滞蓄的雨水，在降雨过后会逐渐通过铺装层的孔隙蒸发到空气中。

4）减少径流外排量

通过海绵城市的建设布置雨洪利用措施，大大削减外排径流量，实现对于一定标准的降雨无径流外排。

5）实现城市河道“清水长流”，恢复河道生态功能

通过海绵城市的建设调控雨洪排放形式，雨洪利用措施可使滞蓄在小区管道和调蓄池内的雨水在降雨结束后 5 ~ 10h 内缓慢排走，再考虑 5 ~ 10h 的汇流时间，则可使城市河道的径流时间延长 10 ~ 20h。使城市河道呈现出类似天然河道基流的状态，趋向于“清水长流”。还需对部分硬质河岸进行生态改造，恢复河流的生态廊道的作用，提升河道的生态系统多样性。

（2）水安全需求分析

1）进一步加强示范区城市防洪排涝体系的建设。

2）适当开挖河湖沟渠、增加调蓄水体，暴雨前开闸放水腾出调蓄空间，高潮时关闸蓄水，避免城市内涝。

3）促进雨水的积存、渗透和净化，在一定程度上提升城市雨水管渠系统及超标雨水径流排放系统的服务能力，充分发挥自然生态系统对水的调蓄功能，有效缓解城市的排涝压力。

（3）水资源需求分析

通过海绵城市建设，进一步保障规划区水资源安全。在城市建设区充分利用湖、塘、库、池等空间滞蓄利用雨洪水，提高城市工业、农业和生态用水水资源利用效率，在减少城市洪涝风险的同时，缓解规划区可利用水资源缺乏的现实问题。

本规划的城市中水回用原则为：以再生水为主，雨水利用为辅，将优质地表水用于居民生活。璧山区拟在全城开展再生水回用工程，用于市政杂用水及河湖生态和景观补水，2020 年和 2030 年城市道路浇洒及绿化用水量分别为 808 万 m^3 和 1347 万 m^3。

海绵城市建设过程中提高水资源利用率的手段主要为雨水资源化利用，雨水作为一种替代水源，主要用途包括农业灌溉、市政杂用、工业用水、景观用水和地下水补给。璧山城区的海绵城市建设中，雨水资源化利用的用途界定为：部分公共建筑的冲厕和地面（广场）冲洗，雨水资源化利用需求量总计为 4.3 万 m^3/a。

（4）水环境需要分析

通过海绵城市建设减少进入水体的污染物量，实现污染负荷和环境容量的平衡，保护水体水质。经计算需要实现的 COD 削减量为 1106.32t/a，NH_3-N 为 19.54t/a，TN 为 132.1t/a，TP 为 16.18t/a。

2.3.3 规划目标及总体思路

1. 规划目标

（1）总体目标

以城市建设和生态保护为核心，全面建设海绵城市，解决水资源短缺、城市内涝、水环境保护等突出问题，提升城区景观层次和宜居水平，将璧山区建设成为渝西片区乃至国内山地浅丘缺水城市的海绵建设典范。从璧山区“三区一美”战略高度出发，将海绵城市建设理念贯穿城市规划、建设与管理的全过程，全面提升璧山区中心城区的水生态、水安全、水环境、水资源、水文化水平，在城市尺度上构建“山水林田湖”一体化的“生命共同体”，构建低影响开发体系的海绵体。到 2020 年，璧山建成区 30% 以上的面积达到海绵城市建设目标要求，建成市级海绵城市示范区；到 2030 年，建成区 80% 以上的面积达到海绵城市建设目标要求，全面建成为重庆市海绵城市建设示范城市。

（2）工程目标

根据重庆市人民政府办公厅《关于推进海绵城市建设的实施意见》（渝府办发〔2016〕37 号）、重庆市城乡建设委员会《关于印发重庆市 2016 年度市级海绵城市建设试点绩效评价与考核办法的通知》（渝建〔2016〕294 号）要求，结合璧山区实际问题和需求，璧山区海绵城市建设主要解决雨水面源污染、水资源短缺和内涝问题，以及海绵城市建设规划 6 大类共 18 项建设指标，并确定规划目标如表 2.3.4。

海绵城市建设规划目标汇总表　　表 2.3.4

分类	序号	规划指标	单位	现状	近期目标	远期目标	备注
水生态	1	年径流总量控制率	%	35	75	75	定量（约束性）
	2	地下水埋深变化	—	—	不变	不变	定量（约束性）
	3	天然水域面积率	%	4.3	4.3	4.3	定量（约束性）
水环境	4	地表水环境质量	—	Ⅳ类	Ⅳ类（Ⅲ类）	Ⅳ类（Ⅲ类）	定量（约束性）
	5	雨水年径流污染总量去除率（以悬浮物 SS 计）	%	—	50	50	定量（约束性）
水资源	6	雨水资源化率	%	—	3	3	定量（鼓励性）
	7	污水再生利用率	%	10	20	30	定量（鼓励性）

续表

分类	序号	规划指标	单位	现状	近期目标	远期目标	备注
水安全	8	径流峰值控制	—	—	不变	不变	定量（约束性）
	9	雨水管渠设计标准	年	—	3 ~ 5	3 ~ 5	定量（约束性）
	10	排水防涝标准	年	—	30	30	定量（约束性）
	11	城市防洪标准	年	50	50	50	定量（约束性）
制度建设	12	规划建设管控	—	—	初步建立	进一步完善	定性（约束性）
	13	蓝线、绿线划定与保护	—	—	初步建立	进一步完善	定性（约束性）
	14	技术规范与标准建设	—	—	初步建立	进一步完善	定性（约束性）
	15	投融资机制建设	—	—	初步建立	进一步完善	定性（约束性）
	16	绩效考核与奖励机制	—	—	初步建立	进一步完善	定性（约束性）
	17	海绵城市相关产业化	—	—	初步建立	进一步完善	定性（鼓励性）
显示度	18	连片海绵城市建成区域占比	%	—	30	80	定量（约束性）

2. 总体思路

璧山区海绵城市建设以城市建设和生态保护为核心，转变城市发展理念，构建海绵城市，从“水生态、水安全、水环境、水资源、水文化”五个方面入手,在城市尺度上构建“山水林田湖”一体化的“生命共同体”。见图 2.3.11。

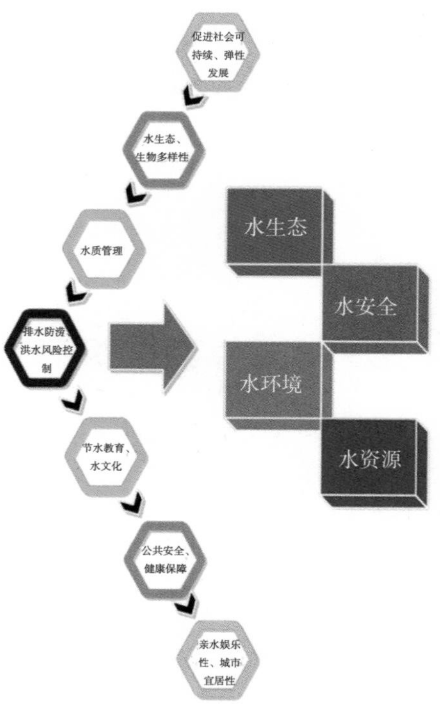

图 2.3.11　水敏感因子提炼进化图

水生态：分析整体生态格局，保护生态廊道，进行河流水系布局分析，选取最适宜的设施对雨水径流进行控制；

水安全：分析城市总体排水防涝格局，特别是山洪影响，明确城市积水点的空间分布，提出相应对策，合理控制城市竖向和排水防涝设施布局；

水环境：明确规划区范围内内部水体环境容量，并核算城市点源、面源排放量，并进行面源污染控制指标拆解，源头削减量及对应措施；

水资源：合理分析年内降雨分布和水资源需求，提出切实可行的雨水资源化利用方案和污水再生利用方案。

2.3.4　空间格局构建及功能区划

1. 海绵生态空间的构成要素

（1）山

璧山区地处川东平行岭谷区华莹山帚状褶皱束，属低山丘陵区。城区东西面有缙云山（东山），西有云雾山（西山）为天然屏障，是提供民俗观光、森林浴健身、科学考察、避暑、野营等休闲避暑活动，开展完整独特的自然生态环境和地方文化积淀为特色的地域景观的区域性游憩活动的空间。此类区域都是海绵城市建设重要的生态本地，本次将其纳入规划管控并提出严格的保护措施。

（2）水

璧山城区内璧南河与其众多支流及周边水库、池塘构、湿地成了璧南河为主干的庞大水系网络。

（3）林

璧山区近年来先后获得“全国水土保持生态环境建设示范县”、“国家园林县城”等荣誉，全区森林覆盖拥有森林面积 425500.5 亩，森林覆盖率 38.2%。璧山区中心城区周边主要林地是以桔林、桃林，以及杉木林等疏林为主，是区域内重要的生态涵养区和实施海绵城市建设关键的自然要素之一。

（4）田

璧山区耕地面积 391770 亩，人均耕地面积 0.83 亩。土壤以水稻土为主，次为紫色土。规划区内的耕地主要分布在平坝和丘陵地区，其次是低山和中山区的沟谷和坡度较小的山坡地带。

（5）湖

璧山区主城区有“一河，三湖，九湿地”。一河：璧南河；三湖：秀湖、御湖、白云湖；九湿地：观音堂湿地公园，并将养鱼水库、打鼓塘水库、王家沟水库、菜子沟水库、冉家沟水库、百家店水库、东岳水库、虎峰水库打造为湿地公园。

2. 生态海绵空间的布局

海绵城市生态空间划定原则：建设区内的河流、湖泊、水库及湿地等蓝色空间，以及维护生态系统完整性的生态廊道和隔离绿地、绿地公园等绿色空间，及其他需要进行生态控制的区域。确定生态海绵空间应纳入城市“绿线”和“蓝线”进行管控，确保生态海绵空间不被侵占，成为城市的蓝绿基底。见图 2.3.12，图 2.3.13。

（1）海绵蓝绿空间规划

海绵城市通过“ 蓝”、“ 绿”海绵设施的建设，增加城市景观，美化城市环境，提升城市整体吸引力。

1）“蓝色”空间

“蓝”空间是指河流、湖泊、水库、湿地、坑塘、沟渠等水生态敏感区，本规划通过蓝线划定的方式对这些水生态敏感区进行控制。以城市总规蓝线范围为基准，蓝线管制要求：河流和水库常年水位线外侧 20 ~ 50 m 范围为蓝线控制范围，维护河流水系的自然性和生态的完整性，更好地保护水敏感区域，实现水面“零净损”。规划区水面率不小于 4.31%。

2）“绿色”空间

“绿”空间包括具有生态高度敏感、高服务价值的斑块和廊道等大海绵系统，以及城区内的绿线、公园绿地、交通绿化隔离带、城市通风廊道、城市绿道系统等。通过衔接璧山中心城生态安全格局研究及基本生态控制线规划、璧山城市绿地系统规划所确定的绿地空间结构方案，并综合生态敏感性评价结果，构建绿地空间结构。城市现有公园绿地在城市发展过程中不应改变为非绿地性质。现有生产绿地、防护绿地随着的城市发展，根据规划需要，在一定条件下适宜调整为公园绿地性质。

（2）海绵城市生态空间的划定

结合璧山城区控制性详细规划，以璧山城区自身“蓝绿基底”为基础，规划确定璧山城区海绵城市生态空间包括滨水生态绿地控制区（主要包括璧南河、御湖、秀湖、白云湖、嘉陵湖、中央湖、养鱼水库、北星河、南门河、双凤溪、棕树河、孙河等河湖滨水地区）、公园绿地、防护绿地等。规划璧山城区范围的生态海绵空间总面积约 905 hm^2，占规划区总面积约 15.60%。

（3）生态海绵空间布局

生态海绵空间的布局理念主要包含以下三方面：

1）在划定的生态空间上统筹各类大型市政公园和水体布局，实现城市与自然的和谐发展；

2）在以生产、生活为主的社区街头优化布局绿地系统；

3）在以生态保护为主的滨水绿地构建骨干湿地系统工程，使其成为城市结构中的自然净化主体。

璧山城区把生态优先、尊重自然的理念融入海绵城市建设专项规划中，充分识别规划区内山、水、林、田、湖等生态本底条件，营造全区域、多层次的城市开放空间，以此构建海绵城市的生态空间布局，形成“一河贯连，三支成扇，七园镶嵌，连片湿地饰璧城”的生态海绵空间。

“一河贯连”：璧南河由南至北贯连璧山主城、来凤片区和青杠片区。

“三支成扇”：璧南河的三条主要支流，南门河、双凤溪、棕树河成为规划区的生态扇骨，与璧南河一同组成扇状分布的海绵城市建设格局。

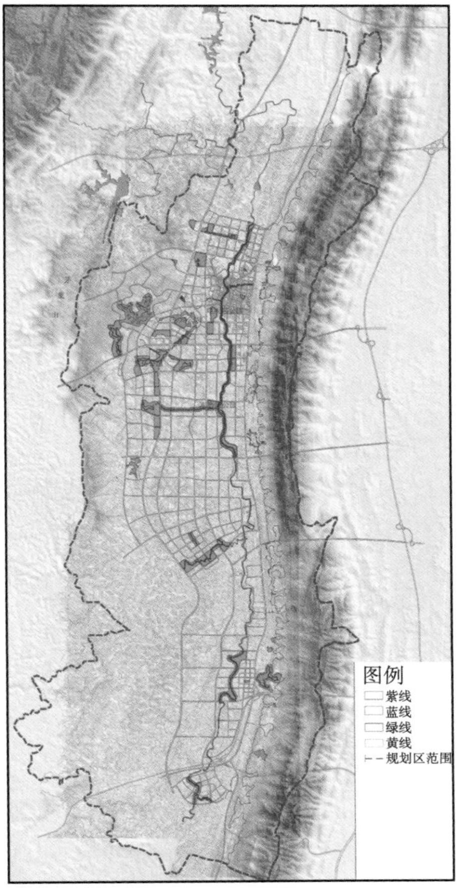

图 2.3.12　城市四线控制规划图（《重庆市璧山县城乡总体规划》（2013 编制））

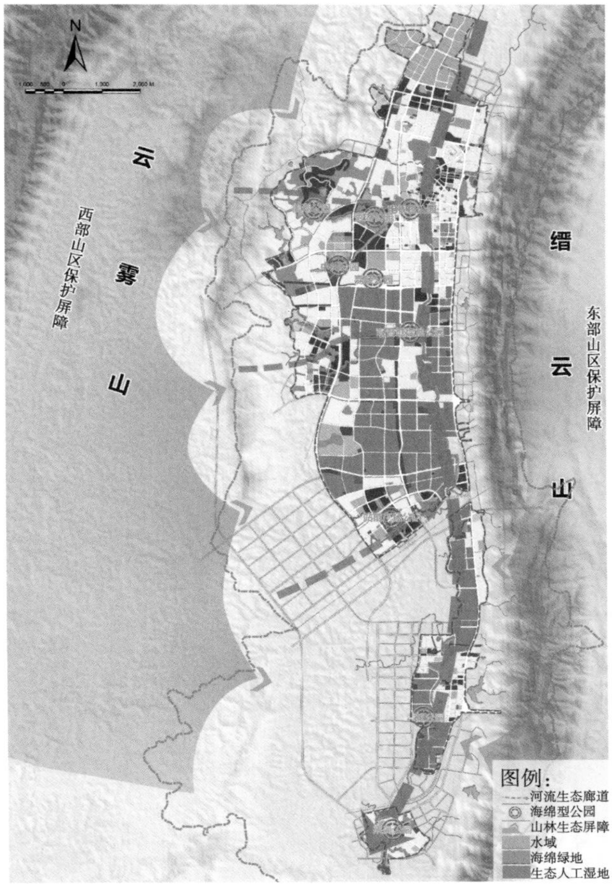

图 2.3.13　海绵空间布局图（《璧山区海绵城市专项规划（2016 ~ 2030 年）》）

“七园镶嵌”：七园主要指嵌入城市内部的 7 座主要公园，御湖公园、秀湖公园、电视塔公园、观音塘湿地公园、站前广场公园、青杠公园、来凤公园群。

“连片湿地饰壁城”：除观音堂湿地、养鱼水库、打鼓塘水库、王家沟水库、菜子沟水库、冉家沟水库、百家店水库、东岳水库、虎峰水库打造为九个主要湿地外，还拟建设众多小型湿地，起到源头控污，美化璧城的作用。

这四个层次的开放空间层次清晰、架构分明，既是城市的灵动空间、人的休憩场所，更是区域内雨水循环利用的重要载体。

通过建筑与小区对雨水应收尽收、市政道路确保绿地集水功能、景观绿地依托地形自然收集、骨干调蓄系统形成调蓄枢纽，形成四级雨水综合利用系统，达到对雨水的“渗、滞、蓄、净、用、排”，实现雨水全生命周期的管控利用。借助自然力量，让城市如同生态“海绵”般舒畅地“呼吸吐纳”。

3. 海绵功能区划及建设控制标准

（1）一级功能区划分

1）生态敏感性分析

本规划以生态环境现状调查资料、数字规划图与数据为基础，选择自然要素、生态安全、社会经济和生态服务 4 类对生态环境影响较大的生态敏感性因素；采用综合指数法，根据各因子对生态环境影响重要性程度的不同，分别赋予不同权值，最后在 GIS 软件利用空间分析模块对各因子进行加权叠加分析；根据将分析结果划分出 4 个生态敏感性分区（根据环保部《生态功能区划暂行规程》做了相应调整），分别是高度敏感区、中度敏感区、轻度敏感区和非敏感区，评价技术路线及分析结果如图 2.3.14、表 2.3.5 所示。

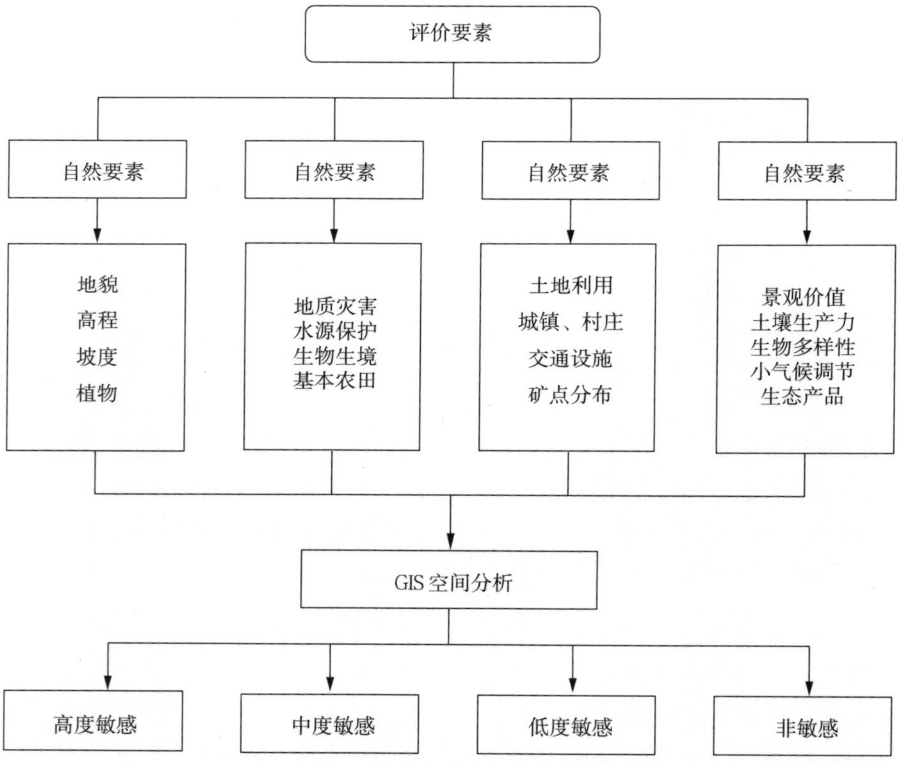

图 2.3.14　生态敏感性分析路线图

生态敏感性统计表　　表 2.3.5

分级	非敏感	轻度敏感	中度敏感	高度敏感	合计
面积（km^2）	39.81	3.34	10.36	2.63	56.13
比例（%）	70.9%	5.9%	18.5%	4.7%	100.0%

2）一级功能区划分

根据生态敏感性评价、水生态功能区和用地评价等功能区因子分析结果，将规划研究范围扩展至规划区外围，整体空间划分为六大海绵功能区，分别是天然海绵涵养区、海绵缓冲区、水生态保护区、水生态修复区、建设用地海绵修复区、海绵提升区。见图2.3.15。

天然海绵涵养区：范围是规划区外围东部、西部的山体丘陵等生态高敏感性集中连片的区域。用地特征主要为森林公园、自然山体、水库的陆域范围、林地农田等。该区域具有极高的生态服务功能，对县城规划区的生态环境质量具有决定性作用，是区域大海绵系统的重要涵养区。主体功能以生态涵养和生态保育为主，应严格控制在该区域内进行各类开发建设活动，加大生态环境综合治理力度，提高生态系统的多样性和稳定性，保障大海绵系统的涵养功能。

海绵缓冲区：位于天然海绵涵养区和城市建设区之间，范围是城市建设用地外围的中度敏感区，用地特征主要为农田和林地。该区域位于过渡带，较易受到建设区域干扰，生态系统不稳定。主体功能以保护为主，局部可采取一定措施后适当开发，用地布局应以生态林地、生态农业用地和少量的建设用地为主，重点发展生态旅游、生态农业等环境友好型产业。

水生态保护区：范围包括规划区内上游河段及源头湖库沿岸区域。这些水体水质较好，但生态敏感性较高，易受到外源污染。主体功能以保护为主，严格控制水域蓝线范围，建立生态功能保护区，保护和恢复天然植被。控制水污染，减轻水污染负荷，严格限制导致水体污染、植被破坏的产业发展。

水生态修复区：范围是璧南河中下游以及其他规划区内水质较差的河段和湖库。该功能区水环境质量较差，待改善。主体功能以水环境综合整治为主，通过外源和内源并重的方式改善水环境质量，以合流制溢流管道改造和初期雨水污染控制等措施控制排入水体的外源污染物；以堤岸生态化改造和水生态修复等措施提升水体自净能力。

建设用地海绵修复区：范围是现状建设用地区域。该区域在快速城镇化进程中，面临城市过度硬化、排水标准低内涝频发、内河水体污染、水生态功能退化、合流制溢流污染严重、初期雨水面源污染未得到有效控制、水资源利用率不高等诸多问题。主体功能以海绵化修复为主，以问题为导向，利用现状绿地空间因地制宜的建设低影响开发设施，源头削减雨水径流量，控制合流制溢流和初期雨水污染。

海绵提升区：该区域均为规划新建用地，应根据场地的资源环境条件适度开发，避免延续以前“摊大饼”、走重数量不重质量的快速城镇化的老路。主体功能为海绵提升，应优先落实蓝绿空间体系，保护水敏感区域，并通过科学组织雨水产汇流过程，综合利用等措施，从源头、过程、末端一体化的控制径流污染，削减峰值径流量，提升海绵城市建设质量。

图 2.3.15　一级功能区划分（《璧山区海绵城市专项规划（2016 ~ 2030 年）》）

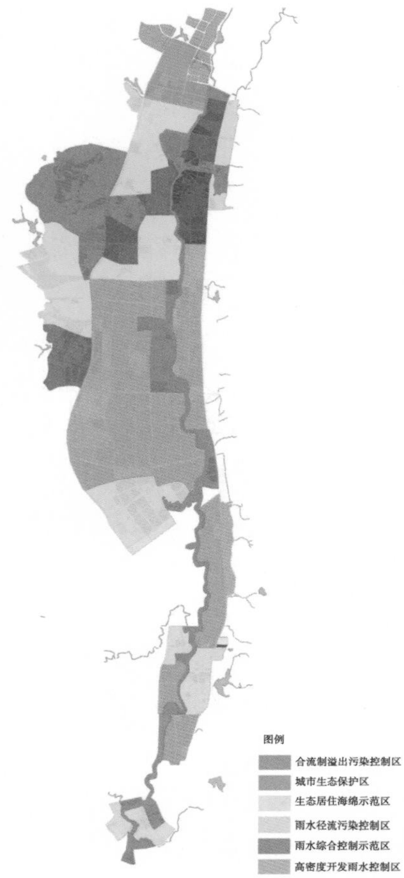

图 2.3.16　海绵建设分区图（《璧山区海绵城市专项规划（2016 ~ 2030 年）》）

（2）二级功能区划分

1）二级功能区划分

璧山区的二级海绵功能区划分为以下 6 类，合流制溢污和雨水径流污染控制区，高密度开发雨水控制区，雨水综合控制示范区，城市生态保护区，城市生态修复区，生态居住海绵示范区，具体分区见图 2.3.16。

2）海绵功能区建设标准

结合二级功能区功能特征以及海绵城市建设控制目标，规划对不同功能区有针对性的选择建设控制标准，具体建设控制要素包括：雨落管断接、硬化铺装改造、雨污分流改造、合流溢流口年溢流次数减少率、下沉式绿地、透水铺装、单位硬化面积、雨水调蓄容积、屋顶绿化、雨水资源利用、水质等。为贯彻落实《关于推进海绵城市建设的指导意见》（国办发 [2015]75 号）的总体目标，同时参考国内其他海绵试点城市建设经验，规划对不同海绵二级功能区相应建设控制目标提出具体控制要求，见表 2.3.6。

海绵功能区建设要求表　　表 2.3.6

大类	子类	子类主要建设要求
城市更新改造区	合流制溢污和雨水径流污染控制区	海绵设施设计以污染物去除为目标，减少管网错接，进行截污管道扩容，进行雨污分流改造，加强源头径流控制
新城开发示范区	生态居住海绵示范区	低密度生态居住区海绵建设
	高密度开发雨水控制区	高密度建设区海绵探索
雨水综合控制示范区	雨水综合控制示范区	综合示范
城市生态保护区	城市生态保护区	落实生态海绵建设工程，加强源头径流控制，保护水体水质

2.3.5　建设管控指引

根据“2.3.3 规划目标及总体思路”，璧山区海绵城市建设规划 6 大类共 18 项建设指标，指标覆盖工程建设、制度建设和显示度等方面。结合城市规划、设计、建设及竣工验收等环节对海绵城市的要求，本规划提出以下 4 个海绵城市建设管控指标：

（1）年径流总量控制率

年径流总量控制率是水生态的关键指标，为海绵城市建设的强制性指标。

年径流总量控制率：根据多年日降雨量统计数据分析计算，通过自然和人工强化措施，场地内年累计经过渗透、蒸发、过滤、回用等方式得以控制的雨水量占年降雨量的比值。为实现一定的年径流总量控制率，用于确定场地内需渗透、蒸发、过滤、回用的降雨量厚度取值，通常以日降雨量（mm）表示，该值为“设计降雨量”。

（2）雨水年径流污染总量去除率（以 SS 计）

雨水年径流污染总量去除率（以 SS 计）是水环境的关键指标，为海绵城市建设的强制性指标。

雨水年径流污染总量去除率（以 SS 计）：根据多年日降雨量统计数据分析计算，通过自然和人工强化措施，场地内径流雨水中的污染物质（以 SS 计）得以去除的比例。雨水年径流污染总量去除率（以 SS 计）= 年径流总量控制率 × 低影响开发设施对 SS 的平均去除率。

（3）年径流总量控制容积（简称“径流控制容积”）

年径流总量控制容积是水生态的重要指标，为海绵城市建设的推荐性指标。

（4）雨水径流峰值控制容积（简称“峰值控制容积”）

雨水径流峰值控制容积是水安全的重要指标，为海绵城市建设的推荐性指标。雨水径流峰值控制容积与年径流总量控制容积两者以较大值（不叠加）作为控制要求。

上述 4 个指标用于璧山区海绵城市建设中的流域、管理单元、控规地块等各层级的管控。

1. 流域管控指标

规划区内划分为 13 个流域（如图 2.3.17），并提出各流域海绵城市建设管控指标（表 2.3.7）。

璧山区海绵城市流域管控指标表　　表 2.3.7

流域编号	流域名称	年径流总量控制率（%）	年径流污染总量去除率（%）	径流控制容积（m^3）	峰值控制容积（m^3）
1	1# 湖	79.55%	57.27%	18155.10	3127.21
2	2# 湖	77.53%	23.84%	37523.55	26890.68
3	3# 湖	65.62%	40.85%	13654.19	5735.59
4	御湖	75.41%	56.05%	33613.35	916.32
5	秀湖	51.28%	21.67%	7026.94	916.32
6	中央公园	52.59%	26.25%	64466.92	11055.46
7	嘉陵公园	39.99%	0.00%	2158.7	0.00
8	龙湖公园	69.49%	58.72%	7889.58	0.00
9	观音塘湿地公园	61.43%	35.78%	19691.58	6957.60
10	1# 河道	71.95%	41.74%	20287.44	7028.80
11	2# 河道	66.33%	40.73%	25644.26	1257.44
12	白云湖	49.88%	29.93%	4711.49	74881.20
13	璧南河	74.82%	44.01%	415394.81	489.60

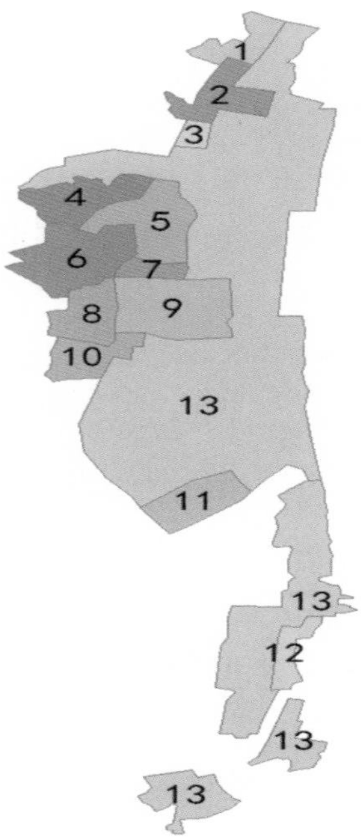

图 2.3.17　璧山区海绵城市建设流域划分图（《璧山区海绵城市专项规划（2016 ~ 2030 年）》）

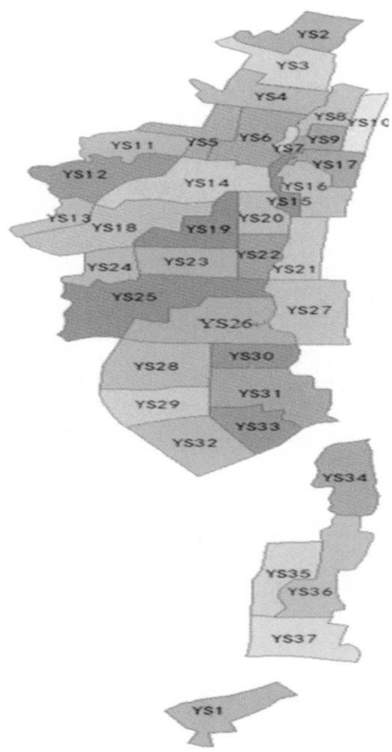

图 2.3.18　璧山区海绵城市建设管理单元划分图（《璧山区海绵城市专项规划（2016 ~ 2030 年）》）

2. 管理单元管控指标

在规划区内在流域层级下，将规划区划分为37个管理单元（如图2.3.18），并提出各管理单元海绵城市建设管控指标（表2.3.8）。

璧山区海绵城市建设管理单元管控指标表　　表2.3.8

序号	管理单元编号	年径流总量控制率（%）	年径流污染总量去除率（%）	径流控制体积（m^3）	峰值削减容积（m^3）
1	YSGL1	74.64%	63.50%	20323.9	861
2	YSGL2	46.73%	25.64%	28366.2	10308
3	YSGL3	84.84%	62.74%	47007.6	16321
4	YSGL4	79.37%	58.12%	43134	13783
5	YSGL5	41.06%	6.78%	4025.5	1681
6	YSGL6	53.04%	24.82%	6915.1	1524
7	YSGL7	58.91%	41.33%	640	0
8	YSGL8	84.89%	79.20%	18945.2	0
9	YSGL9	71.68%	56.43%	5565	0
10	YSGL10	73.74%	66.27%	8503.8	67
11	YSGL11	53.78%	46.63%	44391.7	6408
12	YSGL12	47.76%	30.04%	47863.8	12081
13	YSGL13	53.03%	32.31%	22298.2	4683
14	YSGL14	57.86%	40.47%	11211.7	879
15	YSGL15	51.50%	21.97%	1000	0
16	YSGL16	40.00%	0.00%	5404.56	0
17	YSGL17	74.19%	67.03%	8768.5	20
18	YSGL18	47.24%	14.70%	4460	0
19	YSGL19	40.05%	0.21%	248.1	87
20	YSGL20	74.27%	58.55%	10855	0
21	YSGL21	64.42%	35.92%	7290	0
22	YSGL22	43.42%	4.94%	1230	0
23	YSGL23	40.00%	0.00%	6162.66	0
24	YSGL24	40.00%	0.00%	4254.18	0
25	YSGL25	75.25%	71.12%	49565	8630
26	YSGL26	59.68%	34.81%	11541.8	1135

续表

序号	管理单元编号	年径流总量控制率（%）	年径流污染总量去除率（%）	径流控制体积（m^3）	峰值削减容积（m^3）
27	YSGL27	60.79%	36.09%	9770	0
28	YSGL28	43.75%	15.53%	28649.4	8646
29	YSGL29	98.87%	25.17%	45561	17653
30	YSGL30	67.89%	54.18%	7440	0
31	YSGL31	81.32%	57.98%	46219.6	11894
32	YSGL32	76.40%	79.88%	43866.5	14029
33	YSGL33	80.40%	82.83%	28879.9	9575
34	YSGL34	57.27%	26.75%	6225	0
35	YSGL35	80.75%	68.33%	28575	0
36	YSGL36	59.46%	28.10%	18866.3	3313
37	YSGL37	47.31%	11.16%	3330	0
合计				687354.2	143578

3. 控规地块管控指标

依据璧山区控制性详细规划，将管理单元划分至控规地块，规划区内控规地块分布详见图 2.3.19。各控规地块管控指标主要包括：年径流总量控制率、雨水年径流污染总量去除率（以 SS 计）、年径流总量控制容积、雨水径流峰值控制容积，具体指标此处不再赘述。

2.3.6 建设规划

1. 总体建设计划

璧山区海绵城市总体建设范围为 53km²，其中：近期建设规划范围 16km²（包括先行试点区和配套示范区），远期建设范围 37km²。总体建设年限为 2016 ~ 2030 年，其中：近期建设年限为 2016 ~ 2020 年（先行试点区 2016 ~ 2018 年、配套示范区 2019 ~ 2020 年），远期建设年限为 2021 ~ 2030 年。

规划璧山海绵城市建设项目共 7 大类，分别为径流控制工程项目（336 个）、水生态工程项目（20 个）、水安全工程项目（49 个）、水资源工程项目（12 个）、水环境工程项目（14 个）、水文化工程项目（5 个）及监测考核与评估工程项目（2 个），项目共计 438 个，建设总投资共计 43.81 亿元。

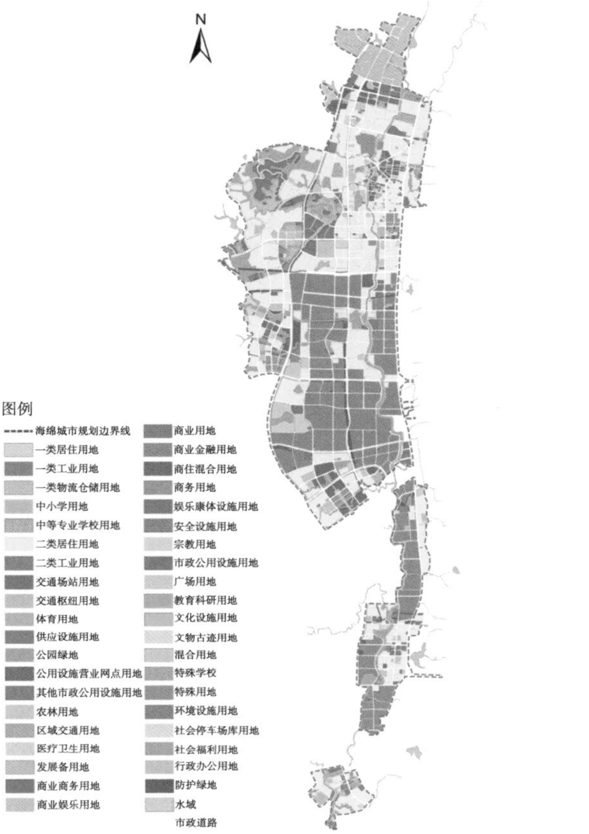

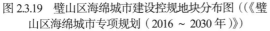

图 2.3.19　璧山区海绵城市建设控规地块分布图（(《璧山区海绵城市专项规划（2016 ~ 2030 年）》）

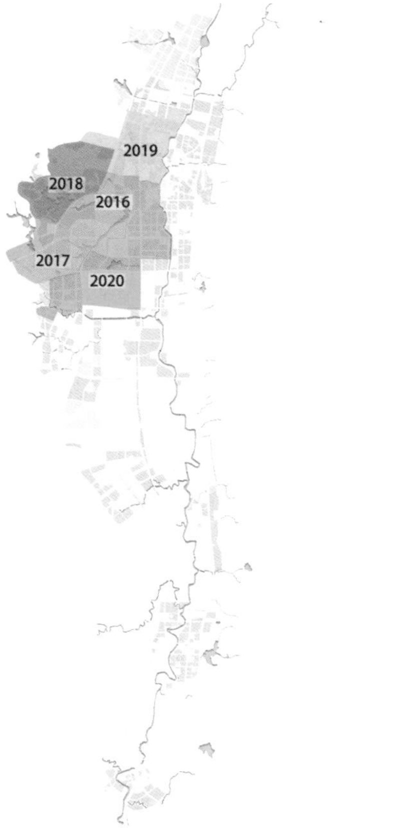

图 2.3.20　璧山区近期建设范围分布图（《璧山区海绵城市专项规划（2016 ~ 2030 年）》）

2. 近期建设计划

璧山区近期建设规划范围为 16km^2，建设年限为 2016 ~ 2020 年，总投资共计 22.83 亿元，见图 2.3.20。其中：

（1）先行试点区

先行试点区（绿岛新区海绵城市市级试点建设区）作为一期启动，规划范围为 8.35km^2，建设年限为 2016 ~ 2018 年。

（2）配套示范区

配套示范区作为二期启动，规划范围为 7.65km^2，建设年限为 2019 ~ 2020 年。

3. 远期建设计划

璧山区远期建设规划范围为 37km^2，建设年限为 2021 ~ 2030 年，建设投资共计 29.18 亿元。

2.4　秀山县海绵城市专项规划

将海绵城市的理念融入城市规划之中，不仅可以节约水资源、保护和改善城市生态环境、有效缓解城镇化过程中的内涝灾害，更体现了中国传统城市规划中讲究因地制宜、顺应自然规律、重视天人和谐的设计观念和生态设计意识。秀山县为重庆市市级海绵城市建设试点之一，按照秀山县委县府的要求并融合新型规划理念，选取具有代表和示范性的梅江河沿岸区域作为海绵城市示范区。秀山县海绵城市专项规划为今后全面推进秀山海绵城市建设提供了参考。

2.4.1　秀山县概况

秀山县城坐落于梅江河中游河段两岸，地势西南高、东北低。整个县城用地呈带状，由梅江河自然划分为三片：江东老城片、江南平凯片、江西北片。现有 319、326 国道通过县城。已建成的国家一级铁路（渝怀铁路）和渝湘高速路从县城经过。内外交通便利，是县境的枢纽。穿城而过的梅江河河道平缓、两岸为平坝，田地集中，地形南高北低。

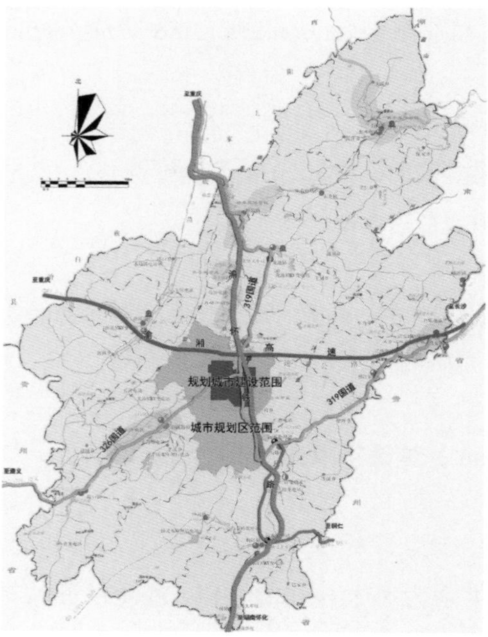

图 2.4.1　县城在秀山县域的区位（图片来源于《秀山土家族苗族自治县城乡总体规划》）

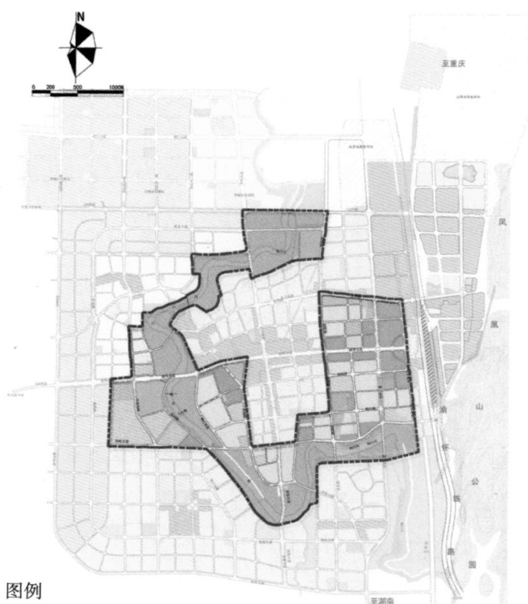

图 2.4.2　海绵城市建设示范区在县中心城区的区位

见图 2.4.1。

规划区为秀山县城市总体规划确定的中心城区范围，规划 2020 年城市用地规模为 $23.24km^2$，其中建设用地为 $19.95km^2$，县城共分为七个功能区，即行政中心区、老城区、金融商贸区、涌图工业片区、莲花教育科研片区、平凯混合区、站前区。

秀山海绵城市建设示范区位于秀山县城市建设规划范围的中部区域，主要包括梅江河沿岸区域、莲花混合区东部凤凰新城片区、行政中心区、职教中心区等区域，规划面积为 $6.4km^2$。见图 2.4.2。

2.4.2　问题及需求分析

1. 水生态问题及需求

（1）水生态问题分析

随着城市化进程，城市开发侵蚀着原有地貌，对水生态产生影响。秀山县目前“水穿城，山依城，林润城，田邻城”的总体格局虽未改变，但各水系相对独立，海绵城市建设理念中的河脉生态网络尚未构建，水生态不容乐观。目前存在的问题主要表现在以下三方面。

首先，尚未形成贯通的水生态体系。规划区内总流域面积 $100km^2$ 以上的河流有梅江河 1 条，10 ~ $100km^2$ 的河流有大溪沟、马蹄溪、金谷水沟共 3 条，1 ~ $10km^2$ 的河流有两叉河、蝗螂沟、小溪沟等大小河流共 8 条。海绵城市建设需对水系进行综合系统规划，具有贯通性及连片性，因而简单针对规划区内的梅江河进行单独治理及规划，并不能达到海绵城市建设的目的，且水质恢复效果不明显，需对梅江河支流及相关水脉体系进行全面的规划，形成“树枝状”连通的河道脉络。例如，对周边平阳盖、太阳山、川河盖山脉以及梅江河、马溪河、大溪沟、杨梅沟、流秀沟等重要生态环境敏感地区、水源涵养地区的保护与协同建设，并建立和完善区域协调机制与制度，共同保护和修复城市良好的自然生态本底条件。

其次，水域面积率低，部分河驳岸及水体被硬化。虽然规划区内有梅江河河流，但区域内天然水域面积率仅为 7%，尚无湿地、雨水花园等具有兼“蓄”“净”等功能的综合水体。此外，梅江河沿线，虽没有大型人工水景及调蓄工程，部分河道护堤为配合相关开发项目建设，也改变了河道堤岸原有生态。花灯广场喷水池、高级中学景观水池等人造水景，均采用“三面光”水体设计。这种河道及水体，功能单一，景观效果差，生态功能退化，与海绵城市建设要求有较大差距。见图 2.4.3。

最后，城市热岛效应有增加趋势。规划区内，现状绿化率为 30% 左右。虽然梅江河西侧，主要为零散农户及农田，热岛效应目前不显著，但规划区内梅江河东侧，随着经济发展及人口增长，已建部分住宅小区，为城市带来一定的热岛效应。如按照原有城市开发模式继续推进梅江河两岸城市化进程，城市热岛效应必将逐渐加剧。

（2）水生态建设需求

针对规划区目前水生态存在的特征问题，确定秀山县城区海绵城市水生态建设主要目标是：减缓城市开发进程，修复蓝绿空间及现状水体，治理存在严重污染水体段。不断加强水生态环境保护力度，制定相应的水生态保护规定，组织水生态监管小组，努力减轻人类活动对水生态的伤害，实现规划区经济社会和水生态的协调发展。

图 2.4.3　秀山县“三面光”河道

需在低影响开发基础上，以自然水岸为本底，充分利用湿地的水体净化功能，将原有的硬质防洪堤进行生态修复，结合景观局部设置雨水调蓄净化浅池，对于城市污水净化、梅江河水体保护具有重要的生态意义。

在缓解城市热岛效应方面，急切需要利用现状绿地空间，根据场地的资源环境条件，适度开发规划新建用地，按照海绵城市建设要求，因地制宜的进行低影响开发设施建设，以达到缓解热岛的目的。

2. 水安全问题及需求

（1）水安全问题分析

根据本底调查分析，规划区水安全方面主要存在以下五方面问题。

首先，极端降雨事件频发，洪涝灾害增多。秀山县属亚热带湿润季风气候，四季分明，降水充沛，日照偏少。洪水过程直接受暴雨的影响，历时短，峰值大，陡涨陡落。一方面，全球气候变暖，极端气候频现；另一方面，城市高楼林立、循环不畅，城市上空的热气流无法疏散，城市热岛产生的局地气流上升有利于流性降雨的发生，同时城市空气中的凝结核多，也会促进降雨，由此形成的“雨岛效应”是城市内涝的诱因之一。

其次，城市下垫面改变，排水系统压力增大。规划区城市道路与广场占地 227.29hm^2，非透水性城市道路与广场占其中的 96.35%，建筑与小区用地 932.41hm^2，其中非透水区比重为 94.7%。对不同下垫面径流系数进行加权计算，可得秀山县综合径流系数现状值为 0.7，雨水径流系数较大，远远达不到海绵城市建设相关指标要求，路面积水和内涝风险较大。

然后，排水管网及防洪标准低。新区雨水管线在设计时标准能达到三年的重现期，但是老城区一带，有些地方雨水设计重现期不到一年，且由于管线错综复杂，以及明渠管沟交错相连，导致降雨时，雨水不能及时排走。随着城镇建设范围的逐步扩大，汇水面积加大，现状管渠不能满足排水需求。

再次，城镇排水管网缺乏统一规划与有效管理。城镇排水系统缺乏整体规划，管道建设缺乏专项规划的指导，系统性不够完善。许多道路没有雨水管，有些道路虽有雨水方沟，但是方沟内生活垃圾以及淤泥等，堵塞了管渠，管渠排水能力难以有效发挥。此外，梅江河两侧，污水管道没有形成管网体系，部分管道没有与下游污水处理厂相接，存在雨污管道混接等问题，直接影响梅江河水质。

最后，供水安全性低。许家坳水厂水源地为钟灵水库，库心区虽总氮指标 1 月试样中达到Ⅳ类水体指标限值。此外，该水厂近期只有一根管道供城区用水，保障性不高，同时许家坳水厂源水段由明渠输送并经过十多个村子，源水被截留利用和污染较为严重，水质水量安全隐患较大。

（2）水安全建设需求

通过对水安全目前存在的问题，秀山县急需对集中式饮用水源地水质、龙头水质、内涝防治标准、排水设计标准等指标提出建设需求，保障海绵城市建设顺利实施。

根据《国务院办公厅关于推进海绵城市建设的指导意见》要求 70% 的降雨就地消纳和利用。作为城市重要的涉水下垫面，各处社区公园、带状公园和街头游园是各社区、居住组团和道路系统的绿化中心和低影响开发重要区域，对周边区域雨水调蓄亦发挥重要作用。建议后期相关规划，利用透水性铺装、植草沟、生物树池等措施，降低雨水径流系数，提高年径流总量控制率，降低城市内涝风险。

新建区域设计防洪标准为 50 年一遇，但区域内老建筑在建设时采用的防洪标准较低，达不到 50 年一遇的防洪标准，在旧城改造时应提高其防洪标准。

海绵城市建设水安全保障指标相关要求，集中式饮用水源地水质达标率、龙头水质达标率均需达到 100%。秀山县目前供水安全性低，尚未达到国家相关规定要求，急需对水源地进行保护且改造相关供水管网。

3. 水环境问题及需求

（1）水环境问题分析

首先，根据秀山县水质监测资料，秀山县梅江河下游官庄段水体部分水质指标超过Ⅴ类水体指标限值，主要超标污染物为总氮、氨氮及粪大肠杆菌。根据污染物的来源及秀山县现状分析，推测规划区内梅江河水体的主要污染源为部分居民的生活污水。秀山县现状排水问题见图 2.4.4，图 2.4.5。

其次，排污管网有待完善。对梅江河两岸进行污染源及管网现状调研后，发现部分地区管网并未形成，且存在多处雨污管道混接等情况，造成 3.77km^2 的区域实际执行的是雨污合流，周边居民生活污水没有经过污水处理厂处理，直接从雨水管道排入梅江河，沿河存在多处排污口。梅江河流经城区后，水质降低，水体内氨氮、总氮、粪大肠菌群

图 2.4.4　秀山县现状排水问题 1

图 2.4.5　秀山县现状排水问题 2

指标不断攀升，水质不断恶化，超出了水体自净能力，破坏了自然水生态。这对生态的保护和人类发展极为不利，同时也与海绵城市的理念相背离。建议后期规划建设中，完善污水管网建设，使排污管形成网状，完全收集污水并最终汇入城市污水处理厂处理达标后排放。见图 2.4.6。

最后，农村面源污染依然存在（见图 2.4.7）。秀山县状面源污染源主要包括：城镇地表径流、农业使用的化肥农药、农村的生活污水及生活垃圾、畜禽养殖废水、水土流失和固体废弃物等。当完善的雨污分流排水管网建立后，城市生活污水将送入市政污水处理厂处理达标后排放，此时由雨水径流污染将成为威胁区域内水体水质的首要污染源。因此对汇水区域内径流污染物的控制成为水体水质保持的关键。

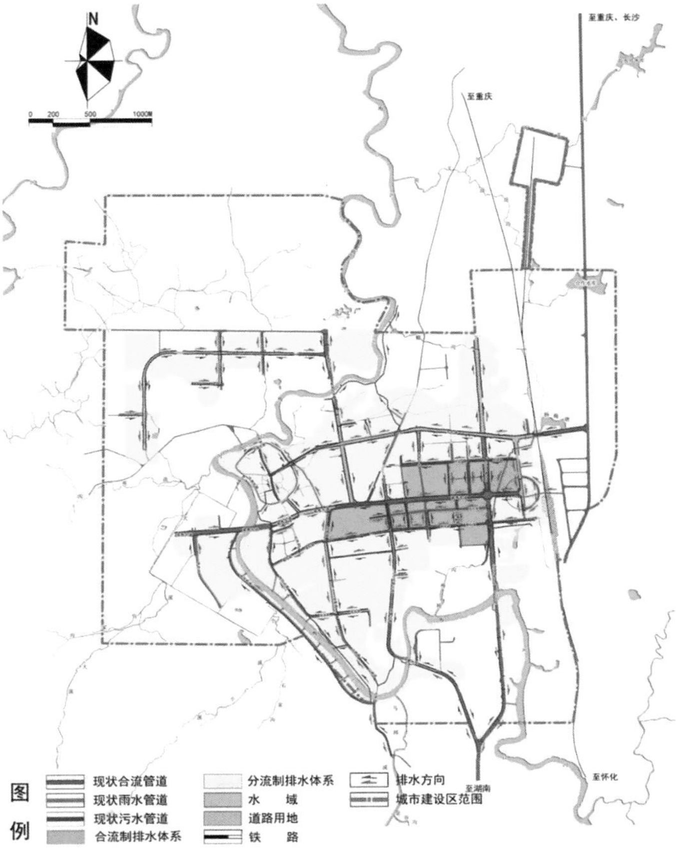

图 2.4.6　现状排水体制分析图

（2）水环境建设需求

秀山县海绵城市水环境建设需求包括：合理划分水环境功能区、水污染控制单元，进行水环境污染控制。对城区现状排水口和污染源进行有效的管控，以减少污水对水环境的影响。完善排污管网，排入自然水体的污水必须要满足自然水体自净能力。加强城区内生态人工湿地的建设，使水体的自净功能最大化。针对农村应大力宣传农药、化肥和有毒农用药剂对水环境的污染严重性，减少农药、化肥等的使用。

图 2.4.7　农村现状污染问题

4. 水资源问题及需求

（1）水资源问题分析

首先，工程性缺水现象显著。秀山县降水和径流总量较丰富，但独特的地形地貌造成秀山地表水难以自然蓄存，而地下水丰富，多年平均地下水径流量 3.2083 亿 m^3，占当地径流总量的 15.37%。因此本区域内，水资源利用率低，人均 3536m^3，耕地亩均 2185m^3，均低于全市平均水平，工程性缺水现象显著。

其次，供需矛盾突出。秀山县城目前有水厂两座：许家坳水厂为常供水水厂，老鹰岩水厂为备用水厂。许家坳水厂出水压力为 0.49MPa，年供水约 1200 万吨。但现有的城市供水设施已无法适应城市发展趋势的需要，除进行自来水的提质增容改造外，通过海绵城市建设，高效利用水资源、有效回用污水 / 雨水、发掘替代水源等均可缓解城市用水矛盾。

最后，管网漏损高。整个秀山县城供水采用统一供水分区，老鹰岩水厂出水压力为 0.3MPa，许家坳水厂出水压力为 0.49MPa。许家坳水厂年供水约 1200 万吨，实际出售水约 800 万吨（含免费供水），供水利用率仅 67%。管网漏损极其严重。

（2）水资源建设需求

针对规划区目前存在的水资源特征问题，确定海绵城市水资源建设主要目标如下。

基于水资源可持续且有效利用角度，通过修建雨水塘、雨水花园等生态工程，在雨季或非干旱时期留蓄地表水资源，充分利用地下水储存空间，同时在绿地山地等生态用地增加地表下渗及滞蓄能力等，均是克服工程性缺水、改变区域水生态循环的基础性战略问题。

《海绵城市绩效考核与评价指标》《国家节水型城市考核标准》要求供水管网漏损率不高于 12%，《水污染防治行动计划》到 2017 年，公共供水管网漏损率控制在 12% 以内；到 2020 年，控制 10% 以内。目前秀山县给水管网漏损率远远高于国家标准，不能满足海绵城市建设相关指标要求，影响水资源的利用，迫切需要对其进行改造，优化供水系统，降低水资源浪费。

2.4.3 规划目标及总体思路

1. 规划目标

（1）总体目标

到 2020 年，秀山县建成区 30% 以上的面积达到海绵城市建设目标要求，建成渝东南地区海绵城市示范区；到 2030 年，建成区 80% 以上的面积达到海绵城市建设目标要求，全面建成为重庆市海绵城市建设示范城市。

（2）工程目标

在充分考虑秀山发展水平的基础上，依据《关于推进海绵城市建设的指导意见》[国办发（2015）75 号] 要求，参考秀山县相关规划成果，确定秀山县海绵城市建设的五项目标及 17 项指标，五项目标分别是水生态修复、水环境保护、水资源利用、水安全保障和制度建设，具体见表 2.4.1。

海绵城市建设指标体系　表 2.4.1

目标	序号	指标	2020 年	2030 年	《海绵城市绩效考核与评价指标》要求	备注
水生态修复	1	年径流总量控制率	≥ 75%	≥ 75%	当地降雨形成的径流总量，达到《海绵城市建设技术指南》规定的年径流总量控制要求。在低于年径流总量控制率所对应的降雨量时，海绵城市建设区域不得出现雨水外排现象	定量（约束性）
	2	水系生态岸线比例	≥ 60%	≥ 80%	在不影响防洪安全的前提下，对城市河湖水系岸线、加装盖板的天然河渠等进行生态修复，达到蓝线控制要求，恢复其生态功能	定量（约束性）
	3	水面率	8.0%	8.5%		参考《重庆市秀山县城市规划区河道岸线保护与利用规划》
	4	城市热岛效应	热岛强度得到缓解		热岛强度得到缓解。海绵城市建设区域夏季（按 6 ~ 9 月）日平均气温不高于同期其他区域的日均气温，或与同区域历史同期（扣除自然气温变化影响）相比呈现下降趋势	定量（鼓励性）
水环境保护	5	水环境质量	达到Ⅲ类标准	达到Ⅲ类标准	不得出现黑臭现象。海绵城市建设区域内的河湖水系水质不低于《地表水环境质量标准》Ⅳ类标准，且优于海绵城市建设前的水质。当城市内河水系存在上游来水时，下游断面主要指标不得低于来水指标； 地下水监测点位水质不低于《地下水质量标准》Ⅲ类标准，或不劣于海绵城市建设前	定量（鼓励性）
	6	雨水径流污染控制（年径流污染总量去除率）	≥ 55%	≥ 55%	雨水径流污染、合流制管渠溢流污染得到有效控制。1. 雨水管网不得有污水直接排入水体；2. 非降雨时段，合流制管不得有污水直排水体；3. 雨水直排或合流制管渠溢流进入城市内河水系的，应采取生态治理后入河，确保海绵城市建设区域内的河湖水系水质不低于地表 IV 类	定量（约束性）
水资源利用	7	雨水资源利用率	≥ 0.5%	≥ 1.5%		定量（鼓励性）
	8	供水管网漏损率	≤ 10%	≤ 8%	《水污染防治动计划》到 2017 年，公共供水管网漏损率控制在 12% 以内；到 2020 年，控制在 10% 以内	定量（鼓励性）

续表

目标	序号	指标	2020 年	2030 年	《海绵城市绩效考核与评价指标》要求	备注
水安全保障	9	排水管网设计标准	中心城区管线设计重现期不低于 3 年，中心城区的重要地区（3 ~ 5 年），中心城区立交、地下通道和下沉广场（10 ~ 20 年）区别对待。		参照《海绵城市绩效考核与评价指标》、《室外排水设计规范 2016 局部调整版》及渝府办发[2016]330）号文件,参考《秀山县城排水（雨水）防涝综合规划》	参照《海绵城市绩效考核与评价指标》
	10	内涝防治标准	内涝防治设计重现期 30 年		历史积水点彻底消除或明显减少，或者在同等降雨条件下积水程度显著减轻。城市内涝得到有效防范，达到《室外排水设计规范》规定的标准	参照《海绵城市绩效考核与评价指标》、《室外排水设计规范》2016 局部修订版。参考《秀山县城排水（雨水）防涝综合规划》
	11	城市防洪标准	防洪标准河（江）洪为 50 ~ 100 年一遇，山洪为 20 ~ 50 年一遇		秀山县南部新城按照 50 年一遇防洪标准设防	定性（约束性）
制度建设	12	蓝线、绿线划定与保护	出台		在城市规划中划定蓝线、绿线并制定相应管理规定	定性（约束性）
	13	规划建设管控制度	出台		建立海绵城市建设的规划（土地出让、两证一书）、建设（施工图审查、竣工验收等）方面的管理制度和机制	定性（约束性）
	14	技术规范与标准建设	出台		制定较为健全、规范的技术文件，能够保障当地海绵城市建设的顺利实施	定性（约束性）
	15	投融资机制建设	出台		制定海绵城市建设投融资、PPP 管理方面的制度机制	定性（约束性）
	16	绩效考核与奖励机制	出台		1. 对于吸引社会资本参与的海绵城市建设项目，须建立按效果付费的绩效考评机制，与海绵城市建设成效相关的奖励机制等； 2. 对于政府投资建设、运行、维护的海绵城市建设项目，须建立与海绵城市建设成效相关的责任落实与考核机制等	定性（约束性）
	17	产业化	出台		制定促进相关企业发展的优惠政策等	定性（鼓励性）

2. 总体思路

海绵城市建设需要城市管理者、开发商改变角色、任务和行为，逐渐以“经济开发”为主向“考虑水环境保护”的可持续发展目标转变，这一转变需要转型管理。转型管理关注的是复杂问题的变化过程，因此希望通过试点的实践，研究需要配套政策、法规、建设和施工方法，并结合监测、评估和逐步积累新方法和新技术，从而规范技术体系和管理体系。见图 2.4.8。

为实现预计目标，组织好微观层面的创新环境，并帮助引领新技术和方法的推广应用，秀山海绵城市建设实施的技术路线将把握转型管理的关键环节。

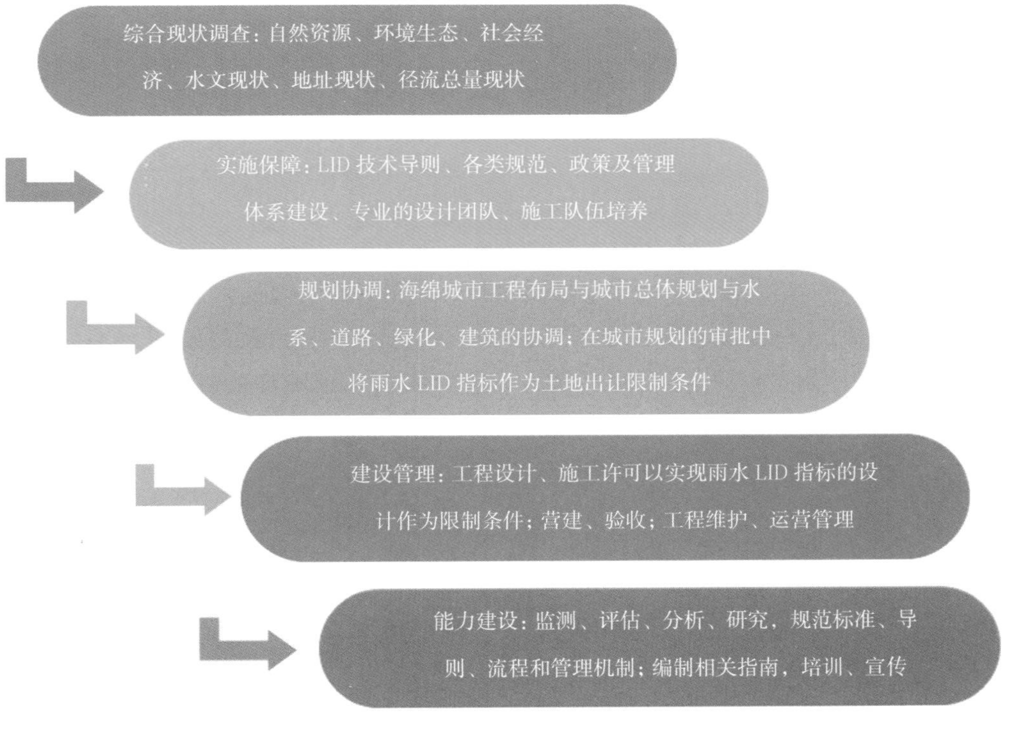

图 2.4.8　总体思路示意图

3. 技术路线

规划主要包括五个阶段，即资料收集处理及现状本底分析、现状评估（海绵城市建设的问题与需求）、规划目标（确定具体规划建设目标）、目标指标分解以及管控要求的提出、海绵城市近远期建设计划。见图 2.4.9。

（1）对秀山规划区内原始、规划及建设相关资料进行收集整理，并对相关基础资料进行矢量化，建立地理信息系统（GIS）信息模型，对现状本底情况进行分析；

（2）分别从水生态、水环境、水资源及水安全四个方面开展秀山现状问题与需求分析。

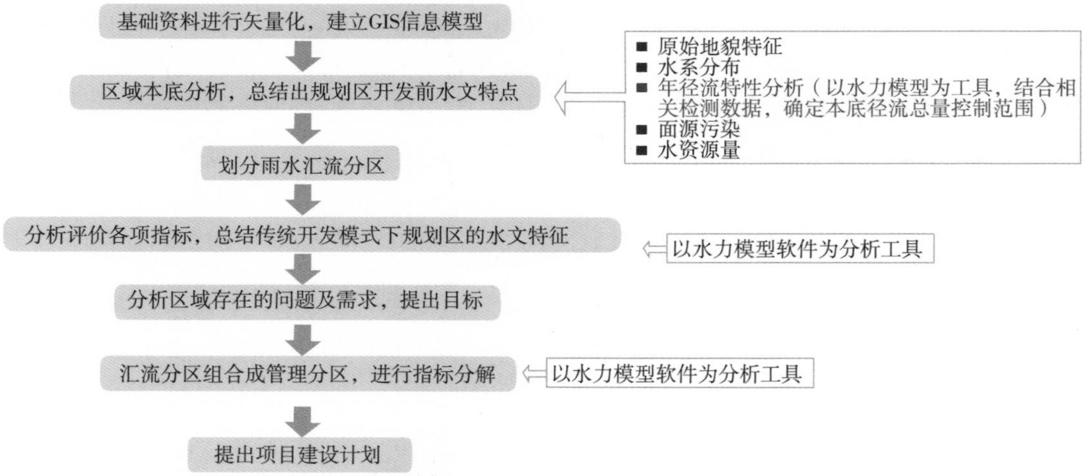

图 2.4.9　技术路线基本示意图

对开发前的本底情况进行分析，并运用水力模型软件对规划区开发前的排水能力、水环境以及现状年径流量进行模拟，为规划目标的确定提供理论依据；

（3）结合秀山规划建设情况及相关水方面问题与需求，根据海绵城市建设理念分析规划区域的海绵城市建设需求，提出总体建设目标及主要控制指标；

（4）在雨水汇流分区或者管控分区的基础上，结合国内外海绵城市低影响开发经验，将海绵城市建设控制指标分解到管控分区，并运用相关海绵城市低影响开发模型软件进行全年连续降雨模拟，验证海绵城市建设考核指标年径流总量控制率的可达性，通过多次试算和指标调试，确定最终满足控制率指标的各管理分区指标；

（5）结合地块开发情况和用地性质，提出近远期的项目建设计划。

2.4.4　空间格局构建及功能区划

1. 空间格局构建

（1）总体空间格局

通过对现状建成区脉络与肌理的研究分析以及对照秀山县城市总体规划的未来实现，规划区海绵城市建设形成“一龙欲腾翔，一凤显兆瑞，七鲤登龙门，玉珠散银盘”的主要格局。见图 2.4.10。

一龙：指梅江河，是县城生态、环境、景观、水资源等系统结构的主脉络。

一凤：指城区东侧凤凰山，是秀山县城的生态屏障。

七鲤：指城区内 7 处城市公园，自北向南依次为乌杨湿地公园、杨梅塘水上乐园、体育公园、滨江民俗风情公园、平凯公园、梅江河湿地公园以及莲花公园。

玉珠：指分散布局于城市各片区的广场、社区游园、街头绿地、滨水游园等，是城市

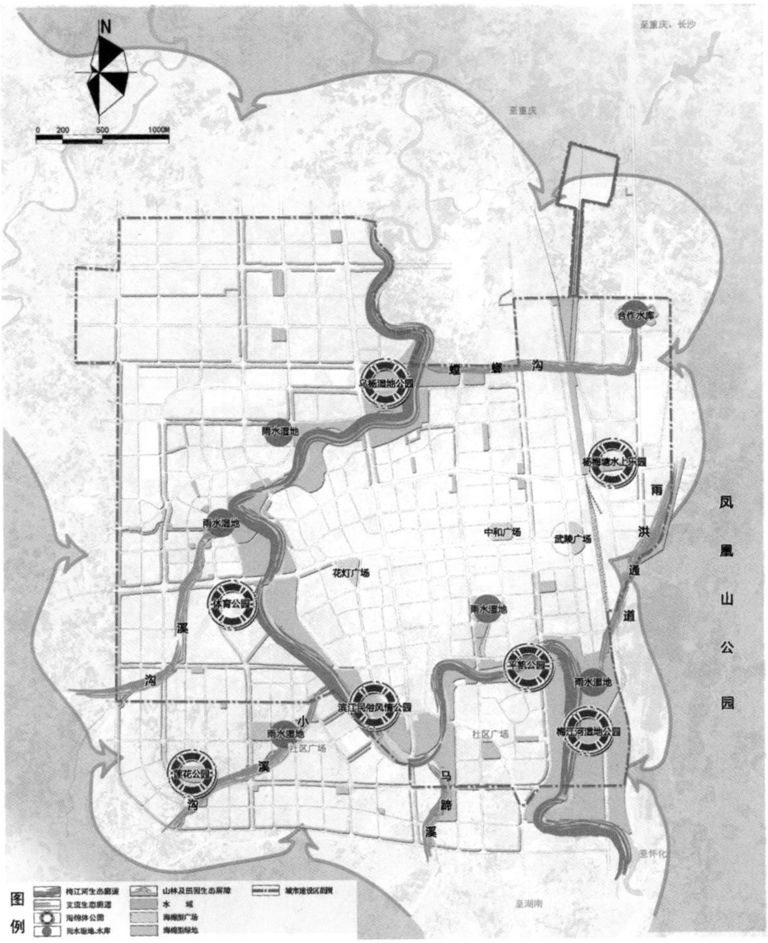

图 2.4.10　海绵空间格局图

小海绵的主要载体。

（2）蓝线空间格局

根据县城城市建设区范围内的 DEM 高程信息，运用 ARCGIS 生成径流流向，根据流向文件生成河道和子流域边界。将 GIS 水文分析结果与控规单元拼合中的水系进行叠加，识别水系布局差异较为明显的区域，并以此为依据，对县城城市建设区内控规单元的水系进行修正。

通过 GIS 手段得到不同降雨强度下的汇水通道。对于常年性河流及季节性河流，根据实际情况划定蓝线范围，确保排水通道畅通。对于瞬时河流排水范围，应保留原有排水方向，并结合绿地的绿线或道路的红线控制其排水方向。从而构建“一脉五支多点”的水系空间结构。见图 2.4.11。

一脉：指梅江河，是秀山县城生态、环境、景观、水资源等系统结构的主脉络。

五支：指螳螂沟、大溪沟、小溪沟、马蹄溪，以及在城区东部规划的一条雨洪通道。

其中螳螂沟、大溪沟、小溪沟原总规未保留；本规划建议相关规划和建设中应保留作为城市带状海绵体。

多点：指杨梅塘、合作水库以及结合城区地形预留的 7 个小型雨水湿地，作为城市块状海绵体。

（3）绿线空间格局

“绿线”空间包括具有生态高度敏感、高服务价值的斑块和廊道等大海绵系统，以及城市建设区内的绿线、公园绿地、交通绿化隔离带、城市水系绿廊、城市绿道系统等。通过对城市建设区生态安全格局研究，衔接城市绿地系统规划所确定的绿地空间结构方案，并综合生态敏感性评价结果，从保障区域生态安全、维持区域生物多样性、优化城市空间出发，以水系和绿带为生态骨架，将散状分布的生态高度敏感、高服务价值的斑块和廊道进行有机串联，将集中成片的高敏感、高价值区域划分为重要生态功能区，从而构建“一山伴城、一带穿城、绿道交织、多廊渗透、斑点共生”的生态网格式绿地空间结构。见图 2.4.12。

一山伴城：指县城东侧的凤凰山森林公园。

一带穿城：指梅江河两岸景观防护绿地。

绿道交织：指西环、326 国道、渝怀铁路、渝秀大道、凤凰大道等城市交通网络的防护或街边绿带，形成纵横交错的网格式绿化通道。

多廊渗透：指沿杨梅沟、马蹄溪、大溪沟等七条自然小溪沟形成的生态绿廊。

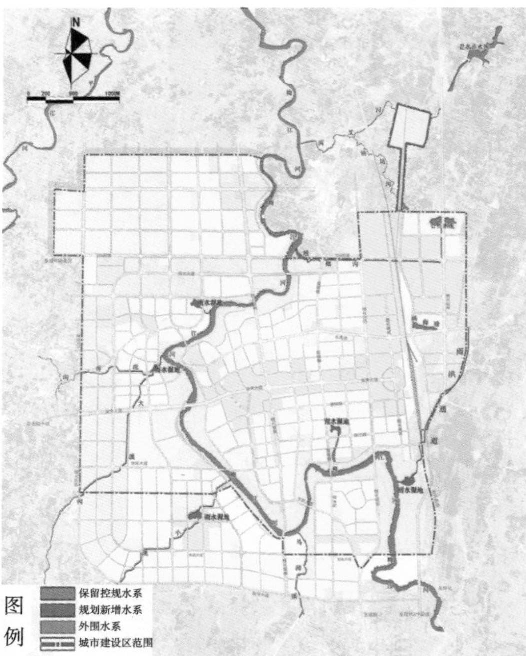

图 2.4.11　蓝线空间规划图

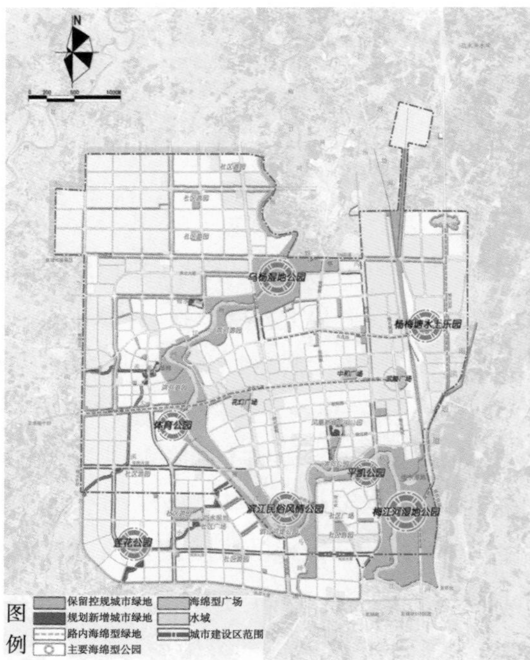

图 2.4.12　绿线空间规划图

斑点共生：指梅江河湿地公园、平凯公园等块状公园以及各社区点状绿地。

2. 功能区划

秀山县海绵功能区划研究范围扩展至规划区外围，整体空间划分为五大海绵功能区。

天然海绵涵养区：指规划区外围的山体丘陵等生态高敏感性集中连片的区域。严格控制在该区域内进行各类开发建设活动，加大生态环境综合治理力度，提高生态系统的多样性和稳定性，保障大海绵系统的涵养功能。

海绵缓冲区：指梅江河沿岸及水库和渝怀铁路防护带。该区域主体功能以保护为主，用地功能以生态绿地、生态农业用地，不宜进行开发建设活动。

水生态保护区：指规划区内梅江河、螳螂沟、大溪沟、小溪沟、马蹄溪、合作水库、杨梅塘等水体沿岸区域。以保护为主，禁止占用蓝线范围，建立生态功能保护区，保护现状恢复天然植被。

建设用地海绵修复区：指规划区内现状建成区。该区域以问题为导向，结合旧城改造逐步对其进行海绵化修复。

海绵提升区：指规划区内拟建或未建区域，该区域应按海绵城市建设理念进行开发建设，优先落实蓝绿空间体系，保护水敏感区域，并通过科学组织雨水产汇流过程，综合利用“渗、滞、蓄、净、用、排”等措施，从源头、过程、末端一体化的控制径流污染，削减峰值径流量，提升海绵城市建设质量。

2.4.5 管控要求

在自然汇水流域分区的基础上，结合城市用地、道路规划布局，雨水管渠布置，同时充分考虑城市规划管理要求，将规划区划分为16个管理单元，并结合各管理单元下垫面情况，通过模型模拟，提出各管理单元管控要求及管控指标。见表2.4.2，图2.4.13。

秀山县海绵城市建设管理单元管控指标表　　表2.4.2

管理单元	总面积（hm^2）	设计降雨量（mm/d）	排水分区年径流控制率	排水分区污染总量去除率	各排水分区径流控制容积（m^3）	各排水分区峰值削减容积（m^3）
1	234.273	22.87	78%	58%	34842	16359
2	206.437	20.36	75%	56%	26968	15699
3	195.197	22.50	77%	56%	25090	13330
4	83.328	19.26	73%	54%	10151	6796
5	83.194	22.83	78%	58%	11618	4946
6	154.436	23.69	78%	57%	19904	8928

续表

管理单元	总面积（hm^2）	设计降雨量（mm/d）	排水分区年径流控制率	排水分区污染总量去除率	各排水分区径流控制容积（m^3）	各排水分区峰值削减容积（m^3）
7	42.606	23.84	79%	59%	6948	2957
8	168.086	22.82	77%	57%	19651	9889
9	105.359	26.66	81%	58%	11381	4438
10	48.729	21.77	76%	56%	6287	3361
11	80.521	24.53	80%	59%	5118	825
12	164.874	21.89	76%	56%	22032	11910
13	224.74	18.63	73%	54%	27706	19774
14	125.388	20.52	74%	55%	14134	8755
15	209.971	19.08	73%	54%	26257	17875
16	189.484	21.12	75%	55%	24161	15530

备注：径流控制容积已包含峰值控制容积。

依据控制性详细规划，规划区内共735个地块单元，将16个管理单元管控指标划分至每个地块，对735个地块单元提出管控要求。通过模型模拟，针对各地块的具体情况，将总体指标进行分解，允许各地块年径流总量控制率指标有所不同，但满足规划区总的年径流总量控制率≥ 75%的要求。见图2.4.14。

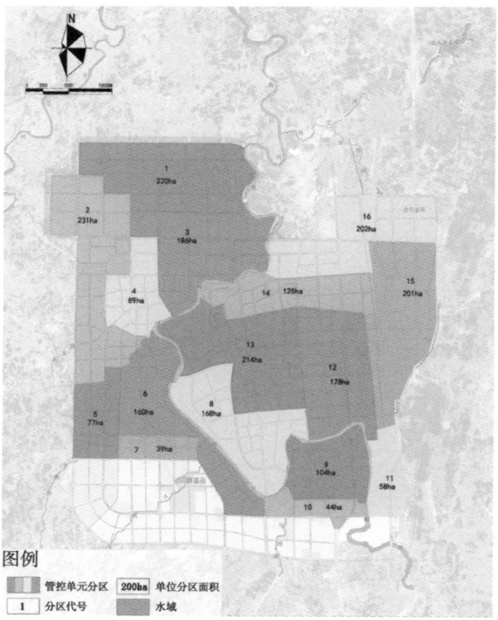

图2.4.13　管理单元划分规划图

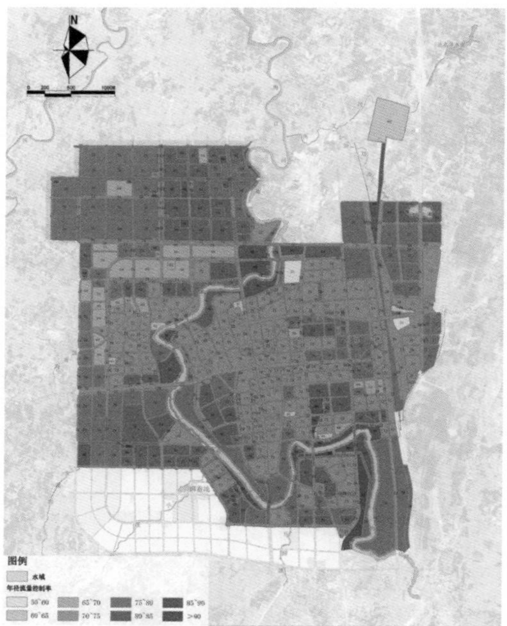

图2.4.14　地块单元年径流量控制率分布图

控规中各地块必须达到各地块具体控制指标年总径流控制率、污染总量去除率、径流控制容积、峰值削减容积的要求。具体措施可结合地块本身条件，灵活采用生物滞留设施、绿色屋顶、透水铺装等多种或单种 LID 控制措施。

2.4.6　建设规划

1. 建设总体安排

海绵城市建设以自然生态保护为基础，持续加强城市近郊生态环境建设，构建完整的“山水林田湖”的生态格局。城市开发建设范围内，以雨水存蓄和水污染治理为两条主线，进行海绵城市的建设。按照国办要求结合秀山县海绵建设需求，到 2020 年，规划秀山县城市建成区 30% 以上的面积达到目标要求；到 2030 年，城市建成区 80% 以上的面积达到目标要求。

近期建设重点为海绵城市建设示范区范围，面积约为 6.4km^2，在此基础上建设城市内主要的山体、河道、道路周边的蓝绿空间，并进行重要的海绵化公园改造建设。

2. 近期建设时序

（1）以城市绿廊构建为基础

以外围自然山体为绿化背景，以梅江河滨河绿化带为绿化骨架，结合道路绿化廊道，构建完整的城市绿廊体系。

规划区周边加强凤凰山等城市内、外山体植被保护与恢复，减少山体径流快速入城造成城市内涝的风险。加快建设沿梅江河沿岸的生态湿地公园，构建存蓄净化空间体系。

完善城市内部蓝绿空间建设，重点建设梅江河、马蹄溪以及重要冲沟两侧植被缓冲带，提供休憩空间的同时提高雨水的污染去除效果。强化黑臭水体治理，提升河湖水体水质。近期城市重要绿廊与水系建设时序见表 2.4.3。

近期城市重要绿廊与水系建设　　表 2.4.3

<table>
<tr><th>序号</th><th>2016</th><th>2017</th><th>2018</th><th>2019</th><th>2020</th></tr>
<tr><td>1</td><td colspan="4">梅江河生态绿廊</td><td></td></tr>
<tr><td>2</td><td colspan="3">主干道路绿化廊道</td><td></td><td></td></tr>
<tr><td>3</td><td></td><td colspan="4">梅江河沿岸湿地公园</td></tr>
<tr><td>4</td><td colspan="5">梅江河、马蹄溪及其重要冲沟两侧植被缓冲带</td></tr>
</table>

（2）以公共空间海绵城市建设为突破

积极发挥政府在海绵城市建设中主导作用，以公共空间作为秀山县海绵城市的突破点，通过城市公共绿地、广场街头绿地和城市道路的海绵建设，实现海绵城市理念的直观展示与宣传，通过行政办公、文化体育、教育科研等公共建筑地块的海绵建设，探索本地海绵城市的具体建设形式、内容，积累海绵城市建设经验，形成海绵城市示范效应，最终实现海绵城市建设要求。

建设过程中积极挖掘公共空间在区域海绵建设中的核心保障能力，构建尺度适宜、功能复合、综合配套的存蓄净化体系，增强公园和绿地系统的城市海绵体功能，消纳自身雨水的同时蓄滞周边区域雨水。加强地块单元内部海绵措施的植入，使海绵体建设遍地开花，成为城市内部“会呼吸的毛细血管”。提升道路对初期雨水污染治理的骨干作用，在路面雨水进入河道之前实现污染物的截流、净化。强化排水系统、雨水收纳系统等基础设施配套水平，提升海绵城市建设内容。近期海绵工程建设安排见表 2.4.4。

近期海绵工程建设安排　　表 2.4.4

<table>
<tr><th>序号</th><th>项目类型</th><th>2016</th><th>2017</th><th>2018</th><th>2019</th><th>2020</th></tr>
<tr><td rowspan="3">1</td><td rowspan="3">公共空间
海绵建设</td><td></td><td colspan="3">公园、广场</td><td></td></tr>
<tr><td colspan="4">滨水绿地</td><td></td></tr>
<tr><td></td><td colspan="3">街头绿地</td><td></td></tr>
<tr><td rowspan="3">2</td><td rowspan="3">道路工程
海绵建设</td><td colspan="5">新建道路</td></tr>
<tr><td></td><td colspan="3">已建主次干道</td><td></td></tr>
<tr><td></td><td></td><td colspan="3">各支路</td></tr>
<tr><td rowspan="3">3</td><td rowspan="3">居住小区</td><td colspan="5">新建小区</td></tr>
<tr><td></td><td colspan="3">旧城改造</td><td></td></tr>
<tr><td colspan="3">滨河小区改造</td><td></td><td></td></tr>
<tr><td rowspan="3">4</td><td rowspan="3">排水系统建设</td><td colspan="5">雨水管网建设</td></tr>
<tr><td></td><td colspan="3">雨污合流改造</td><td></td></tr>
<tr><td colspan="3">防洪调蓄建设</td><td></td><td></td></tr>
</table>

（3）以政策法规体系完善为依托

进一步深化行政管理体制改革，建立健全权责明确、行为规范、监督有效的行政执法体制；加快政府职能转变，强化雨水资源的社会管理、公共服务职能；规范行政审批，加强海绵城市政策法规体系建设，依法管理和规范海绵城市建设活动；加快海绵城市投融资体制改革，积极开拓市场融资渠道；全面推进海绵城市科技创新体系建设，增强自主创新能力；加强海绵城市信息化建设，建立比较完善的海绵城市信息设施体系；大力实施海绵城市人才战略，增强队伍活力与发展后劲，提升海绵城市建设人力资源水平。见表 2.4.5。

海绵城市管理体系建设安排　　表 2.4.5

序号	项目名称	2016 ~ 2017 年	2018 ~ 2020 年	远期	备注
1	“海绵”行政审批完善	△▲	●		
2	社会资本参与进程	△▲	●		
3	海绵城市法规体系建设	△	▲	●	
4	投融资平台建设	△▲	●		
5	行政监督机制	△	▲	●	
6	科技创新体系	△	▲●		
7	信息化管理	△▲	●		
8	海绵专业人才培养	△	▲	●	

注：△启动 ▲深化 ●完善

3. 近期三年重点项目

据国家海绵城市建设要求，充分结合秀山县海绵系统规划方案，规划秀山县海绵城市建设。重大建设项目类型主要包括流域水生态治理、水环境保护、海绵公园及广场建设、湿地、流域性调蓄设施、重要道路海绵化建设等。其中建成区内公共建筑类项目 11 个，居住建筑类项目 11 个，商业建筑类项目 3 个，道路工程类项目 18 个，管网建设类项目 5 个，公园绿地类项目 10 个，综合治理类项目 1 个；搭建信息化平台项目 1 个。海绵城市建设投资共计 11.11 亿元。项目实施计划分布见图 2.4.15。

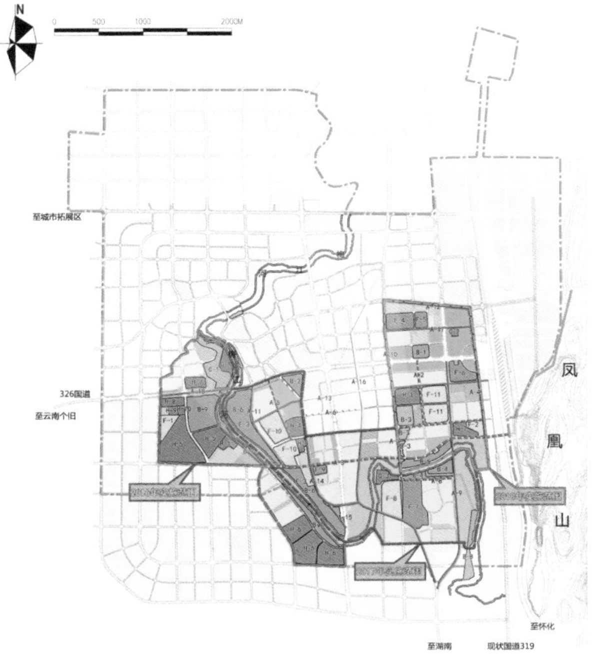

图 2.4.15　2016 ~ 2018 年项目实施计划分布图

本章参考文献

[1] 龙剑波,李兴扬,王书敏,郝有志．城市区域不同屋顶降雨径流水质特征．环境工程学报．2014，8(7)：2895-2900

[2] 王书敏，何强，艾海男，潘伟亮，智悦．山地城市暴雨径流污染特性及控制对策．环境工程学报．2012，6（5）：1445-1450

[3] 颜文涛，韩易，何强．山地城市径流污染特征分析．土木建筑与环境工程．2011，33（3）：136-142

[4] 郝丽岭，张千千，王效科，张进忠，金向阳．重庆市不同材质路面径流污染特征分析．环境科学学报．2012，32（7）：1662-1669

[5] 郝丽岭．重庆市城市居民区不同下垫面降雨径流污染及控制研究．（西南大学硕士论文）

第3章
山地海绵城市流域综合整治

山地城市高低起伏的地形地貌形成多层次形态丰富的地表径流，这些地表径流连接在一起组成结构复杂的城市水系，在城市开发建设过程中，不可避免地会对这些水网产生破坏，尤其是等级较低的溪流、沟壑等径流通道往往被堵塞、填埋[1]。在外界的高强度干扰下，城市水系统支离破碎，生态系统遭到严重破坏；同时，排水管网建设的滞后、地表径流污染加重，导致大量污染物排入城市水体，城市水环境污染日益严重，甚至出现黑臭现象。城市黑臭水体是指城市建成区内，呈现令人不悦的颜色和（或）散发令人不适气味的水体的统称[2]。城市黑臭水体不仅给群众带来了极差的感官体验，也是直接影响群众生产生活的突出水环境问题，国务院2015年颁布的《水污染防治行动计划》明确提出，到2030年，将城市建成区黑臭水体总体消除[3]。城市黑臭水体整治已经成为地方各级人民政府改善城市人居环境工作的重要内容，然而由于城市水体黑臭成因复杂、影响因素多，整治任务十分艰巨[4]。

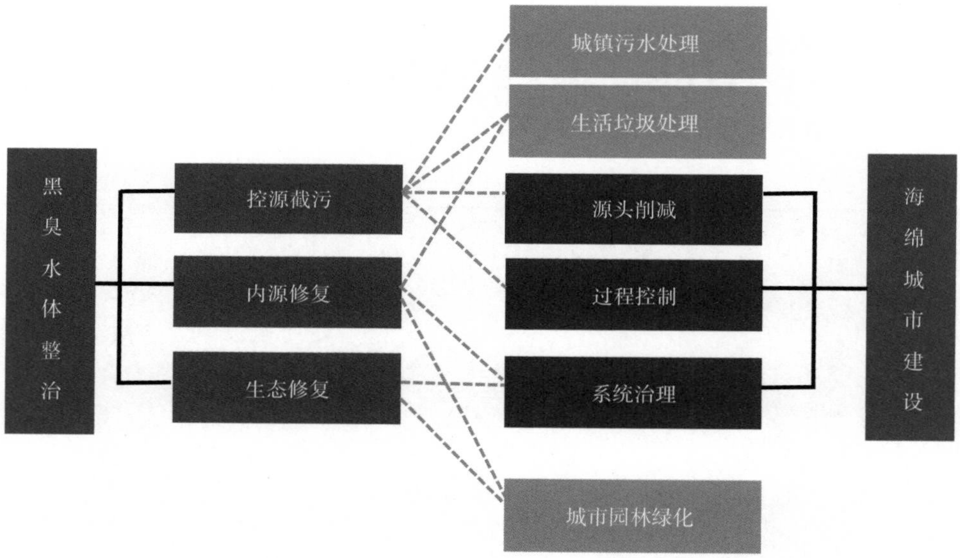

图 3.0.1　海绵城市建设与黑臭水体整治关系图（图片来源：中国水网）

黑臭水体整治是老城区海绵城市建设的问题导向之一。在海绵城市建设中，对黑臭水体的治理，是一系统性工程，要从源头削减污染物、到污水的过程控制，直至净化处理。因此，针对黑臭水体需要采用区域综合治理方式，要结合海绵城市建设理念进行黑臭水体的系统整治（见图3.0.1）。国务院2015年发布的《关于推进海绵城市建设的指导意见》亦强调，各地要以黑臭水体整治作为海绵城市建设的突破口。因此，开展黑臭水体流域综合整治对山地城市海绵城市建设具有重要的生态及社会意义。本章以重庆市新华水库及盘溪河流域综合整治为案例予以说明。

3.1 重庆市新华水库流域综合整治

新华水库位于河流中游，属于河流筑坝而形成的河道型水库，是典型的山地城市水系之一。新华水库是重庆市黑臭水体之一，一方面是由于城市化进程加快、硬质铺装率提高、排水管网建设不完善以及雨、污分流不彻底，导致部分生活污水及污染严重的地表径流未经处理进入新华水库；另一方面是由于新华水库内源污染治理缺乏，淤泥总量较大，进一步加重了水体污染。TP、TN、NH_3-N、COD和DO等主要指标在每年一定的时间段内超过地表水V类标准，根据水体的透明度、DO、ORP和NH_3-N等指标确定，新华水库属于轻度黑臭水体。

通过对新华水库流域的调查分析，确定采用“首先截断外源污染输入，然后恢复水体的自然生态系统实现水体自净”的技术路线。首先将水库流域管网改造成完全分流制，在雨水管网适当位置修建初期雨水调蓄工程，并进行库内清淤和生态修复，其次对进入水库的补充水进行净化处理，最后通过人工和自然生态手段来保证水体的净化效果，最终有效地解决了新华水库水体黑臭问题。本案例可为山地城市河道型水库的流域污染的综合整治提供技术参考，具有推广示范意义。

3.1.1 流域概况

1. 新华水库流域基本情况

新华水库（又名月隐湖）位于溉澜溪中游，上游穿过重庆市两江新区、渝北区，下游流经重庆市江北区，最后进入长江，属于河流筑坝而形成的河道型水库，现用于鲁能星城小区景观用水。水库大坝位于渝北区，建于1955年，坝高8.5m、坝长62.2m，水库总库容量为13万m^3，正常蓄水库容为8万m^3，水域面积3.8万m^2，平均水深2.1m，坝前最深处7.4m，库尾最浅处1m，理论换水周期为77次/年。新华水库流域集雨面积共计7.24km^2，其中位于渝北区的集雨面积为2.27km^2，两江新区的集雨面积为4.97km^2，示意图见图3.1.1。

新华水库上游为混凝土箱涵，起于两江新区，起端断面3m×3m，终端为双孔4m×5m混凝土箱涵。

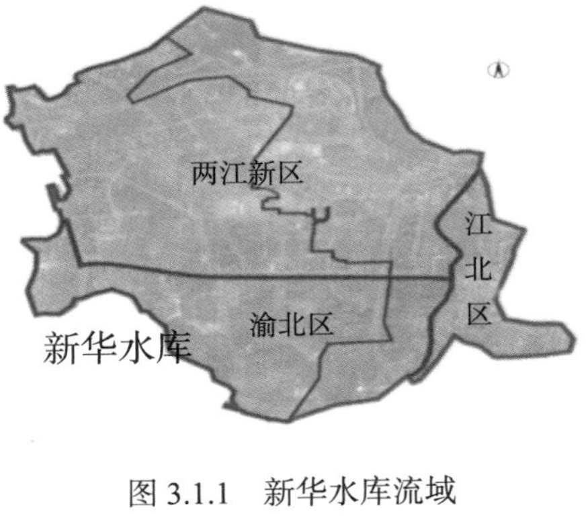

图3.1.1 新华水库流域

（a）雨水

（b）污水

图 3.1.2　新华水库流域排水系统图

图 3.1.3　新华水库水体现状图

2. 新华水库流域存在的主要问题

新华水库流域是重庆市湖库整治中的“老大难”问题，虽经多次整治，但收效不佳，依旧是一个“臭水塘”。水库主要污染指标中 TP、TN、NH_3-N、COD、DO 等严重超标，水体常年处于劣Ⅴ类，属于轻度黑臭水体。新华水库流域排水系统及水体现状见图 3.1.2、图 3.1.3。渝北区环保局提供的水质监测数据见表 3.1.1。

新华水库水质监测数据统计　　表 3.1.1

监测时间	断面名称	水期	pH 值	TP（mg/L）	COD（mg/L）	NH_3-N（mg/L）	透明度	高锰酸盐指数（mg/L）	DO（mg/L）	TN（mg/L）
8 月 4 日	堤坝	丰水期	7.31	1.45	39.9	11.4	0.45	9.46	2	16.1
2 月 10 日	堤坝	枯水期	7.52	2.26	61.9	15	0.27	13.8	8.4	20.6
11 月 9 日	堤坝	平水期	7.31	2.01	119	12	0.1	14.64	2.15	20.1
5 月 11 日	堤坝	平水期	7.81	1.38	39.1	8.64	0.6	13.4	2.23	14.8

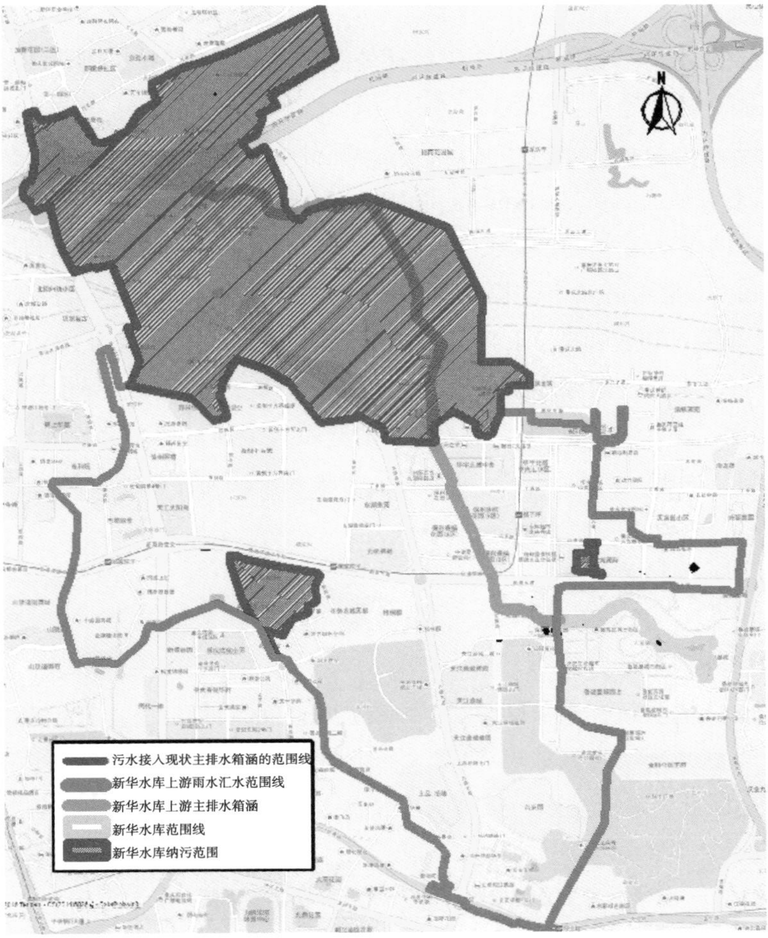

图 3.1.4　新华水库集雨区及污水受纳区域分布图

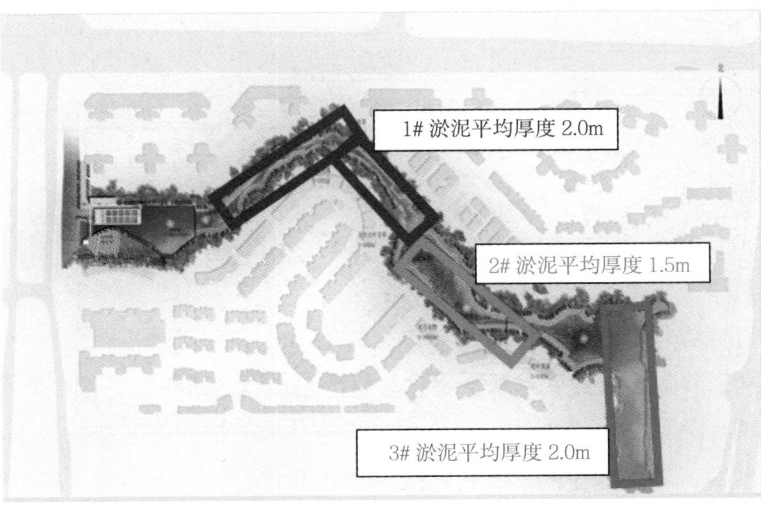

图 3.1.5　新华水库淤泥分布图

3. 原因分析

新华水库流域水体黑臭的原因主要包括外源污染持续输入、内源污染缺乏治理、环境管理协调机制不健全等三个方面。

首先，新华水库流域上游城市化进程快，部分片区污水管网建设不完善、雨污分流不彻底，截污干管缺失，约3.11km^{2}范围内的15个小区，共计5.015万人，平均每天产生约1.07万m^{3}的生活污水直接排入流域上游箱涵从而进入新华水库；同时，上游箱涵集雨面积约6.05km^2，集雨区城市化程度高且下垫面硬质铺装率高，地表径流污染严重，污染物未经处理直接入湖，如图3.1.4。其次，新华水库淤泥面积达到18550m^2，淤泥总量在37000m^{3}左右，水域表面漂浮大量淤泥，并具有明显的臭味，进一步加重了水体污染，如图3.1.5。再次，由于城市化开发，大面积的开敞式绿地被填埋，流域地表的污染物截留能力被显著削弱。最后，整个流域跨越多个行政区，系统管理较为欠缺。

3.1.2 整治目标及技术路线

1. 整治目标

在《地表水环境质量标准》GB3838-2002的V类水质目标下，根据新华水库库容等影响因素统计得到其环境容量如表3.1.2，而其COD、NH_3-N和TP等主要污染物的负荷远超相应的值，因此，需要削减污染物的量分别为1355.84t/a、121.34t/a、15.42t/a。

新华水库主要污染物设计削减量和污染物负荷　　表3.1.2

指标	环境容量（t/a）	污染物负荷（t/a）			年削减负荷（t/a）	
		外源	内源	总计	削减量	削减率（%）
COD	423.2	1771.23	9.33	1779.04	1355.84	76.21%
NH_3-N	19.12	140.79	0.05	140.46	121.34	86.39%
TP	1.87	17.31	0.02	17.29	15.42	89.18%

2. 整治技术路线

新华水库流域为已建区，水库主要污染物来自水库上游生活点源污染和初期雨水面源污染，这些污染源是导致水库黑臭的原因。

新华水库流域综合整治的技术路线如图3.1.6，其首要任务是进行雨污分流，把生活污水引入污水管网，其次是对初期雨水径流收集后缓慢送至污水管网，截断外源污染物输入，从源头有效削减污染物对水库水体的直接影响，构建海绵设施等绿色的外围屏障，最后是对水库进行清淤后，通过水体内部生态系统的重建和维护，以内在修复措施恢复水体的自然生态系统，实现水体自净，实现人与水的亲近，增加人类活动对水体的良性作用。

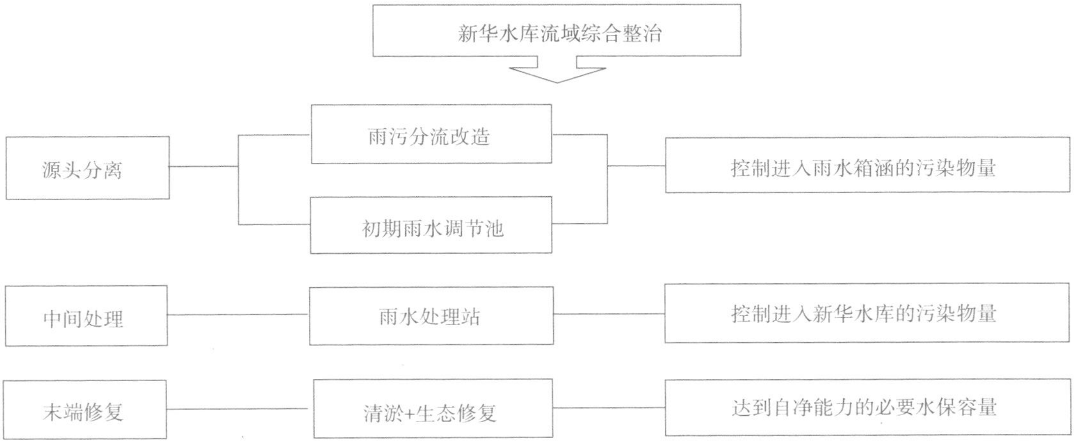

图 3.1.6 新华水库流域综合整治技术路线

3.1.3 整治措施

新华水库流域综合整治采用流域管网治理（源头分离）、箱涵出水治理（雨水处理）、库内清淤及生态修复（末端修复）三大部分相结合的整治方案，实现流域控源截污、内源治理、生态修复三大核心目标，与海绵城市建设的源头削减、过程控制及系统治理理念一致。

1. 流域管网治理

流域管网治理主要完成新华水库流域范围内的雨污分流改造，达到控源截污的目的。在对流域范围内市政管网信息普查的基础之上，解决 21 处雨水、污水管网缺失或混接问题，修建 *DN*800 的污水干管约 260m，改造 *DN*500 的污水干管 240m。雨污分流改造完成后，纳污范围内污水截留率约为 85%。

2. 箱涵出水治理

箱涵出水治理工程主要包括流域初期雨水调蓄、箱涵出水处理、应急引流三部分内容，以达到控制面源污染的目的。

（1）水库上游流域初期雨水调蓄

水库范围内的生活污水管网的管径较小，不足以截留转输初期雨水，综合方案实施的安全性和可行性，确定采用建设雨水收集池调蓄初期雨水的方式来解决雨水转输问题。具体技术方案为：在接入主排水箱涵的雨水支管上，设置初期雨水收集池并配置污水泵，池体有效容积即为该雨水支管在汇水范围内收集的初期雨水量，当池内充满初期雨水后，在夜间排水主干管负荷较低时，将池内的初期雨水由泵提升至污水管网，见图 3.1.7，图 3.1.8。

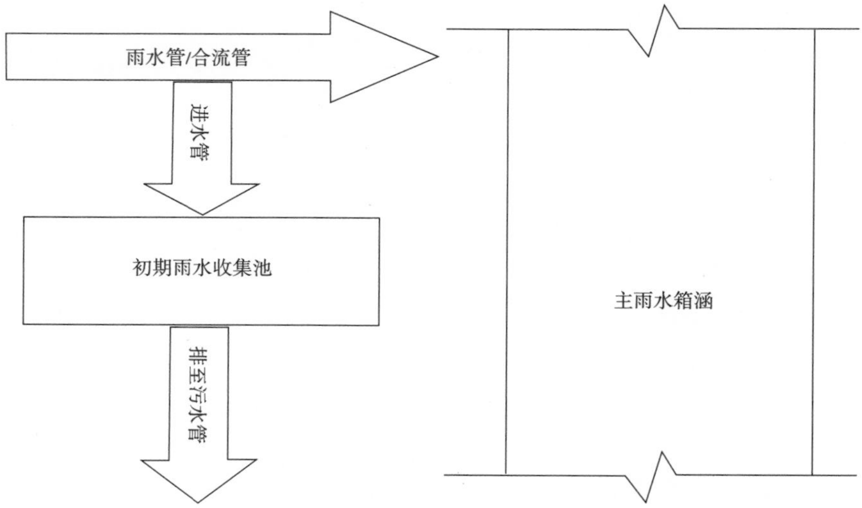

图 3.1.7　初期雨水收集池示意图

初期雨水收集池容积的确定，关键在于应该截留多大的初期雨水量。为确定雨水量，在参照国内部分城市截留标准的基础上，结合已有的污水管网现状、环境、气候、城市结构以及经济等多方面因素，确定雨水量按截留 6mm 降雨计算，对用地受限的雨水分区的雨水量按截留 4mm 降雨计算。

雨水分区的初期雨水截留量按下式计算：

$$V=10\Psi Ah \tag{3.1.1}$$

式中　V——初期雨水量（m^3）；

Ψ——综合径流系数；

A——雨水系统服务面积（hm^2）；

h——截留降雨量（mm）。

图 3.1.8　初期雨水收集池实景图

根据雨水汇流路径，确定初期雨水收集池的布置方案为：把上游面积为 502hm^2 的区域划分为 14 个雨水管理分区，在每个分区的排水末端设置初期雨水收集池，共计 14 座。通过计算，新华水库上游集水区内初期雨水截留总量为 17360m^3，集水池占地总面积 5664m^2。见图 3.1.9。

为验证拟采用的方案的调蓄运行效果，采用 Infoworks ICM 软件建立了新华水库初期雨水收集模型。模型降雨

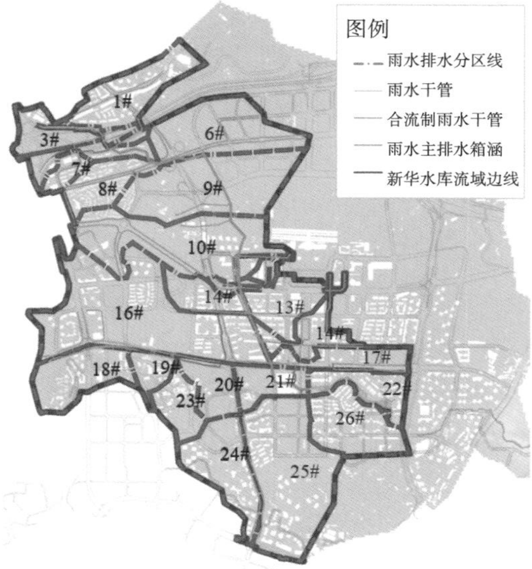

图 3.1.9　新华水库上游雨水管理分区图

图 3.1.10　流域一维排水管网模型构建图

选取 2009 年的渝北全年降雨统计数据（该数据最接近这几年来的渝北区平均降雨）进行分析计算。通过对流域内排水管网电子化处理，构建包含 14 座初期雨水收集池的一维排水管网模型（图 3.1.10），并设定调蓄池雨水向污水管排空的 RTC（实时控制）时段为夜间 0 点至 6 点（考虑日间污水管网和污水厂运行负荷较大，所以夜间排放）来控制初期雨水收集池的排空规则。模拟结果得到 14 座初期雨水收集池全年的初期雨水收集量共计 2108820m^3。

得到初期雨水调蓄量后，需要进一步计算调蓄池对污染物的去除效果。2009 年，新华水库流域的年降雨深度为 1116.8mm，流域内的综合雨水径流系数为 0.8，则全年雨水径流总量为 6468505.6m^3（$1116.8mm \times 10^{-3} \times 7.24km^2 \times 10^6 \times 0.8$）。调蓄雨水量和全年雨水径流总量比为 32.6%（$2108820m^3/6468505.6m^3 \times 100\%$），又根据重庆初期雨水径流污染物占降雨径流污染物总量的比例推算，初期雨水调蓄转送后，雨水污染负荷削减率达 60%。

（2）箱涵出水雨水处理站

在上游雨污分流和初期雨水截留转输后，进入水库的污染源主要为箱涵纳污范围内约 15% 的污水（上游污水截留率为 85%）和中后期雨水径流挟带的污染物。为进一步去除污染物以便将外源污染消减至最低水平，在箱涵出口（水库入口处）设置雨水处理站，处理后的雨水作为新华水库补充水源。

1）工艺流程

由于新华水库流域箱涵出口旱季、雨季的水量和水质波动较大，若采用活性污泥法处理则运行工况差异大，系统稳定性差；此外，新华水库周边用地紧张，污水处理厂应以物化法为主，即主要去除 COD 和 SS、兼顾脱氮除磷。因此，本项目设计采用“超磁水

体净化 +A-O 池结合接触氧化”的处理方案，处理箱涵出水。见图 3.1.11。

普通的河湖水体中非溶解态污染物一般不带磁性，超磁水体净化技术可将不带磁性的污染物赋予磁性，然后通过超磁透析设备进行固液分离，使水体透析净化，进而有效去除导致水体黑臭的悬浮物、有机物、藻类和 TP 等污染物（见图 3.1.12）。实践表明，该技术对 SS 去除率达 90% ～ 95%，藻类去除率≥ 95%，TP 去除率 80% ～ 90%，COD_{Cr} 去除率 40% ～ 60%。

超磁水体净化技术工艺流程如图 3.1.13：经过预处理除掉较大悬浮物及杂质后的废水，被提升至混凝系统中，投加磁种、混凝剂和助凝剂三种物质，在混凝系统的后段生成以磁种作为“核”的悬浮物混合体，包含磁种的悬浮物（也称磁性絮团）流经超磁分离机，利用超磁分离机里的稀土永磁体产生的高强磁力实现磁性絮团与水的快速分离。

然而，超磁水体净化技术对 NH_3-N 的去除效果不佳，考虑设备运行的间歇性及设备占地大小，本项目采用 A-O 池结合接触氧化的生化处理单元对水质进一步进行处理。

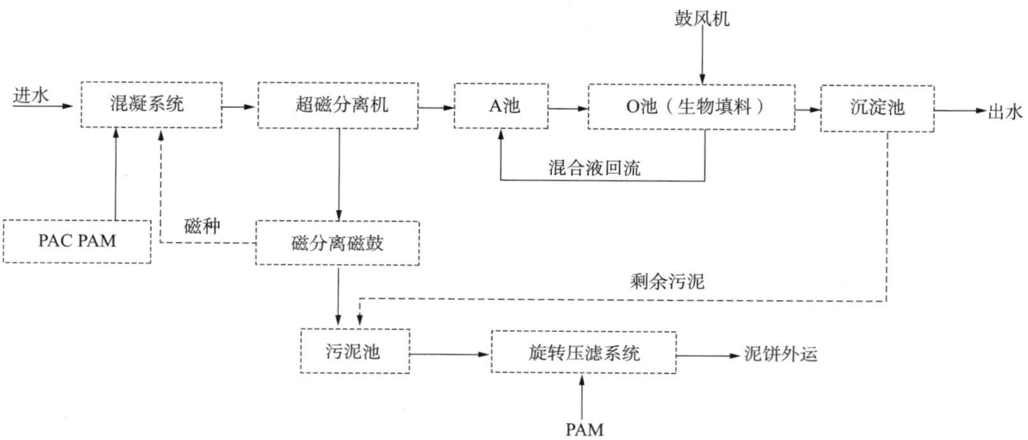

图 3.1.11　雨水处理站工艺流程图

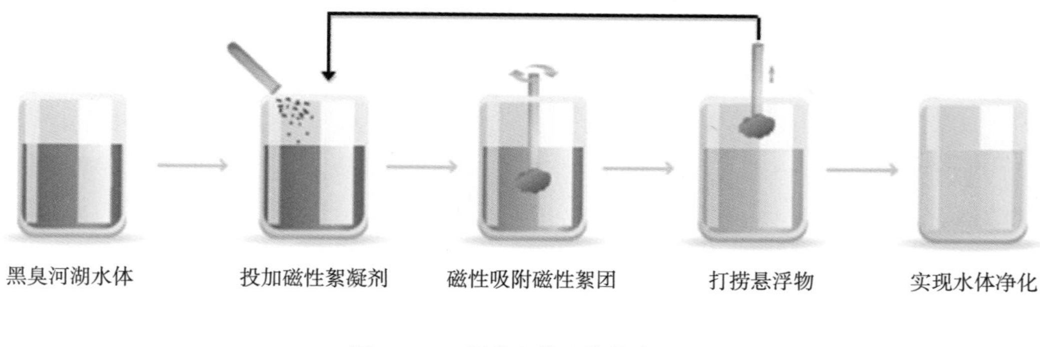

图 3.1.12　超磁水体净化技术原理

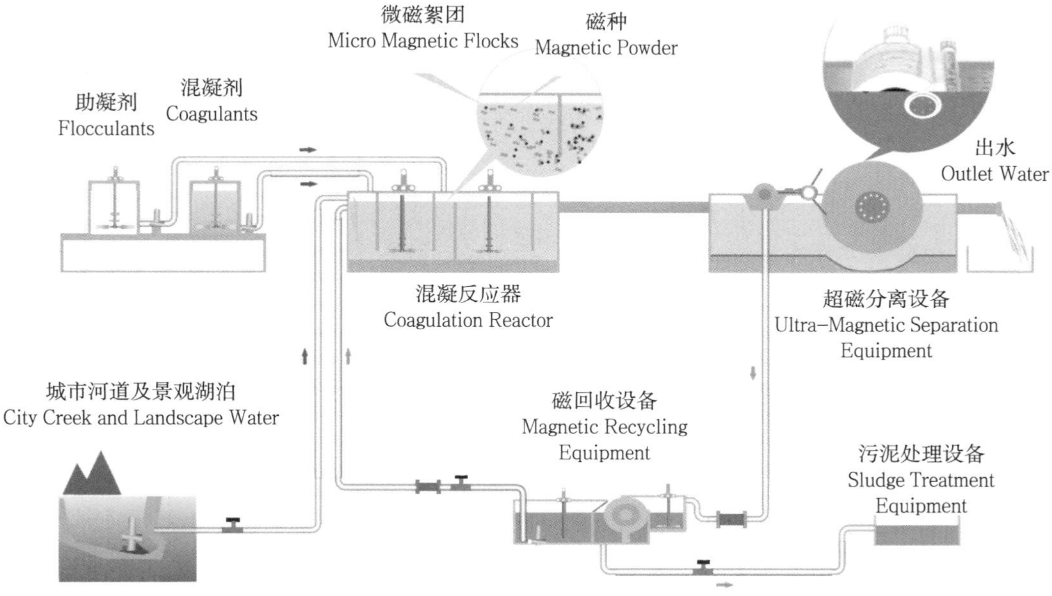

图 3.1.13　超磁水体净化技术工艺流程图

2）进水水质、水量

前已述及，市政道路雨污分流改造完成后，雨污分流率为 85%；箱涵服务面积为 6.68km^2，服务区内人口密度 1.5 万人 /km^2，单位人口综合用水量为 420L/ 人·d，产污系数为 0.85，管网收集率为 0.98，地下水入渗率为 1.05，故平均日污水量约 0.53 万 m^3/d，即旱季仍有约 0.53 万 m^3/d 的污水进入箱涵。考虑到重庆市污水厂截污干管截流倍数多取 n=2，即进入雨水处理站的雨水量为 1.06 万 m^3/d，结合现场用地情况，最终确定雨水处理站的设计规模为 1.0 万 m^3/d。

以新华水库实际监测数据为重要依据，对比理论计算数据，参照库区同类型雨水处理站的运行实测进水水质后，确定雨水处理站的进水水质如表 3.1.3 所示。

雨水处理站设计进水水质　　表 3.1.3

项目	BOD_5（mg/L）	COD（mg/L）	SS（mg/L）	NH_3-N（mg/L）	TN（mg/L）	TP（mg/L）
水质	65	105	100	16	20	2.0

3）构筑物设计

根据处理规模，确定雨水处理站构筑物及主要设备设计参数。

污水提升井：污水提升井分为格栅池与集水池两个部分，格栅渠安装人工格栅，分离污水中夹带的粗大漂浮物，保护水泵叶轮及后续水处理设备的正常工作；集水池主要收集污水并提升至沉淀池，以满足后续污水处理流程竖向衔接的要求。

根据实际情况，为保证污水处理厂生产设施的正常稳定运行，集水池兼作调节池，完成雨水的均质均量；在长时间的停留下，调节池尚可起到一定的污染物去除作用，其对 SS 的去除率在 10% ~ 20% 之间。在设置调节池的条件下，后续处理构筑物的设计水量可按平均时考虑。

格栅池设计参数　　表 3.1.4

设计流量	Q=23.1L/s
数量	1 台
渠宽 × 渠深	1m × 1m
过栅流速	v=0.8m/s
格栅宽度	B=1.0m
栅隙宽	e=10mm
格栅安装倾角	72°
清渣方式	人工清渣

格栅出料口处设垃圾桶，栅渣由垃圾桶承装后再装车外运。

提升泵上方预留空洞，阀门井顶部与格栅顶部分加盖板，制作方法可参见给水排水标准图集 95S518-1。水泵出水管固定方式参见 03S402 单管立式支架图，管卡采用 C2 型。

雨水调节池：雨水调节池用于调节进水水量水质，并去除废水中部分悬浮物，减少后续堵塞的可能；沉淀后的污泥压力排入污泥池。

雨水调节池设计参数　　表 3.1.5

设计容量	V=3350m^3
数量	1 座
尺寸 L×B×H	37.1m × 18.3m × 5.0m
排泥方式	门式冲洗（压力排泥）

超磁分离设备：本工程设计采用两套超磁分离设备，处理能力分别为 10000m^3/d 和 2000m^3/d，分别配置对应的混凝设备、磁分离机以及磁分离磁鼓三部分，根据设备型号选型及对 PAM、PAC 投加药剂来处理 TP 等，提高处理效果。

生物接触氧化池：本工程生化处理采用 A-O 池结合接触氧化的工艺对水质进一步进行处理。其前段缺氧池尺寸为 9m × 6m × 5.5m，有效水深 5m；好氧池尺寸为 18m × 9m × 6.0m，超高 0.5m，稳水层高 0.4m，填料高度 3.5m，底部构造 0.8m。

沉淀池：沉淀池采用正方形，其主要设计参数如表 3.1.6 所示。

沉淀池设计参数　表 3.1.6

设计规模	2000m^3/d
沉淀时间	1.5h
沉淀区的上升速度	0.0005m/s
中心管面积	1.8m^2
中心管直径	1.0m
尺寸 L×B×H	7.0m × 7.0m × 6.0m
有效沉淀高度	3.0m
缓冲高度	0.4m
污泥斗高度	2.0m
反射板与中心喇叭口的间隙高度	0.2m

（3）应急引流箱涵

当大雨来水超出处理站处理能力时，超出的水量，通过布设与水库底部的引流箱涵排入下游。

3. 库内清淤及生态修复

库内清淤及生态修复工程的指导思想是以生态修复为主，削减内源、净化雨水为辅的净化体系，实现水库水生态系统健康、稳定、长效运行，内容包括水库清淤、底泥原位生态治理、生态基仿生水草布设、EPSB 工程菌（即特异性光合细菌，其本质是利用优势微生物对有机和无机污染物进行降解、矿化、富集、吸附，从而达到治理目的）投放、水体循环设备设置、人工鱼礁布置、覆土工程及清水型生态系统构建、生态湿地系统构建、鱼虾贝螺投放等 9 部分内容。水体循环设备见图 3.1.14。

新华水库库底淤积严重，需对适合机械作业的区域进行清淤。首先采用清淤机清淤的方法清除水库淤泥，然后在清淤后水深小于 2m 的库底覆盖上与 EPSB 工程菌固化颗粒混合后的种植土，由此可为后期的水库生态修复奠定良好的基础。库区清淤量约为 20000m^3，覆土量约为 5000m^3。

对于不适于机械清淤区域的淤泥进行 EPSB 工程菌固化颗粒进行原位处理。EPSB 工程菌固化颗粒的投放水域面积约 57 亩，投放密度 600kg/ 亩，共分两次投放，总投放量为 68.4t。

在水库的深水区，由于光照条件较差，底部水生植被无法进行光合作用难以生存，由于附着面积小，EPSB 工程菌数量较低。为大量培育繁殖 EPSB 工程菌，在水深超过 3m 的区域，向库区内投加生态基仿生水草，加大水库底部的比表面积，增加工程菌附着场所，增强降解污染物的能力。投放的生态基规格为 1m × 2m，投放密度为 1 ～ 2m^2 生态基 /m^2 水域。

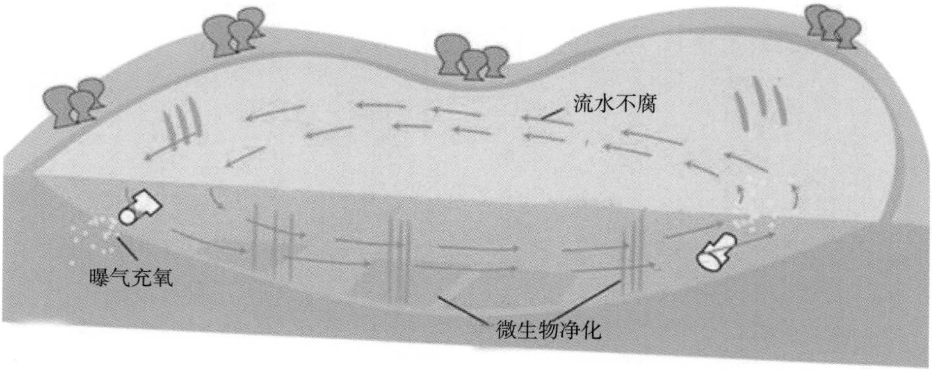

图 3.1.14　水体循环设备原理图

在水体中布设了生物基质后，为使其能快速挂膜，并迅速在水体中建立“微生物生态环境”以配合沉水植物达到双重净化效果，在水库充满水后，向水体中投加粉末 EPSB 工程菌，用以加速净化面源污染中输入的 COD、NH_3-N、TP 等营养物质。粉剂 EPSB 工程菌投放方式为：采用工程船及专用菌粉活化、投放设备，在整个库区进行均匀投放，投放量为 80g/m^3。粉剂 EPSB 工程菌总计投放 2 次，总投放量为 13.8 吨。EPSB 工程菌固化颗粒是专为降解底泥污染、削解底泥、淤泥减量而定向研发的先进产品，是生态清淤的利器；而 EPSB 工程菌菌粉则是降解水体中悬浮污染物和溶解性污染物的产品，可有效减少水体黑臭、提升水体中溶解氧含量、明显改善水质、提升水体透明度。

为保证氧能向水体深处传递，同时为防止在流动性较差情况下污染物在底层累积，在水库适当区域设置超大流量曝气造流一体机，保证水的流动，包括纵向超大流量曝气造流一体机 9 台（功率 1.5kW，造流量 750t/h，曝气能力 2.0kgO_2/kW . h）及水平超大流量曝气造流一体机 19 台（功率 2.2kW，造流量 1200t/h，曝气能力 2.0kgO_2/kW·h）。曝气造流一体机不但能够加快水体溶氧速率，而且能通过造流把溶解氧传递到各处，防止出现缺氧区域。通过人工强化水体流动，促进了水体与生物膜充分接触，改善传质效果，抑制藻类爆发。

在水库内设置的 20 套人工鱼礁能够营造生态环境，为底栖生物（包括植物、动物），辅助两栖类、爬行类及鸟类等生物营造栖息地，提高生物多样性。人工鱼礁中的底栖植物的生长能消耗水体中大量的氮、磷等营养盐，同时进行光合作用，吸收二氧化碳、释放氧气，提高水体溶解氧。贝类等底栖动物则可通过滤食作用消耗大量有机碎屑、浮游植物等，提高水的透明度，保证水库底部的光照。见图 3.1.15。

水库四周水位低于 2m 的区域，种植沉水植物，构建清水型生态系统。种植面积为 15000m^2（视实际情况调整），种植植物以苦草、黑藻为主，搭配金鱼藻、竹叶眼子菜、微齿眼子菜、狐尾藻群丛等。

在水库岸边浅水区域（约 3300m^2），构建生态湿地系统，湿地微生物以及植物利用物

图 3.1.15　人工鱼礁示意图（图片来源：百度图片）

图 3.1.16　生态湿地系统效果图

理化学作用进一步去除水库污染物。生态湿地系统对 COD 去除率为 20% ~ 40%、NH_3-N 去除率为 20% ~ 30%、TP 去除率为 20% ~ 30%。

为构建完整的水生动物食物链，在水体中投放 1200kg 经过优选、养殖的鱼、虾、螺、贝等水生动物。建立起的水生动物群，促进了水体的微循环，为其他水生生物的生长繁殖创造更佳条件，进一步恢复物种多样性。见图 3.1.16。

3.1.4　环境效益评估

本项目的实施方案中，新华水库流域上游雨污分流对污水引入污染物控制率可达 85%，初期雨水对雨水径流污染控制截留率可达 60%；雨水处理站采用“磁水体净化 +A-O 池结合接触氧化”的处理工艺，根据进水和出水水质分析，其各项污染指标如 COD、NH_3-N、TP 去除率分别可达 50%、30%、80%；库内生态修复是以生态湿地为主，

图 3.1.17　新华水库流域综合整治效果图

并辅以微生物附着基功能群和水体循环系统，该措施对库内的污染治理及生态恢复具有很好的效果，对 COD 去除率约为 20% ~ 40%，NH_3-N 去除率 20% ~ 30%，TP 去除率 20% ~ 30%。

通过对新华水库的综合整治，使水库水常年达到了地表水Ⅴ类标准，解决了黑臭问题，还居民一个碧水蓝天。效果图见图 3.1.17。

3.2　重庆市盘溪河流域综合整治

盘溪河流域覆盖重庆市两江新区、渝北区和江北区，包括河道及 10 座水库，是山地城市高低起伏的地形地貌形成的多层次形态丰富的地表径流，连接在一起组成结构复杂的水网。外源及内源污染的共同作用、流域联动制度缺乏、协调机制不畅通等因素共同导致了盘溪河水体污染。经多次整治，该流域水污染问题仍未解决，部分湖库和河段的 TP、TN、NH_3-N 等污染物指标严重超标，六一水库、五一水库和盘溪河段水质常年处于劣Ⅴ类，部分湖库出现黑臭现象。

本案例针对盘溪河流域实际情况，以构建"全流域活水系统"为核心，采用流域管网治理工程、初期雨水收集工程、生态补水工程、湖库水质提升工程等 4 大工程相结合的整治方案，实现污染物削减，全面稳步提升该流域地块的环境质量。该工程对山地城市复杂流域的黑臭水体整治具有良好的理论及实际意义，示范及推广意义重大。

3.2.1　流域概况

1. 盘溪河流域基本情况

盘溪河源头位于重庆市两江新区，流经两江新区、渝北区和江北区，最终排入嘉陵江。盘溪河流域面积约 28.13km^2，八一水库至末端出水口全长 14.6km，上游有翠微湖、八一水库、青年水库、茶坪水库、人和水库、柏林水库、战斗水库，中游有六一水库、五一水库、红岩水库，盘溪河流域水系图详见图 3.2.1。盘溪河流域属亚热带湿润季风气候区，根据 1960 ~ 2004 年（共 45 年）的统计资料，多年平均降水量为 1078mm，多年平均蒸发量为 1011.1mm，多年平均相对湿度为 80%。其主要污染源来自两江新区、渝北区、江北区

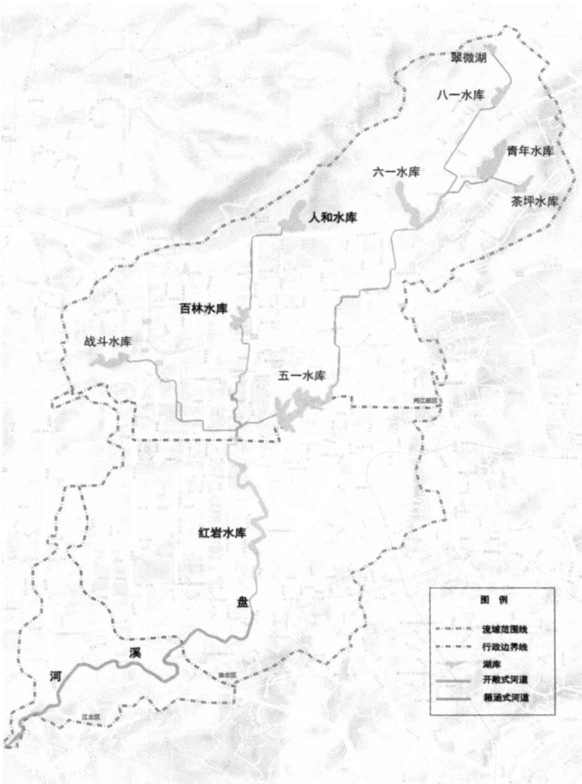

图 3.2.1　盘溪河流域水系图

箱涵的生活污水，初期雨水和雨污混合水输入。

2. 盘溪河流域存在的主要问题

自 2008 年以来，重庆市已相继投入资金 7700 万元，大力展开盘溪河流域综合整治工作。整治后的盘溪河，水质有一定改善，但污染并未消除，部分湖库和河段的 TP、TN、NH_3-N 等污染物指标严重超标，甚至出现黑臭现象，六一水库、五一水库、盘溪河段水质常年处于劣 V 类，流域污染治理仍需加强。现状见图 3.2.2 ~ 图 3.2.4。

3. 原因分析

盘溪河流域水体黑臭的原因主要包括外源污染严重、内源污染治理缺乏、环境管理协调机制不畅通三方面。

首先，盘溪河流域范围内已基本建成现代都市区，硬化率高，形成的雨水径流污染严重，湖库周边初期雨水未经任何处理，地表径流携带大量污染物直接入河，严重影响水质；由于市政排水设施建设滞后于城市发展，虽然箱涵服务范围内部分二级、三级管网实施了雨污分流，但雨污混接的问题仍然存在；同时，排水末端截污干管雨季有大量的合

图 3.2.2　六一水库现状

图 3.2.3　五一水库现状

图 3.2.4　盘溪河现状

流污水溢出；此外，流域周边存在污水管网直排的情况。总的来说，点源污染严重，是盘溪河流域水体黑臭的重要原因。见图 3.2.5。

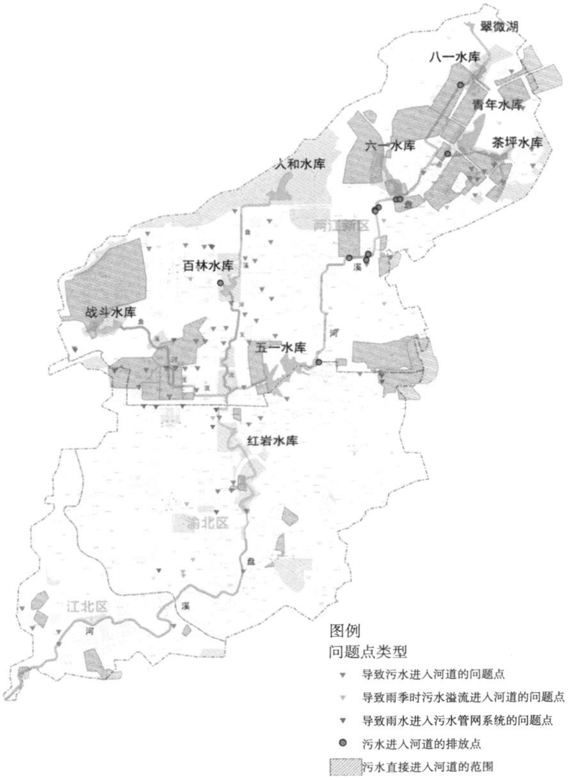

图 3.2.5　盘溪河流域外源污染负荷分布图

其次，内源污染治理缺乏，加重水体污染。盘溪河流域接纳大量雨水和生活污水，河底很容易形成淤泥，尽管对部分湖库进行了清淤处理，但是在没有完全截留生活污水的情况下，清淤对于污染负荷削减意义不大。因此，除外源污染外，内源污染问题同样存在。此外，盘溪河水体形成多年，持续的污水输入和藻类生长等造成沉积物在河底累积，形成污染底泥，导致水质恶化趋势加重。

最后，在管理上缺乏流域联动制度，协调机制不畅通。整个盘溪河流域跨越两江新区、渝北区和江北区；其外源输入涉及到黄山大道、金开大道、红棉大道、金龙路、松桥路、盘溪路等道路，水晶郦城、恒大华府、天湖美镇、棕榈泉小区、锦绣山庄、东和春天、和济小学等区域。流域范围内，未建立统一的流域管理机制，区与区之间缺乏联动；同时存在污染治理措施、管网建设管理部门责任主体划分不一致，协调机制不畅通，管理未实现全覆盖，基础资料缺失等问题。

3.2.2 整治目标及技术路线

1. 整治目标

盘溪河流域大部分湖库和河段当前已经没有剩余环境容量，在V类水质目标下，主要污染物COD、NH_3-N、TN和TP需要削减的量分别为2562.9t/a、150.2t/a、393.3t/a、24.9t/a。详见表3.2.1。

盘溪河流域主要污染物削减量 表3.2.1

水体名称	指标	污染物负荷（t/a）				环境容量（t/a）	年削减负荷	
		外源点源	外源面源	内源	总计		削减量（t/a）	削减率（%）
翠微湖	COD	20.3	26.0	4.8	53.2	32.0	21.2	39.8%
	氨氮	1.4	0.3	0.0	1.8	0.4	1.4	76.6%
	TN	1.7	0.7	0.1	2.6	0.6	2.0	75.4%
	TP	0.1	0.1	0.0	0.3	0.1	0.2	77.0%
八一水库	COD	0.0	20.5	10.0	30.5	16.5	14.0	45.9%
	氨氮	0.0	0.5	0.1	0.5	0.5	0.1	10.7%
	TN	0.0	1.0	0.1	1.1	0.5	0.6	57.6%
	TP	0.0	0.1	0.0	0.1	0.0	0.1	65.9%
青年水库	COD	0.0	36.5	33.0	69.5	62.0	7.6	10.9%
	氨氮	0.0	0.9	0.3	1.2	1.0	0.2	18.4%
	TN	0.0	1.2	0.4	1.5	1.1	0.5	31.1%
	TP	0.0	0.1	0.1	0.2	0.2	0.0	13.2%
茶坪水库	COD	0.0	27.6	9.0	36.7	22.0	14.6	39.9%
	氨氮	0.0	0.7	0.1	0.7	0.6	0.1	12.7%
	TN	0.0	1.3	0.1	1.4	0.6	0.8	58.2%
	TP	0.0	0.2	0.0	0.2	0.1	0.1	65.8%
六一水库	COD	0.0	144.4	28.2	172.6	156.6	15.9	9.2%
	氨氮	0.0	3.4	0.2	3.6	2.6	1.0	27.1%
	TN	0.0	7.0	0.3	7.3	2.4	4.9	66.8%
	TP	0.0	0.8	0.1	0.9	0.2	0.6	72.4%
人和水库	COD	0.0	24.8	26.6	51.4	43.9	7.5	14.5%

续表

水体名称	指标	污染物负荷（t/a）				环境容量（t/a）	年削减负荷	
		外源点源	外源面源	内源	总计		削减量（t/a）	削减率（%）
	氨氮	0.0	0.3	0.2	0.6	0.6	（0.0）	-1.9%
	TN	0.0	0.8	0.3	1.1	0.6	0.5	43.2%
	TP	0.0	0.1	0.1	0.2	0.1	0.1	53.7%
百林水库	COD	0.0	88.5	28.8	117.3	68.3	49.0	41.8%
	氨氮	0.0	2.0	0.1	2.1	2.1	0.0	1.2%
	TN	0.0	4.1	0.2	4.3	1.5	2.8	64.4%
	TP	0.0	0.5	0.0	0.5	0.1	0.4	73.2%
战斗水库	COD	53.6	7.3	11.1	77.4	69.8	7.6	9.9%
	氨氮	4.2	0.2	0.1	4.8	2.7	2.1	44.3%
	TN	13.4	0.3	0.1	15.1	2.7	12.4	82.0%
	TP	0.6	0.0	0.0	0.7	0.2	0.5	74.4%
五一水库	COD	1607.3	366.1	62.5	2196.7	663.6	1533.1	69.8%
	氨氮	113.3	8.6	0.3	133.6	15.3	118.3	88.6%
	TN	279.4	17.8	0.7	325.8	10.1	315.7	96.9%
	TP	14.8	2.1	0.1	18.5	1.0	17.5	94.7%
红岩水库	COD	146.6	424.2	37.4	622.8	131.4	491.4	78.9%
	氨氮	9.4	8.1	0.2	18.7	4.6	14.1	75.5%
	TN	16.0	14.1	0.4	32.1	7.1	25.0	77.8%
	TP	1.3	1.6	0.1	3.2	0.7	2.5	78.4%
盘溪河	COD	112.0	476.9	51.3	651.3	250.2	401.1	61.6%
	氨氮	8.8	11.3	0.2	21.1	8.2	12.9	61.2%
	TN	14.0	23.1	0.4	38.9	10.8	28.2	72.3%
	TP	1.1	2.7	0.1	3.9	1.1	2.8	72.1%
流域总计	COD	1939.9	1642.9	302.6	4079.4	1516.5	2562.9	62.8%
	氨氮	137.0	36.4	1.7	188.8	38.6	150.2	79.6%
	TN	324.5	71.4	3.0	431.4	38.1	393.3	91.2%
	TP	17.9	8.4	0.6	28.7	3.7	24.9	86.9%

2. 整治技术路线

盘溪河流域综合整治采用“河湖外截断污染源＋河湖内恢复水生态＋河湖管理长效化”的技术路线。“河湖外截断污染源”以开展流域城市污水管网建设、初期雨水收集、箱涵入河合流污水处理为主；“河湖内恢复水生态”以因地制宜地实施河内水体生态功能修复措施为主；“河湖管理长效化”以落实河湖管理机构、人员、制度、经费为重点，建立河湖长效管理机制。

以收集资料、现场踏勘、污染源调查和现场监测为基础，全面描述水环境质量现状、流域污染源分布、水污染物排放与治理现状。对污染原因进行分析，分类分析各污染源负荷贡献率，确定河湖主要污染来源。以详实的水质资料为基础，测算河湖水环境容量。根据水质保护目标和环境容量（纳污能力）测算结果，提出污染物削减目标，制定水污染负荷削减方案。以完成污染物削减任务为主线，制定水环境综合整治的具体工程和生态修复措施。以实现“水清、岸绿”为目标，建立长效管理机制，改善流域水环境及生态环境质量，提高人民群众生活环境质量。本工程技术路线详见图 3.2.6。

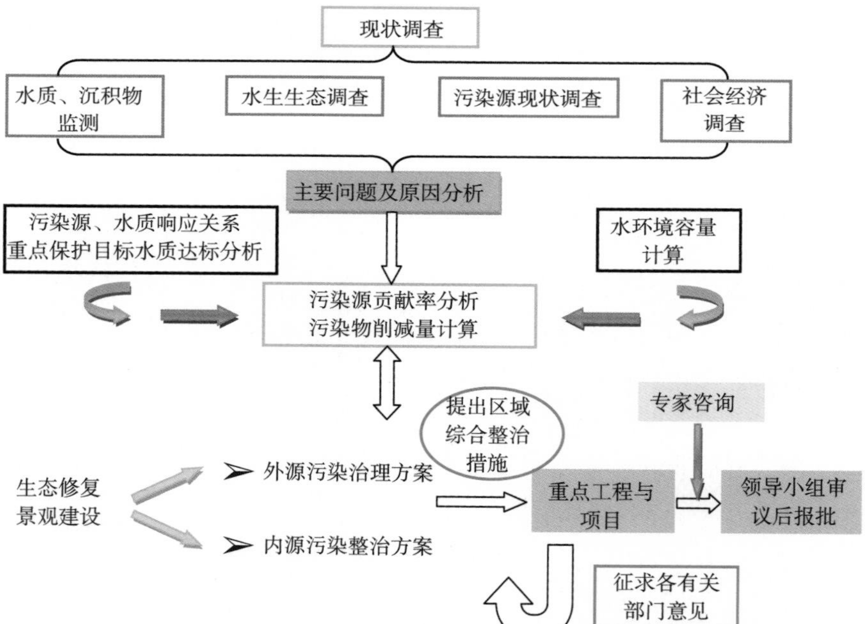

图 3.2.6　盘溪河流域整治方案技术路线

3.2.3　整治措施

盘溪河流域综合整治方案以构建“全流域活水系统”为核心，采取分段截污、分段处理、分段补水等措施，在控源截污的基础上利用中水进行生态补水，构建全流域的生态补水系统、提高流域水体自净能力，达到流域控源截污、内源治理、生态修复等3大核心目标，并与海绵城市建设的源头削减、过程控制及系统治理紧密结合。整治方案主要包括流域管网治理、初期雨水收集、生态补水、湖库水质提升等4大内容，分两阶段实施；其中，流域管网治理、生态补水、湖库水质提升在第一阶段实施，初期雨水收集在第二阶段实施。

1. 流域管网治理

流域管网治理即对上游排水管网进行雨污分流改造，达到控源截污的目的。针对雨污合流污染问题，项目对流域内58处共约1899m雨水、污水管网进行分流改造。主要技术措施包括在五一水库西侧、红岩水库流域内龙山大道沿现有主排水箱涵修建截污干管，将流域内污水全部收集至盘溪河截流干管并在下游接入沿江主截污干管A线，最终排至唐家沱污水厂进行处理。改造完成后，纳污范围内污水截流率可达80%，未截流部分为市政道路及小区内部未完全实现雨污分流而产生的污水。

2. 初期雨水收集

面源污染作为湖库主要污染源，其整治不容忽视。本项目结合环境负荷计算结果，主要对五一水库上游汇水区域进行面源整治。具体技术措施为：设置初期雨水收集池收集初期雨水，新建初期雨水输送管，在旱季集中排放至湖库周边的污水站进行处理。初期雨水收集的建设内容，主要包括流域初期雨水调蓄设施、初期雨水输送管和雨水处理站。

（1）初期雨水调蓄

出于对安全性和可行性的综合考量，初期雨水调蓄采用布设初期雨水收集池的方式。这是由于收集池内初期雨水的排放可灵活调配，可在现状污水管负荷较低时，通过加压泵将雨水抽排至污水管网内，安全性较高。具体技术方案为：在接入主排水箱涵的雨水支管上设置初期雨水收集池，池体有效容积即该雨水支管汇水范围内所收集的初期雨水量，池内设置水泵，当池内充满初期雨水后，在夜间污水干管负荷较低时，将池内初期雨水抽排至下游污水干管，详见图3.2.7。

初期雨水收集池设计的关键是初期雨水量的计算。首先，参照国内相关城市截流量标准，结合重庆市城市环境、气候、城市结构以及社会经济发展水平，确定本次截流降雨量为6mm，局部用地受限雨水分区按4mm计算，同时根据区域性质的不同采用相应的综合径流系数；然后，采用下式计算集水区内初期雨水量：

$$V=10\Psi Ah \tag{3.2.1}$$

式中　V——初期雨水量（m^3）；

Ψ——综合径流系数；

A——雨水系统服务面积（hm^2）；

h——截流降雨量（mm）。

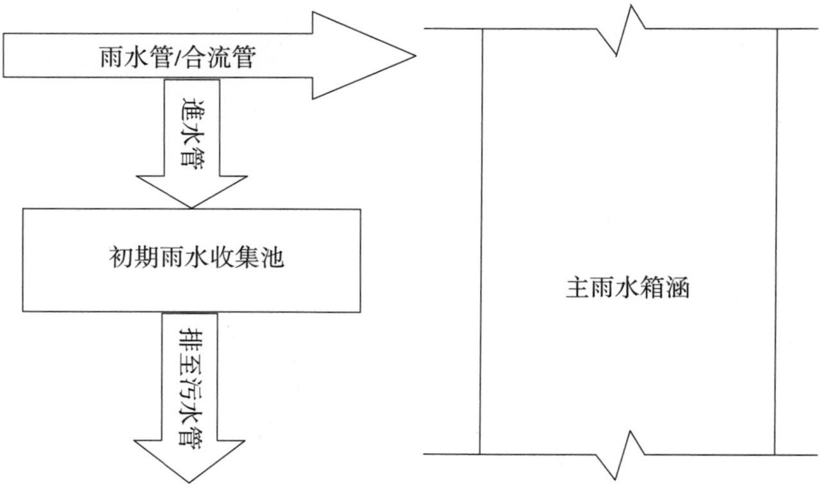

图 3.2.7　初期雨水收集池示意图

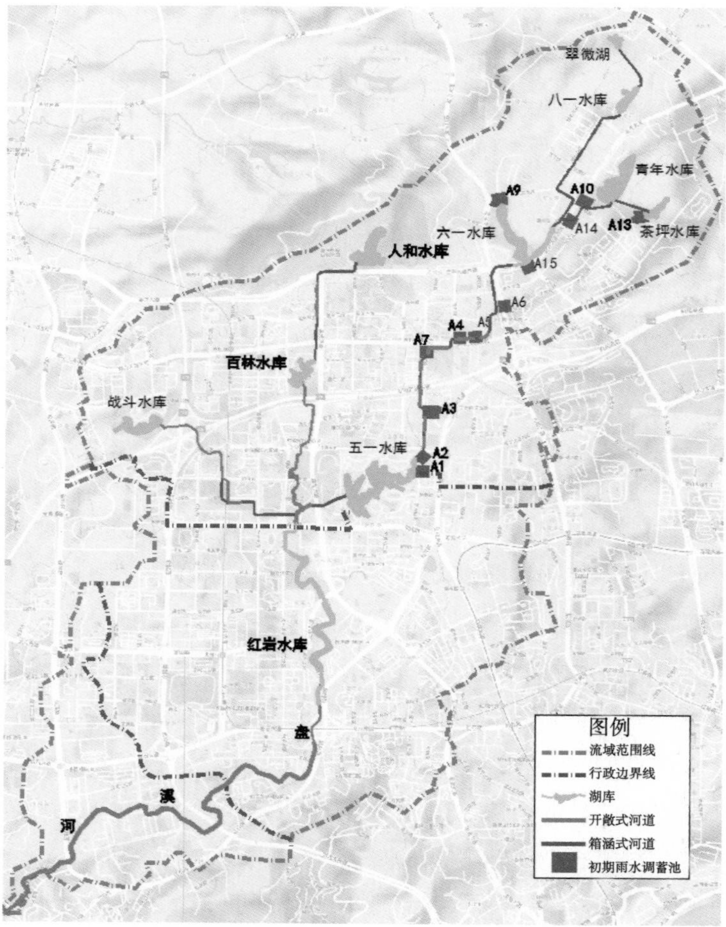

图 3.2.8　初期雨水收集水池分布总图

根据计算结果，盘溪河五一水库上游集水区内初期雨水量为27202m³。按照雨水汇流路径，将盘溪河五一水库上游分为12个小型雨水管理分区，在每个分区的排水末端设置初期雨水收集池，共计12座；结合现场实施条件，集水面积456.2hm²，总容积27202m³，占地面积5440.4m²。初期雨水收集池的具体布置详见图3.2.8所示。参考国内外相关学者提出的初期雨水径流污染物占径流污染物总量的比例，本次初期雨水截留后，雨水污染负荷削减率按60%考虑。

（2）初期雨水输送管

初期雨水输送管用于连接初期雨水收集池与雨水处理站，即收集的雨水经初期雨水输送管进入雨水处理站。在保障湖库水环境的前提下，初期雨水输送管优先利用现状雨水管网。其布置方案包括两大部分内容：六一水库上游A9、A10、A13、A14、A15等收集池收集的雨水就近排入现状雨水管网，在A9、A15附近雨水管网新建2条DN500初期雨水输送管，将上游初期雨水收集池的雨水排至雨水处理站；同时，考虑到五一水库前的雨水箱涵是五一水库的主要补水通道，初期雨水污染较大，故在五一水库上游A2、A3、A4、A5、A6、A7区域新建1条DN600初期雨水输送管，将初期雨水排至雨水处理站进行处理；A1收集池内的雨水在旱季就近排入污水管网，然后进入唐家沱污水厂进行处理。初期雨水输送管平面布置详见图3.2.9。

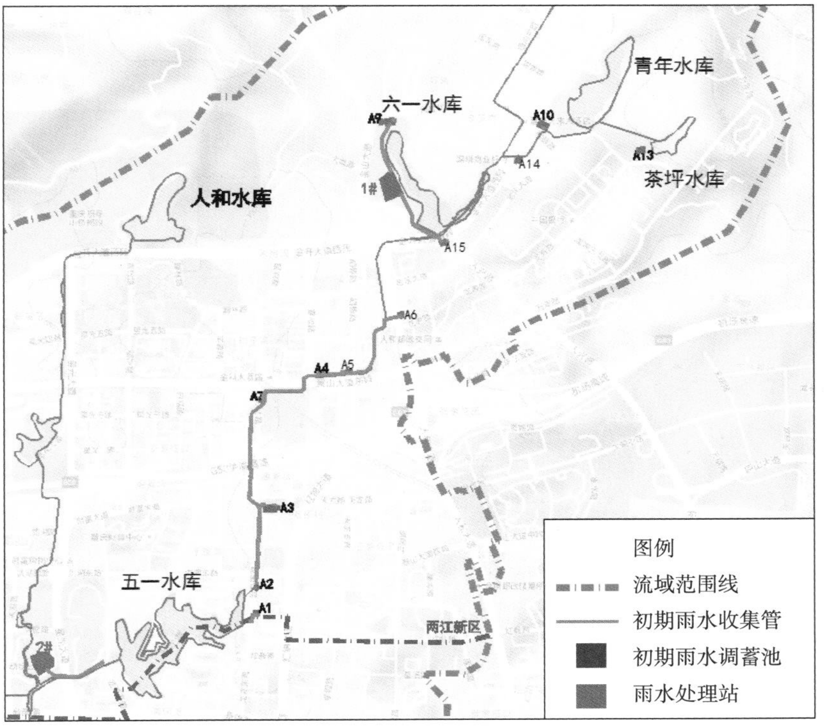

图3.2.9 初期雨水输送管平面布置图

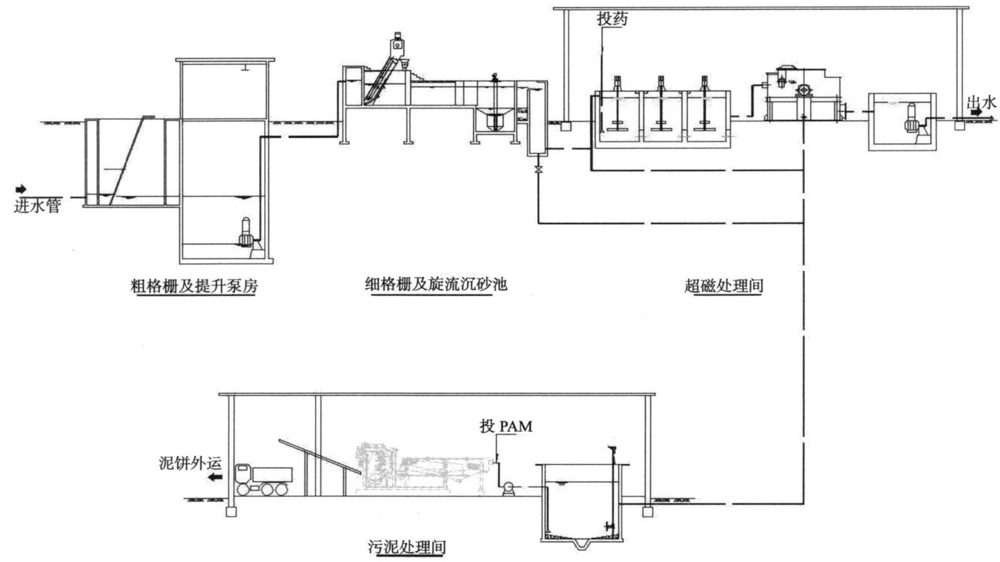

图 3.2.10　雨水处理工艺流程图

（3）雨水处理站

雨水处理站用于处理雨水收集池收集的初期雨水，根据初期雨水收集池及输送管的布置，本项目共设置 2 座雨水处理站，考虑旱季、雨季进水水质波动较大，若采用活性污泥法处理则运行工况差异大，系统稳定性差，故二者均采用“预处理 + 超磁净化”处理工艺，其设计进水水质如表 3.2.2。

雨水处理站设计进水水质　　表 3.2.2

内容	COD_{Cr}（mg/L）	SS（mg/L）	TP（mg/L）	NH_3-N（mg/L）
进水	350	600	1.0 ~ 1.5	5.0 ~ 8.0

1# 雨水处理站选址于金科天湖公园内，为全地下式。设计规模按照 24 小时处理完上游雨水收集池的初期雨水量考虑，1# 雨水处理站处理 A9、A10、A13、A14、A15 收集池的初期雨水量（合计 9713m^3），设计规模为 10000 m^3/d。

据此设计规模设计雨水处理站的单体构筑物。详见表 3.2.3。

1# 雨水处理站单体构筑物主要设计参数及设备　　表 3.2.3

序号	构筑物名称	类型	参数	内容	备注
1	粗格栅	设计参数	设计流量	10000m^3/d	K_z=1.58
			粗格栅间尺寸 $L \times B \times H$	10.6m × 3.2m × 3.0m	
		主要设备	回转式自动除污机格栅	2 台（1 用 1 备），型号为 GSHZ-800	

续表

序号	构筑物名称	类型	参数	内容	备注
1	粗格栅	主要设备	单格格栅渠道宽	800mm	
			栅条间隙	20mm	
			栅前水深	0.5m	
			过栅流速	0.75m/s	
			格栅安装倾角	75°	
			过栅水头损失	0.10m	
2	进水泵房	设计参数	设计流量	658m³/h	
			有效停留时间	15min	
			进水泵房尺寸 $L \times B \times H$	9.0m × 8.8m × 5.0m	
			粗格栅与进水泵房总尺寸 $L \times B \times H$	19.4m × 9.0m × 5.0m	格栅与进水泵房合建，采用地下式钢筋混凝土池，共1座
		主要设备	潜污泵	Q=330m³/h，H=11m，N=15kW	4台（2用2备）
3	细格栅	设计参数	设计流量	658m³/h	
			细格栅间尺寸 $L \times B \times H$	10.0m × 2.6m × 2.0m	
		主要设备	回转式自动除污机格栅	2台（1用1备）	型号为GSHZ-800
			单格格栅渠道宽	800mm	
			过栅流速	0.80m/s	
			栅条间隙	5mm	
			栅前水深	0.50m	
			格栅安装倾角	70°	
			过栅水头损失	0.20m	
4	旋流沉砂池	设计参数	设计处理能力	658m³/h	共2座
			单座设计处理能力	91L/s	
			旋流沉砂池单座尺寸 $D \times H$	2.13m × 3.5m	
			细格栅与旋流沉砂池总尺寸 $L \times B \times H$	14.0 m × 11.5 m × 3.5 m	细格栅与旋流沉砂池合建，采用地下式钢筋混凝土池，共1座
5	超磁处理间	设计参数	设计流量	10000 m³/d	
			尺寸 $L \times B \times H$	30.0m × 20.0m × 4.5m	

续表

序号	构筑物名称	类型	参数	内容	备注
5	超磁处理间	主要设备	混凝反应系统	1 套	包括混合搅拌器、一级反应搅拌器、二级反应搅拌器各一台
			超磁分离机	1 台（ASMD-10000）	
			磁分离磁鼓机	1 台（HCG-10000）	
			加药系统	1 套	包括 AC 溶液制备装置、PAM 加药制备各一套
6	污泥处理间	设计参数	绝干污泥量	6000 kg/d	
			脱水污泥	7500 kg/d	含水率 80%
			污泥池尺寸	2500 × 2000 × 2500mm	
			污泥处理间尺寸 $L \times B \times H$	20.0m × 7.5m × 4.5m	
		主要设备	叠螺污泥脱水机	1 台	处理能力 300 ~ 350kg/h

2# 雨水处理站选址于龙湖动步公园内，结构形式为全地下式。设计规模按照 24 小时处理完上游雨水收集池的初期雨水量考虑，2# 雨水处理站处理 A1、A2、A3、A4、A5、A6、A7 收集池的初期雨水量（合计 17488m^3），据此确定设计规模为 20000m^3/d。2# 雨水处理站单体构筑物的设计参数与 1# 雨水处理站基本类似，仅根据设计水量的不同进行相应调整，故此处不再赘述。

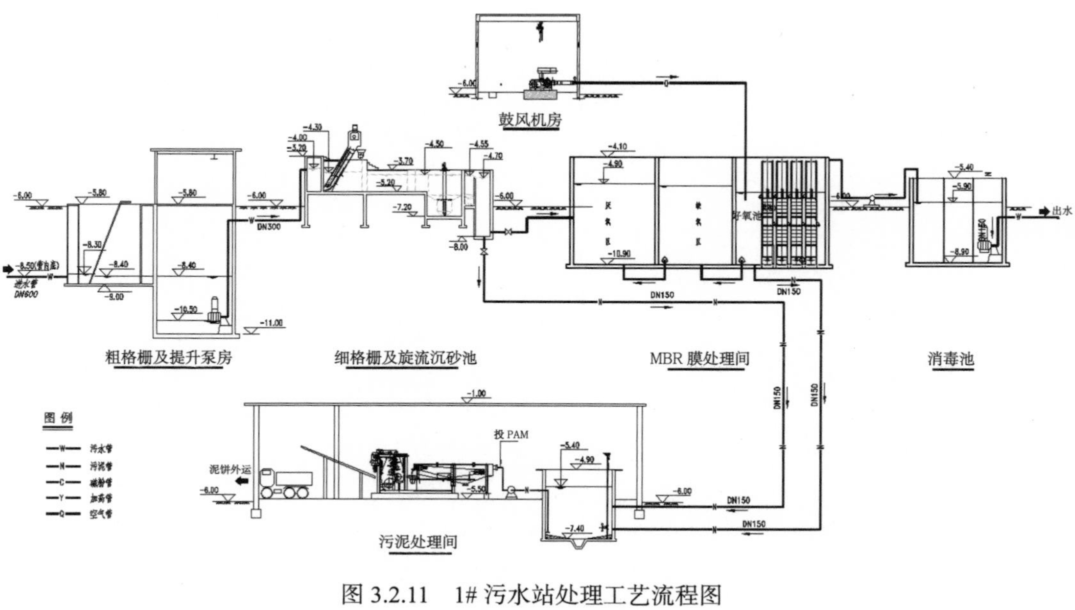

图 3.2.11　1# 污水站处理工艺流程图

3. 生态补水

盘溪河流域换水周期较长，尤其以五一水库、六一水库、红岩水库最为明显，换水周期直接影响水体的自净能力。为缩短盘溪河流域水体的换水周期，本项目利用中水进行流域补水，强化水体自净能力。

生态补水工程采取分段截污、分段处理、分段补水的处理方式，在控源截污的基础上利用中水进行生态补水，构建全流域的生态补水系统。生态补水工程的核心是布置污水处理站，旱季将四周生活污水收集处理后直接排入湖库作为生态补水；雨季处理初期雨水，出水排入湖库作为生态补水。本项目共设置三座污水处理站，分别位于茶坪水库、五一水库、六一水库附近，根据旱季与雨季处理原水水质差异，分别采用“预处理＋超磁净化”与“预处理 +MBR 膜处理”两种处理工艺。其设计进水水质如表 3.2.4 所示。

污水处理站设计进水水质　　表 3.2.4

内容	COD_{Cr}（mg/L）	SS（mg/L）	TP（mg/L）	NH_3-N（mg/L）
旱季	350	200	4.0	25
雨季	350	600	1.0-1.5	5.0-8.0

1# 污水处理站选址于茶坪水库附近公园内，负责处理青年水库、茶坪水库周边 1km^2 范围内的生活污水，该处理站仅设置预处理及 MBR 膜处理设施，设计规模为 3000m^3/d，其工艺流程如图 3.2.11。

1# 污水处理站单体构筑物主要设计参数及设备　　表 3.2.5

序号	构筑物名称	类型	参数	内容	备注
1	粗格栅	设计参数	设计流量	3000m^3/d	K_z = 1.84
			粗格栅间尺寸 $L\times B\times H$	7.7m × 2.0m × 3.0m	
		主要设备	回转式自动除污机格栅	2 台（1 用 1 备）	型号为 GSHZ-800
			单格格栅渠道宽	400mm	
			栅条间隙	20mm	
			栅前水深	0.5m	
			过栅流速	0.75m/s	
			格栅安装倾角	75°	
			过栅水头损失	0.10m	

续表

序号	构筑物名称	类型	参数	内容	备注
2	进水泵房	设计参数	设计流量	230m^3/h	
			有效停留时间	15min	
			进水泵房尺寸 $L \times B \times H$	3.5m × 3.5m × 5.0m	
			粗格栅与进水泵房总尺寸 $L \times B \times H$	11.5m × 3.0m × 5.0m	格栅与进水泵房合建，采用地下式钢筋混凝土池，共 1 座
		主要设备	潜污泵	Q = 115m^3/h，H = 12m，N = 7.5kW	4 台（2 用 2 备）
3	细格栅	设计参数	设计流量	230m^3/h	
			细格栅间尺寸 $L \times B \times H$	7.8m × 2.2m × 2.0m	
		主要设备	回转式自动除污机格栅	2 台（1 用 1 备）	型号为 GSHZ-400
			单格格栅渠道宽	400mm	
			过栅流速	0.80m/s	
			栅条间隙	5mm	
			栅前水深	0.50m	
			格栅安装倾角	70°	
			过栅水头损失	0.20m	
4	旋流沉砂池	设计参数	设计处理能力	230m^3/h	共 2 座
			单座设计处理能力	32L/s	
			旋流沉砂池单座尺寸 $D \times H$	2.13m × 3.5m	
			细格栅与旋流沉砂池总尺寸 $L \times B \times H$	12.0 m × 10.0 m × 2.0 m	细格栅与旋流沉砂池合建，采用地下式钢筋混凝土池，共 1 座
5	MBR 膜处理间	设计参数	膜格栅平均流量	125m^3/h	
			膜格栅最大流量	230m^3/h	
			MBR 生化系统计处理能力	3000m^3/d	采用 UCT-MBR 工艺；分两个系列，每个系列处理水量 62.5m^3/h，设置厌氧段、缺氧段和好氧段（膜池）

续表

序号	构筑物名称	类型	参数	内容	备注
5	MBR 膜处理间	设计参数	膜池悬浮固体浓度	10000mg/L	
			缺氧池悬浮固体浓度	6667mg/L	
			厌氧池悬浮固体浓度	3333mg/L	
			单个厌氧段容积	$5.0m \times 3.125m \times 6.8m = 106.3m^3$	有效水深 6.0m
			厌氧段停留时间	1.5h	
			单个缺氧段容积	$5.0m \times 6.5m \times 6.8m = 390.0m^3$	有效水深 6.0m
			缺氧段停留时间	3h	
			单个好氧段（膜池）容积	$5.0m \times 8.5m \times 6.8m = 500.0m^3$	有效水深 6.0m
			好氧段停留时间	4.0h	
		主要设备	转鼓式过滤机	2 台，1 用 1 备	b = 1mm、d = 610mm、l = 1220mm、N = 0.75kW
			膜组件	10 单元	型号为 RW400
			厌氧池高速潜水推流器	3 台（2 用 1 台冷备）	电机功率 0.85kW
			缺氧池高速潜水推流器	3 台（2 用 1 台冷备）	电机功率 1.5kW
			剩余污泥泵	3 台（2 用 1 台冷备）	潜污泵（$10m^3/h$）
			膜起吊装置	1 台	电动葫芦（3t，5.5m）
			硝化液回流污泥泵	3 台（2 用 1 台冷备）	穿墙泵（$125m^3/h$）
			反硝化液回流污泥泵	3 台（2 用 1 台冷备）	穿墙泵（$62.5m^3/h$）
			产水泵	3 台（2 用 1 台现场备用）	自吸泵（$83.3m^3/h$）
			微孔曝气盘	206 个	盘式曝气器（$4.8m^3/h$）
			膜鼓风机	3 台（2 用 1 台现场备用）	罗茨鼓风机（$14.0Nm^3/min$，63.7kPa，30kW）
			辅助曝气鼓风机	3 台（2 用 1 台现场备用）	罗茨鼓风机（$8.3Nm^3/min$，68.6kPa，18.5kW）
			膜清洗加药装置	1 套	包括：药液稀释罐 2 个、清洗药液供应泵 2 台、药液稀释用水供应泵（放置在处理水池中）1 台

续表

序号	构筑物名称	类型	参数	内容	备注
6	消毒池	设计参数	设计流量	125m³/h	
			接触时间	30min	
			尺寸为 $L\times B\times H$	6m × 3.5m × 3.5m	有效水深 3m
7	鼓风机房	设计参数	平面尺寸为 $L\times B\times H$	8.5m × 7.0m × 4.5m	共设置 1 座
		主要设备	膜清洗鼓风机	罗茨鼓风机 3 台(2用1备)	
			辅助曝气鼓风机	罗茨鼓风机 3 台(2用1备，均为变频)	
8	污泥处理间	设计参数	干污泥量	0.212 吨 DS/d	进泥含水率为 99.3%
			湿污泥体积	W = 30.3 m³/d	含水率 80%
			剩余污泥量	34.8 m³/d	泥浓缩脱水后出泥含水率约为 80%
			污泥脱水机房 $L\times B$	11.9m × 17.3m	含泥棚
		主要设备	污泥浓缩脱水机	1 台	处理能力：15m³/h
			进泥单螺杆泵	单螺杆泵 2 台（1 用 1 备）	Q = 15 ~ 25m³/h，H = 20m，N = 18.5kW
			反冲洗离心泵	2 台（1 用 1 备）	Q = 15m³/h，P = 0.6MPa，N = 11kW
			固体聚丙烯酰胺（PAM）絮凝剂配置设备	1 套	加药量 500L/h，电机总功率：N = 1.75kW
			加药螺杆泵	2 台（1 用 1 备）	Q = 0.5m³/h，H = 40m，N = 1.5kW
			无轴螺旋输送机	水平、倾斜各 1 台	螺旋直径 260mm；水平：L = 4.8m，N = 2.2kW，倾斜：L = 6m，N = 3.0kW
			PAC 加药装置	2 套（交替使用）	直径 1.0m，高 1m，N = 0.75kW
			空压机	1 台	Q = 0.18 m³/min，P = 0.7MPa，N = 2.2kW
			次氯酸钠消毒装置	1 套	投加量 1251g/h（有效氯），N = 3kW

2# 污水处理站选址于六一水库金科天湖公园内，采用全地下式结构，旱季负责处理六一水库周边 1.5km² 范围内的生活污水，旱季设计规模为 4000m³/d。雨季负责处理上游初

期雨水，设计规模按照 24h 处理完上游雨水收集池的初期雨水量考虑，即处理 A9、A10、A13、A14 和 A15 收集池内的初期雨水量（合计 9713m^3），雨季设计规模为 10000m^3/d。

3# 污水处理站选址于龙湖动步公园内，采用全地下式结构，旱季负责处理五一水库周边 4km^2 范围内的生活污水，旱季设计规模为 Q=4000m^3/d。雨季负责处理上游初期雨水，设计规模按照 24h 处理完上游雨水收集池的初期雨水量考虑，即处理 A1、A2、A3、A4、A5、A6、A7、A8、A11 和 A12 收集池内的初期雨水量（合计 17488m^3），雨季设计规模为 20000m^3/d。

由于 2# 和 3# 污水处理站的功能较为类似，故二者均设置预处理、超磁净化及 MBR 膜处理设施，具体工艺流程如图 3.2.12。

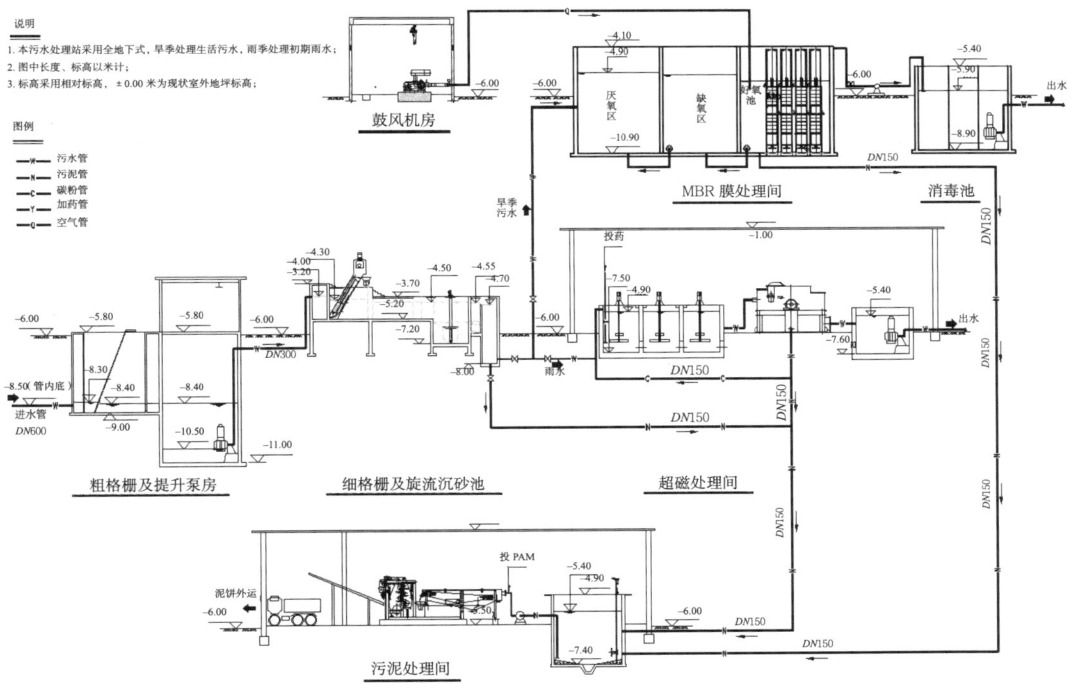

图 3.2.12　2# 及 3# 污水处理站处理工艺流程图

鉴于 2# 和 3# 污水处理站设计原理相同，现以 2# 污水处理站为例，对单体构筑物的设计进行介绍。

2# 污水处理站单体构筑物主要设计参数及设备　　表 3.2.6

序号	构筑物名称	类型	参数	内容	备注
1	粗格栅	设计参数	设计流量	10000m^3/d	K_z = 1.58

续表

序号	构筑物名称	类型	参数	内容	备注
1	粗格栅	设计参数	粗格栅间尺寸 $L \times B \times H$	10.6m × 3.2m × 3.0m	
		主要设备	回转式自动除污机格栅	2台（1用1备）	型号为GSHZ-800
			单格格栅渠道宽	800mm	
			栅条间隙	20mm	
			栅前水深	0.5m	
			过栅流速	0.75m/s	
			格栅安装倾角	75°	
			过栅水头损失	0.10m	
2	进水泵房	设计参数	设计流量	$658m^3/h$	
			有效停留时间	15min	
			进水泵房尺寸 $L \times B \times H$	9.0m × 8.8m × 5.0m	
			粗格栅与进水泵房总尺寸 $L \times B \times H$	19.4m × 9.0m × 5.0m	格栅与进水泵房合建，采用地下式钢筋混凝土池，共1座
		主要设备	潜污泵	Q = $330m^3/h$，H = 11m，N = 15kW	4台（2用2备）
3	细格栅	设计参数	设计流量	$658m^3/h$	
			细格栅间尺寸 $L \times B \times H$	10.0m × 2.6m × 2.0m	
		主要设备	回转式自动除污机格栅	2台（1用1备）	型号为GSHZ-800
			单格格栅渠道宽	800mm	
			过栅流速	0.80m/s	
			栅条间隙	5mm	
			栅前水深	0.50m	
			格栅安装倾角	70°	
			过栅水头损失	0.20m	
4	旋流沉砂池	设计参数	设计处理能力	$658m^3/h$	共2座

续表

<table>
<tr><th>序号</th><th>构筑物名称</th><th>类型</th><th>参数</th><th>内容</th><th>备注</th></tr>
<tr><td rowspan="3">4</td><td rowspan="3">旋流沉砂池</td><td rowspan="3">设计参数</td><td>单座设计处理能力</td><td>91L/s</td><td></td></tr>
<tr><td>旋流沉砂池单座尺寸 $D \times H$</td><td>2.13m × 3.5m</td><td></td></tr>
<tr><td>细格栅与旋流沉砂池总尺寸 $L \times B \times H$</td><td>14.0m × 11.5m × 3.5m</td><td>细格栅与旋流沉砂池合建，采用地下式钢筋混凝土池，共 1 座</td></tr>
<tr><td rowspan="7">5</td><td rowspan="7">超磁处理间</td><td rowspan="2">设计参数</td><td>设计流量</td><td>10000m^3/d</td><td></td></tr>
<tr><td>尺寸 $L \times B \times H$</td><td>30.0m × 20.0m × 4.5m</td><td></td></tr>
<tr><td rowspan="5">主要设备</td><td>混凝反应系统</td><td>1 套</td><td>包括混合搅拌器、一级反应搅拌器、二级反应搅拌器各一台</td></tr>
<tr><td>超磁分离机</td><td>1 台</td><td>型号 ASMD-10000</td></tr>
<tr><td>磁分离磁鼓机</td><td>1 台</td><td>型号 HCG-10000</td></tr>
<tr><td>磁种投加泵</td><td>2 台（1 用 1 备）</td><td>形式：软管泵，流量：1 ~ 2.0m^3/h，压力：0.1MPa，P = 2.2 kW</td></tr>
<tr><td>加药系统</td><td>1 套</td><td>包括 PAC 溶液制备装置 1 套、PAM 加药制备 2 套</td></tr>
<tr><td rowspan="10">6</td><td rowspan="10">MBR 膜处理间</td><td rowspan="10">设计参数</td><td>膜格栅平均流量</td><td>166.7m^3/h</td><td></td></tr>
<tr><td>膜格栅最大流量</td><td>291.7m^3/h</td><td></td></tr>
<tr><td>MBR 生化系统计处理能力</td><td>4000m^3/d</td><td>采用 UCT-MBR 工艺；分两个系列，每个系列处理水量 83.3m^3/h，设置厌氧段、缺氧段和好氧段（膜池）</td></tr>
<tr><td>膜池悬浮固体浓度</td><td>10000mg/L</td><td></td></tr>
<tr><td>缺氧池悬浮固体浓度</td><td>6667mg/L</td><td></td></tr>
<tr><td>厌氧池悬浮固体浓度</td><td>3333mg/L</td><td></td></tr>
<tr><td>单个厌氧段容积</td><td>5.0m × 4.3m × 6.8m = 258m^3</td><td>有效水深 6.0m</td></tr>
<tr><td>厌氧段停留时间</td><td>1.5h</td><td></td></tr>
<tr><td>单个缺氧段容积</td><td>5.0m × 8.5m × 6.8m = 510.0m^3</td><td>有效水深 6.0m</td></tr>
<tr><td>缺氧段停留时间</td><td>3h</td><td></td></tr>
</table>

续表

序号	构筑物名称	类型	参数	内容	备注
6	MBR 膜处理间	设计参数	单个好氧段（膜池）容积	5.0m × 11.5m × 6.8m = 690.0m³	有效水深 6.0m
			好氧段停留时间	4.0h	
		主要设备	转鼓式过滤机	2 台（1 用 1 备）	b = 1mm、d = 610mm、l = 1220mm、N = 0.75kW
			膜组件	12 单元	型号为 RW400
			厌氧池高速潜水推流器	3 台（2 用 1 台冷备）	电机功率 0.85kW
			缺氧池高速潜水推流器	3 台（2 用 1 台冷备）	电机功率 1.5kW
			剩余污泥泵	3 台（2 用 1 台冷备）	潜污泵（10m³/h）
			膜起吊装置	1 台	电动葫芦（3t，5.5m）
			硝化液回流污泥泵	3 台（2 用 1 台冷备）	穿墙泵（166.7m³/h）
			反硝化液回流污泥泵	3 台（2 用 1 台冷备）	穿墙泵（83.3m³/h）
			产水泵	3 台（2 用 1 台现场备用）	自吸泵（111.1m³/h）
			微孔曝气盘	288 个	盘式曝气器（4.8m³/h）
			膜鼓风机	3 台（2 用 1 台现场备用）	罗茨鼓风机（14.0Nm³/min，63.7kPa，30kW）
			辅助曝气鼓风机	3 台（1 用 1 台现场备用）	罗茨鼓风机（16.8Nm³/min，68.6kPa，22kW）
			膜清洗加药装置	1 套	包括：药液稀释罐 2 个、清洗药液供应泵 2 台、药液稀释用水供应泵（放置在处理水池中）1 台
7	消毒池	设计参数	设计流量	166.7m³/h	
			接触时间	30min	
			尺寸为 $L \times B \times H$	4m × 6m × 3.5m	有效水深 3m
8	鼓风机房	设计参数	平面尺寸为 $L \times B \times H$	15m × 6m × 6m	共设置 1 座
		主要设备	膜清洗鼓风机	罗茨鼓风机 3 台（2 用 1 备）	Q = 16.8Nm³/min，P = 63.7 kPa，N = 30kW
			辅助曝气鼓风机	罗茨鼓风机 3 台（2 用 1 备），均为变频	Q = 11.5Nm³/min，P = 68.6 kPa，N = 22kW

续表

序号	构筑物名称	类型	参数	内容	备注
9	污泥处理间	设计参数	干污泥量	0.283 吨 DS/d	进泥含水率为 99.3%
			湿污泥体积	W = 40.4m³/d	含水率 80%
			剩余污泥量	46.5m³/d	泥浓缩脱水后出泥含水率约为 80%
			污泥脱水机房 $L \times B$	11.9m × 17.3m	含泥棚
		主要设备	污泥浓缩脱水机	1 台	处理能力：15m³/h
			进泥单螺杆泵	单螺杆泵 2 台（1 用 1 备）	Q = 15 ~ 25m³/h，H = 20m，N = 18.5 kW
			反冲洗离心泵	2 台（1 用 1 备）	Q = 15m³/h，P = 0.6MPa，N = 11kW
			固体聚丙烯酰胺（PAM）絮凝剂配置设备	1 套	加药量 500L/h，电机总功率：N = 1.75kW
			加药螺杆泵	2 台（1 用 1 备）	Q = 0.5m³/h，H = 40m，N = 1.5kW
			无轴螺旋输送机	水平、倾斜各 1 台	螺旋直径 260mm；水平：L = 4.8m，N = 2.2kW，倾斜：L = 6m，N = 3.0kW
			PAC 加药装置	2 套（交替使用）	直径 1.0m，高 1m，N = 0.75kW
			加药计量泵	2 台（1 用 1 备）	Q = 32L/h H = 40m N = 0.55kW
			空压机	1 台	Q = 0.18 m³/min P = 0.7MPa N = 2.2kW
			次氯酸钠消毒装置	1 套	投加量 1251g/h（有效氯），N = 3kW

4. 湖库水质提升

为建立以生态修复为主，削减内源、净化雨水为辅的水质提升系统，本项目利用微生态原位净化技术，结合植物、动物、微生物等多种生态手段对湖库进行水质提升。根据湖库和盘溪河的不同水质状况，将流域内的 10 个湖库和盘溪河分解为 4 个治理梯度，有针对性地采用不同的水质提升方案，详见表 3.2.7。

盘溪河流域各湖库水质提升方案　　表 3.2.7

水体名称	水质梯度	水质提升方案
八一水库	第一梯度	弃流渠 + 微生态原位净化技术
青年水库		
茶坪水库		
人和水库		
翠微湖	第二梯度	弃流渠 + 微生态原位净化技术
百林水库		
红岩水库		
战斗水库	第三梯度	弃流渠 + 清淤 + 微生态原位净化技术 + 工程菌投加
五一水库		
六一水库		
盘溪河下游	第四梯度	筑坝 + 微生态原位净化技术

（1）第一梯度湖库整治

由于人和水库、八一水库、青年水库和茶坪水库，均位于各子流域源头，现状水质相对较好；污染源相对单一（点源污染已基本治理，主要为面源污染），不受上游污染影响，故将其纳入第一梯度湖库整治。整治思路为强化水体自身的自净能力，整治措施为“弃流渠 + 微生态原位净化技术”。

对于人和水库，通过投放水生动物、栽培水生植物构建生态净化系统，以强化水体自净能力。对于八一水库，在现有生态修复基础上，设置曝气造流一体机，加强水体循环和曝气增氧。对于青年水库，设置曝气造流一体机、生物毯、人工水草、水生动物和水生植物，在湖库内构建微生态原位净化系统。对于茶坪水库，利用其四周的雨水管网构建环湖渗透弃流渠，对入湖雨水进行净化处理，并通过设置曝气造流一体机、生物毯、人工水草、水生动物、水生植物，在湖库内构建微生态原位净化系统。

（2）第二梯度湖库整治

由于翠微湖、百林水库、红岩水库，主要位于各子流域的中下游，主要污染源为点源污染和面源污染，污染源难以彻底整治，但污染负荷相对较低，故将其纳入第二梯度湖库整治。整治思路为强化水体自身的自净能力，整治措施为“弃流渠 + 微生态原位净化技术”。

针对翠微湖现状，利用湖库四周的雨水管网构建环湖渗透弃流渠，对排入湖库的雨水进行净化；并通过设置曝气造流一体机、生物毯、人工水草、水生动物、水生植物，在湖库内构建微生态原位净化系统。

针对百林水库现状，利用湖库四周的雨水管网构建环湖渗透弃流渠，对排入湖库的雨水进行净化；并在现有生态修复的基础上，设置曝气造流一体机，曝气增氧并加强水体循环。在红岩水库内构建微生态原位净化系统，主要措施包括：曝气造流一体机、生物毯、人工水草、水生动物、水生植物。

（3）第三梯度湖库整治

由于战斗水库、五一水库、六一水库主要位于各子流域的下游，主要污染源为点源污染和面源污染，污染源情况复杂且难以整治，同时受上游河道输入污水的影响，故将其纳入第三梯度湖库整治。整治思路为恢复水体的自净能力，整治措施为弃流渠 + 清淤 + 微生态原位净化技术 + 工程菌投加。

由于上游常年的雨、污合流污水输入，水库内已淤积有较厚的淤泥层，底泥样品发黑发臭，首先需要清淤。上述湖库内的淤泥属于多年来污水沉积形成的黑臭污泥，带有明显恶臭，故采用机械清淤并将淤泥外运，清淤量总计 3.68 万 m^3，其中战斗水库 0.48 万 m^3，五一水库 2.4 万 m^3，六一水库 0.8 万 m^3。

在清淤的基础上采用曝气造流、生物毯、人工水草、水生动物、水生植物相结合的方法进行微生态原位净化。战斗水库中，设置曝气造流一体机 23 台，生物毯 5750m^2，人工水草 218000m，水生动物 60000kg，水生植物 2300m^2；五一水库中，设置曝气造流一体机 69 台，生物毯 31500m^2，人工水草 888000m，水生动物 100000kg，水生植物 12600m^2；六一水库中，设置曝气造流一体机 30 台，生物毯 14750m^2，人工水草 209000m，水生动物 80000kg，水生植物 5900m^2。

在水体中布设生物基质（生物毯等）后，为使其能快速挂膜，并在水体中迅速建立“微生物生态环境”以配合沉水植物达到双重净化效果，需要投加微生物制剂，用以降解面源污染输入的 COD、NH_3-N、TP 等营养物质，本项目采用 EPSB 工程菌。战斗水库、五一水库和六一水库的 EPSB 菌粉投加量分别为 43.8t、177.6t、41.8t。

（4）第四梯度湖库整治

盘溪河下游河段，位于盘溪河流域的下游，河道呈现三面光形式，沿岸有雨季污水溢流口，且受上游河道输入污水影响较重，故将其纳入第四梯度湖库整治。整治思路为通过筑浅水坝蓄水，构建生态系统提高水体的自净能力，整治措施为钢坝 + 曝气造流一体机 + 生物毯。本项目在盘溪河下游修建钢坝 8 座，设置曝气造流一体机 130 台，布设生物毯 6000m^2。

3.2.4 环境效益评估

本项目整治方案中，上游雨污分流对污水引入污染物的控制率为 80%，初期雨水收集对雨水径流污染控制截留率为 70%；污水处理厂采用“絮凝沉淀 + 超滤”工艺，根据进水和出水水质分析，污水处理厂对 COD、NH_3-N、TP 去除率分别为 50%、30%、80%；河内生态修复以生态湿地为主，并辅以微生物附着基功能群和水体循环系统，该措施对河内的污染治理及生态恢复效果较优，对 COD 去除率为 20% ~ 40%，NH_3-N 去除率为 20% ~ 30%，TP 去除率为 20% ~ 30%。

盘溪河流域综合整治工程的实施，使流域水体常年达到了地表水 V 类标准，解决黑臭问题，同时也带来了该流域地块环境质量的全面稳步提升，显著改善水域和地块的生态环境质量，提高区域人口居住生活质量，创建宜居环境。

本章参考文献

[1] 陈灵凤 . 山地城市水系规划方法研究 [D]. 重庆大学，2015.

[2] 中华人民共和国住房和城乡建设部，中华人民共和国环境保护部 . 城市黑臭水体整治工作指南 [Z].2015-08-28.

[3] 中华人民共和国国务院 . 水污染防治行动计划 [Z].2015-04-02.

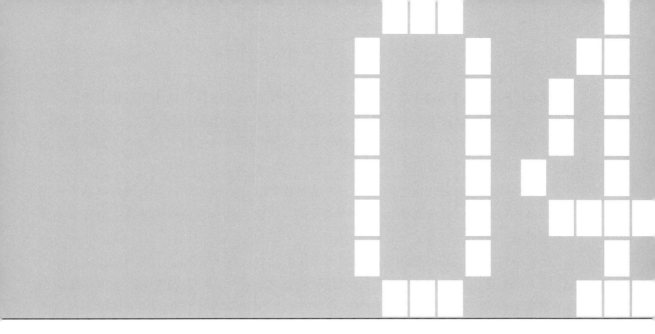

第4章 山地海绵城市绿地广场

4.1 悦来新城滨江公园

4.2 悦来新城会展公园

4.3 国博中心

4.4 璧山露营地

4.5 秀山体育公园

绿地公园在城市建设中具有净化空气、隔断噪声、缓解热岛效应、美化都市景观的作用。在海绵城市建设工程中，除了传统功能外，绿地公园还被赋予了雨水滞留、蓄积、净化等作用，且通常作为雨水径流控制的进末端措施，是城市雨水径流进入自然水体的最后一道屏障。

山地城市绿地公园普遍具有坡度大、易受冲刷的特点，尤其在重庆雨峰靠前、雨型急促的降雨特点下，更容易短时形成较大径流。因此，科学建设绿地公园，对建设山地海绵城市意义重大。

重庆市悦来新城是首批国家级海绵城市试点项目，悦来新城属于典型的山地丘陵地区，将为山地海绵城市的建设积累宝贵的经验，为今后推广山地特色的海绵城市建设工作提供技术参考。国博中心海绵城市改造工程包含国博中心片区改造、国博中心东侧的会展公园及西侧滨江公园三个部分。

4.1 悦来新城滨江公园

悦来新城滨江公园依嘉陵江而建，位于所属排水分区的末端，作为排水分区径流入河的最后一道屏障依托其地理优势，承担整个排水分区的雨水调蓄、污染消纳、减少径流排放等功能。设计充分结合现状，在尊重公园现有的功能布局和生态格局的基础上，构建公园雨水管理控制体系。滨江公园区位图见图 4.1.1。

4.1.1 项目概况

滨江公园位于国博中心片区的西端，紧靠嘉陵江。总面积 13.17hm^2，景观改造面积为 2.21hm^2。内部采用木质栈道为主要游览路线，辅以台阶步道，道路层次单一。现有一定植被绿化基础，以大片乔木为主，如红叶桃、紫薇、凤尾竹等，水岸种植带内以竹类为主。现状水岸主要以自然缓坡搭配简单绿化，植物层次单一，抵御雨洪能力弱。

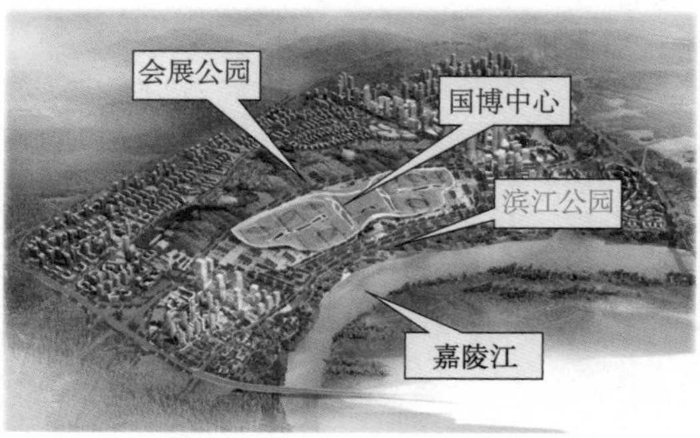

图 4.1.1　滨江公园区位图

滨江公园山水景观优美，以江面为骨架，山水景观交融。江面宽阔博大，碧波荡漾；河岸曲折多湾，旷幽有序。可适当丰富景观的多样性，以增强视觉观赏性。

4.1.2　设计理念

滨江公园的海绵城市改造建设除考虑海绵城市控制指标外，还要结合项目自身的山地特征，因地制宜地选择景观改造方式。通过分析确定以下设计思路：

1. 公园作为两个排水分区的末端绿地，在自身污染排放量较低的情况下，可以承担所属排水分区的污染物削减任务，因此在落实海绵控制指标的时候应整体考虑，平衡所属排水分区内各设计地块的控制指标，以此确定滨江公园以径流污染控制为核心，兼顾年径流量排放率的设计思路。

2. 现场改造空间严重受限，因此项目设计确定以保护公园现有生态环境和主要功能为前提，对公园局部进行景观改造，重点展示园区雨水调蓄和资源利用的相关技术和措施，同时满足景观效果及与周边区域的协调。确定在滨江公园东西方向设置阶梯式雨水湿地，以实现雨水净化、滞蓄的控制效果和目标；

3. 结合会展公园的地形特点，充分利用国际博览中心靠近滨江公园方向设置的雨水回用设施，体现“高收低用，节能降耗，环保降污”的设计理念。

4.1.3　技术措施

本次滨江公园改造工程，将滨江公园分为南区、北区两个改造区域。其中北区水体面积 $4009m^2$，南区水体面积为 $6023m^2$。具体分布如图 4.1.2 所示。

图 4.1.2　滨江公园分区图

根据现场地形以及片区雨水管渠设置情况，确定在滨江公园南北区域内设置阶梯式雨水湿地，以实现雨水净化、滞蓄的控制效果和目标，具体技术路线如图 4.1.3。

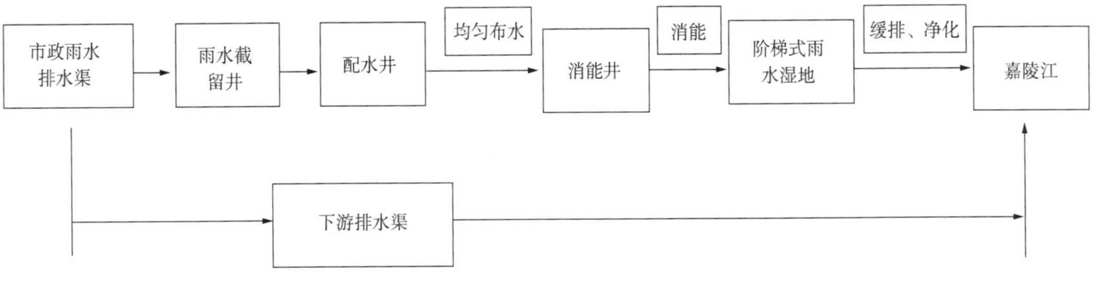

图 4.1.3　技术路线图

滨江公园改造设计的总体思路是先将上游雨水截留，汇入阶梯式雨水湿地，达到缓排、净化雨水的目的，再通过雨水回用系统实现雨水的回收利用。改造工程包括井类、管道、阶梯式湿地以及雨水回用系统等四部分。

1. 雨水截流井、配水井、消能井

由于地形高差大，导致滨江公园上游雨水径流携带的能量较大。因此，滨江公园海绵城市改造设计的首要任务就是处理上游雨水水量和水能的问题，首先采用雨水截流井截流雨水，然后进入配水井均匀配水，最后通过消能井消能，从而达到均匀分配雨水和效能的效果。

2. 管道

*DN*600 回用截流管道，配水井前为重力流，配水井后为压力流。

因滨江公园结构、地形原因，需要设置边坡、挡墙，为减少埋深及施工难度，降低对边坡的开挖程度，配水管道采用压力管；为满足检修要求，每隔 50m 设置检查口，以便泥沙堵塞时清掏。同样，受该区域边坡挡墙的影响，压力管选择了适用于地质条件较差、有一定抗压强度的钢骨架聚丙烯复合塑料管。

3. 阶梯式雨水湿地

雨水湿地是海绵城市建设中常用的措施之一，在国内外海绵城市建设中得到广泛应用。从工程角度看，雨水湿地能够对雨水起到滞留、蓄积和净化作用，对城市雨水径流具有减量、缓排、过滤的效果；从环境气候看，雨水湿地能够增大城市绿地和水域面积，净化空气，缓解城市热岛效应；从景观学看，雨水湿地是一种极具景观价值的措施，有利于丰富城市景观，提升居民生活舒适感。

根据悦来滨江公园的地形高差，确定采用阶梯式雨水湿地，雨水经截流井进入最高一级湿地后，由高至低多级跌落。在多级跌落的过程中，阶梯式雨水湿地发挥了多重功能：1. 滞留、缓排雨水；2. 曝气充氧，加快有机污染物的自然降解；3. 由湿地及水生植物构成的自然水循环体系对雨水具有较好的净化作用。

通过 ICM 水力模型模拟，确定滨江公园南区的阶梯式雨水湿地规模为 6023m^2，持水深度按 1m 控制；在滨江公园北区，阶梯式雨水湿地的规模为 4009m^2，持水深度按 1m 控制。平面布置图见图 4.1.4、图 4.1.5。

4. 雨水回用系统及绿化喷灌单元设计

滨江公园雨水塘附近依据景观需求设计了大面积的缓坡绿化带，为保障植被的存活生长，滨江公园已建成一套以市政给水为水源的喷灌系统，但存在以下问题：该喷灌系统

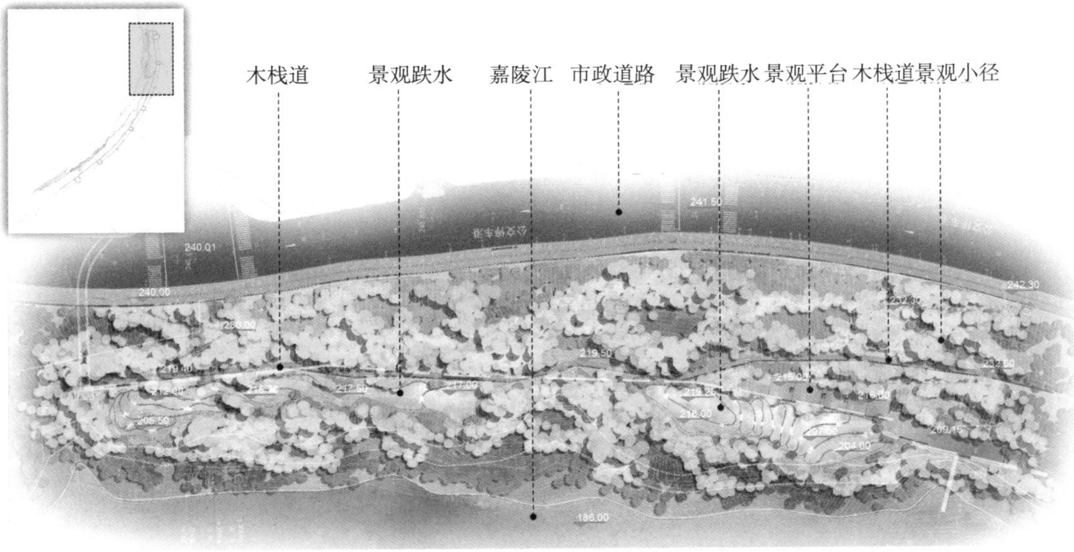

图 4.1.4 北区平面布置图

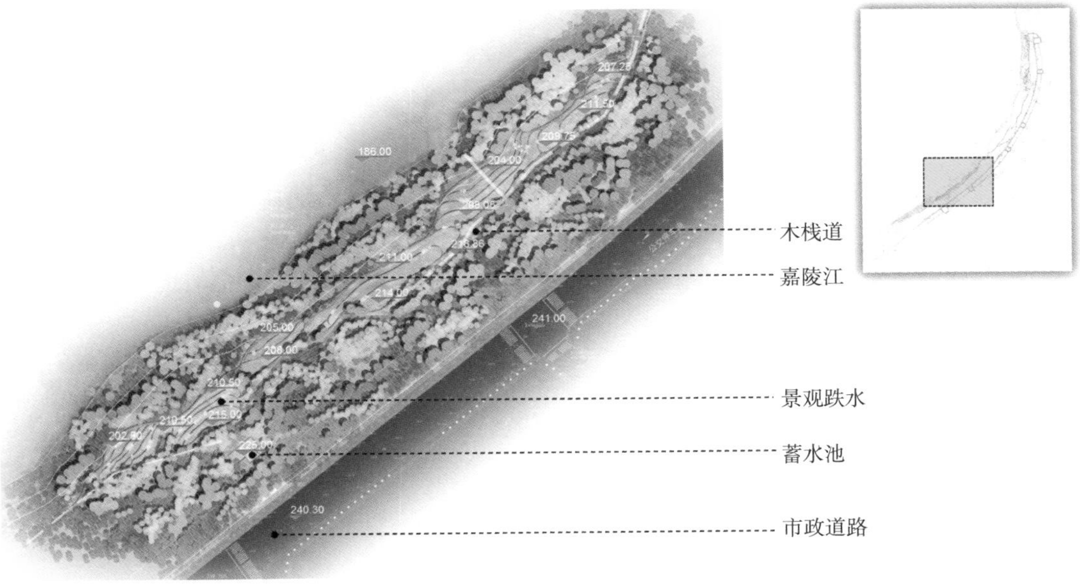

图 4.1.5 南区平面布置图

覆盖面小；以市政给水为水源与现行规范及海绵城市理念相违背，不利于节约用水。

因此，为满足园内绿化喷灌用水需求，滨江公园的海绵城市工程建设了一套雨水回用系统。在设计上，力求最大限度地利用现有设施组建成套的雨水回用管网，同时利用地形高差实现重力供水，充分体现雨水高收低用的山地城市特色。雨水回用系统见图 4.1.6。

雨水回用系统流程为：在国际博览中心靠近滨江公园方向设置收集、储存、净化屋面

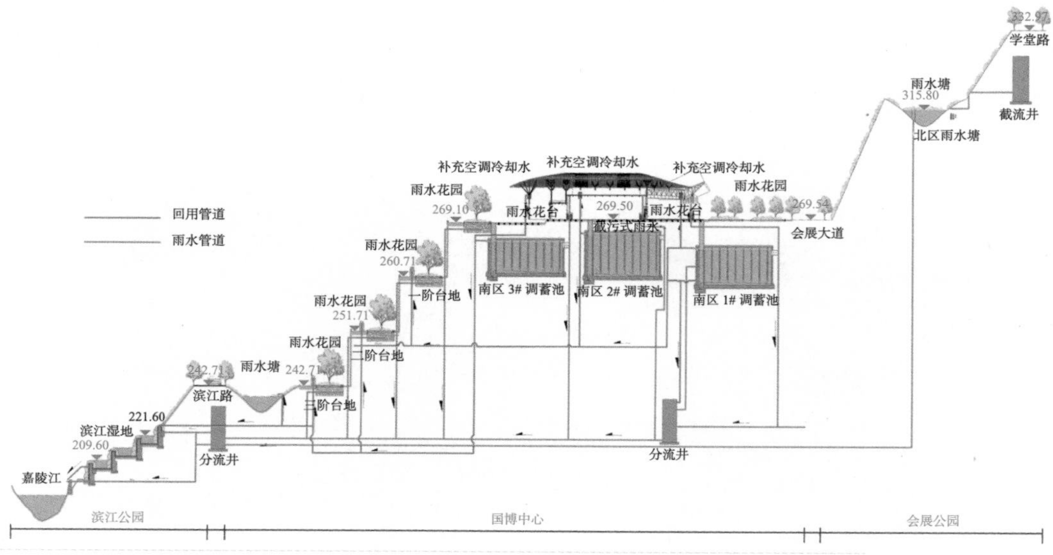

图 4.1.6　雨水回用系统

及园区雨水处理系统，雨水经净化后储存在清水池内，通过雨水回用管网向各用水点输水。检测表明，处理后的雨水能够满足绿化及道路浇洒对水质的要求。为充分利用国博蓄水池蓄积的清洁雨水，并与国博片区的设计风格相呼应，设计采用人工喷灌系统，喷灌主干管接自国博雨水回用管网。

回用水动力来自清水池与用水点的地势高差：清水池标高比滨江公园高，滨江公园南区清水池设计水位为 267.08m，对应的南区绿地标高为 218.60 ~ 202.50m；北区清水池设计水位为 267.45m，对应的北区绿地标高为 219.0 ~ 202.60m，南北两区均有 48.5 ~ 65.0m 的静水压力可利用。喷灌系统的设计压力为 0.4MPa，剩余静水压力用于克服沿程及局部水头损失。采用重力式雨水供水的喷灌系统既实现了雨水回用，又实现了节能环保，降污降耗。同时，为提高喷灌用水的可靠性，在雨水清水池配置了一条以市政给水为水源的补水管道，供旱季补水用。这样，整个系统可根据旱季、雨季切换喷灌水源，进行绿化浇灌。

4.1.4　效益评估

污染物削减达标：滨江公园作为 15 和 19 管理分区径流入河的最后一道屏障，以区域污染负荷去除为核心目标。改造后 15 分区径流污染物（TSS）去除率为 59.5%，19 分区径流污染物（TSS）去除率为 74%，均满足设计要求。

径流排放率达标：位于公园北区的 15 分区径流排放率为 45.2%，位于公园南区的 19 分区径流排放率为 50.06%，均达标。

效果图见图 4.1.7。

图 4.1.7　滨江公园效果图

4.2　悦来新城会展公园

较之于滨江公园的雨水行泄通道作用，会展公园的整体改造实施，在国博片区更多的是承担雨水调蓄和雨水回用功能。会展公园建设尊重原方案的功能布局，结合公园现状，构建雨水管理控制体系，使其改造后在国博片区承担重要的雨水调蓄和雨水回用功能。此外，在满足公园主要功能的前提下，通过实物展示、科普介绍等方式，全面展示园区雨水利用的各类技术和设施，提高公众环保意识，也是会展公园的一个重要目的。本节以悦来新城会展公园的海绵城市改造工程为案例予以说明。会展公园区位图见图 4.2.1。

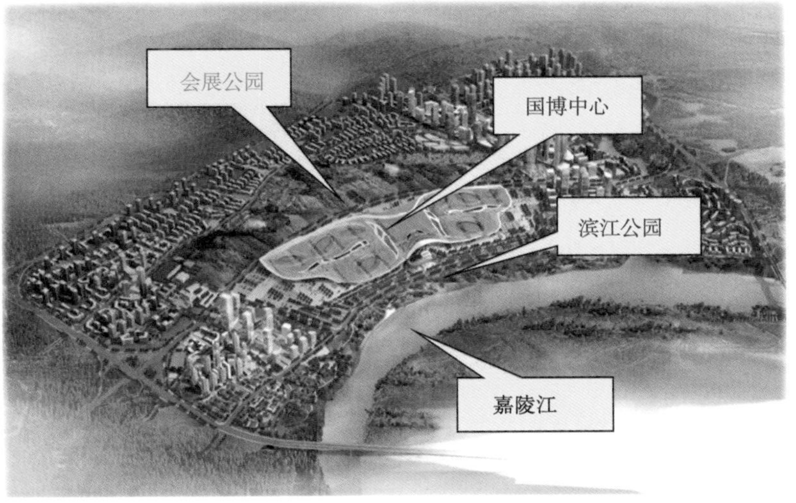

图 4.2.1　会展公园区位图

航拍图和坡度分析图见图 4.2.2 和图 4.2.3。

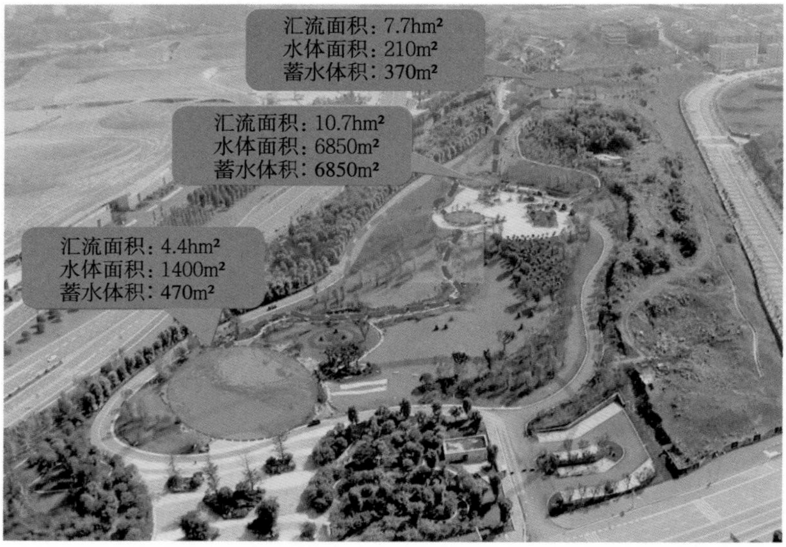

图 4.2.2　会展公园航拍图

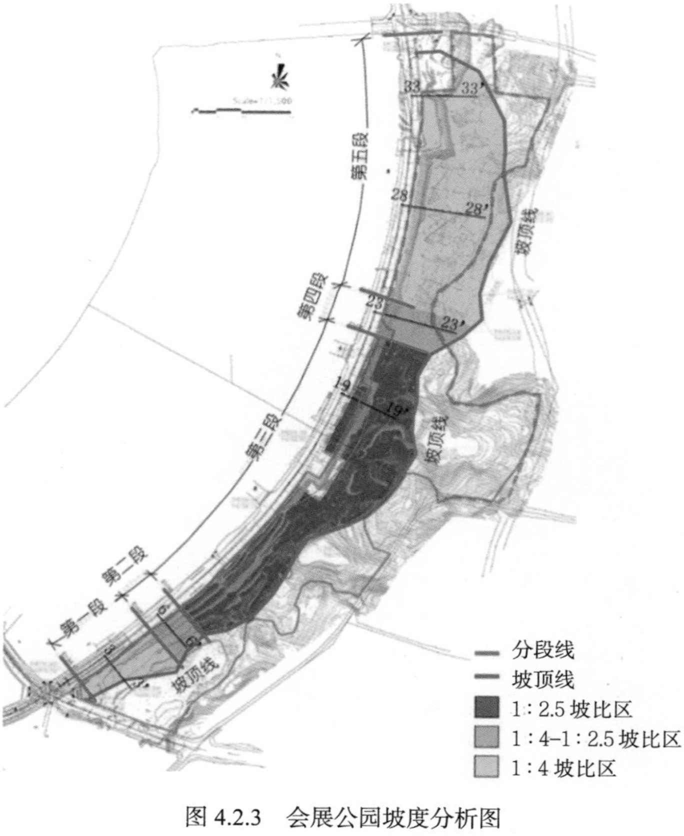

图 4.2.3　会展公园坡度分析图

4.2.1　项目概况

会展公园占地面积 52hm^2，本次改造面积 11hm^2。所在场地原为岩石坡地，坡度在 1∶4 ～ 1∶2.5 之间，覆土厚度在 1m 左右，土层较薄。公园地势总体是由东南向西北方向逐步抬升，园区制高点位于公园中部，高程 324.50m。考虑到地质结构安全因素，在公园低影响开发雨水系统体系构建过程中，不宜采用“渗”、“滞”等方式进行雨水调控。

事实上，对于山地城市尤其是重庆地区，岩石坡地居多，表面覆土深度不高。对这类岩石坡地进行海绵城市改造时，过度增大土壤含水率，有诱发地质灾害的风险，因此传统的“渗”、“滞”理念难以实施，也不宜使用，悦来新城会展公园的海绵城市改造工程在此方面具有良好的示范意义。

4.2.2　设计理念

会展公园是典型的山地城市绿地公园，在海绵改造过程中采用“蓄”“净”“用”“排”的雨水管理措施，利用公园中地势较低的场地、水塘建设生态草沟、雨水花园、生态湿地等雨水净化和调蓄设施，结合道路和场地坡度确定主要径流方向，合理布置雨水收集设施，实现雨水调蓄、净化和回用。

总体来说，会展公园的设计理念是尊重原方案的功能布局，结合公园现状，灵活选取适宜海绵城市措施，在保障公园地质结构安全的前提下构建雨水管理控制体系，使其改造后在国博片区承担雨水调蓄和雨水回用功能（图 4.2.4）。从而达到如下目标：

1. 控制雨水污染，实现雨水资源化。优化场地周边和公园内部的雨水径流走向，实现雨水调蓄、净化和回用，达到减少雨水资源流失、控制水体污染和缓解周边区域排水

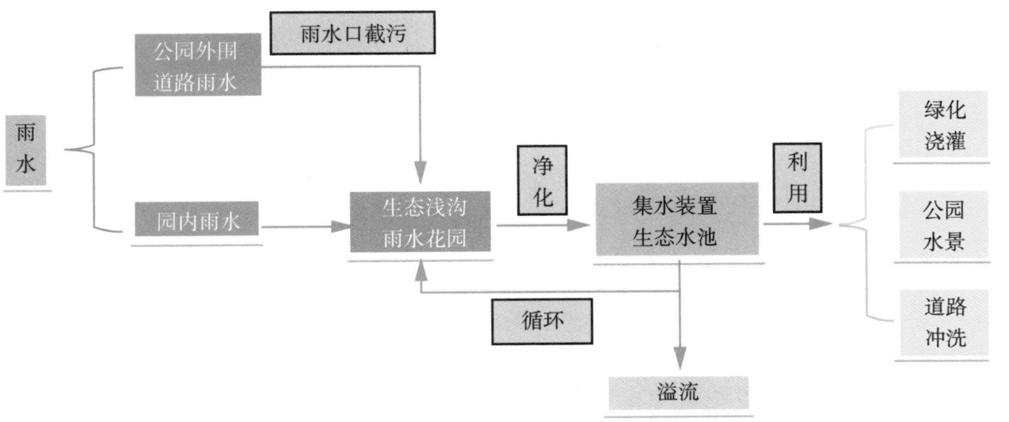

图 4.2.4　会展公园海绵城市改造思路图

压力的目标；

2. 改善公园生态环境，发挥其作为科普阵地的功能。在满足公园主要功能的前提下，通过实物展示、科普介绍等方式，全面展示园区雨水利用的相关技术和设施，提高公众的水资源管理意识。

采用“雨水景观塘＋集水模块”集成的模式，实现雨水净化、滞蓄、回用。经现场踏勘，确定会展公园海绵城市设施改造思路如下：

1. 公园北端小剧场内增设“雨水景观塘＋集水模块”；

2. 公园南端雕塑广场内增设“雨水景观塘＋集水模块”；

3. 将现有山顶水湾打造为“雨水景观塘”；

4. 利用水泵提升和植草沟转输将“山顶水湾景观塘”和“雕塑广场景观塘”联动起来，形成景观水体群；

5. 会议展览馆二期广场内增设一处水景，由现状雨水回用设施供水，本方案需复核现有雨水回用设施的供水量。

4.2.3 技术措施

依据地理位置分布，会展公园海绵城市改造工程分南北两区实施，其中，北区改造工程包括小剧场；南区改造工程包括雕塑广场、山顶水湾以及会议展览馆（图 4.2.5）。

1. 公园北端小剧场“雨水景观塘＋集水模块”

该处采取“雨水景观塘＋集水模块”的改造方式，即通过现状雨水管网截留、植草沟截留转输等汇水方式，将北区周边学堂路半幅道路、融创项目 3 号地块以及小剧场周边绿地的雨水，汇集到中部的雨水景观塘中。配合雨水回用系统，实现雨水回用，节水率可以达到 17% ～ 27%（图 4.2.6，图 4.2.7）。

2. 现有山顶水湾“雨水景观塘”

山顶水湾的雨水景观塘采用自流汇水、现状雨水管网截留、顶管进入山顶水湾等汇水方式，将山顶水湾周边公园绿地、会议展览馆以及叠彩山项目部分地块的雨水汇集到山顶水湾雨水景观塘。通过雨水回用系统，节水率可以达到 27.61% ～ 38.13%（图 4.2.8、图 4.2.9）。

3. 公园南端雕塑广场“雨水景观塘＋集水模块”

公园南端雕塑广场采用“雨水景观塘＋集水模块”的改造模式，通过新建植草沟截流转输，将广场雨水汇入雨水景观塘。利用雨水回用系统，节水率可以达到

图 4.2.5　会展公园改造措施分布图

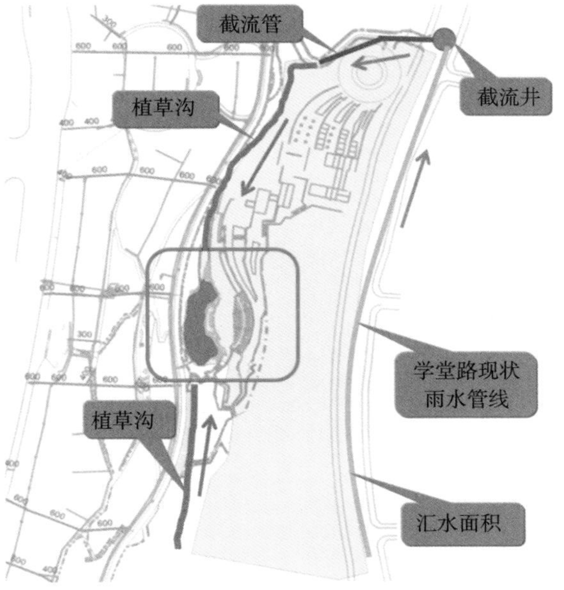

图 4.2.6　会展公园北端改造措施分布图

图 4.2.7　会展公园雨水塘

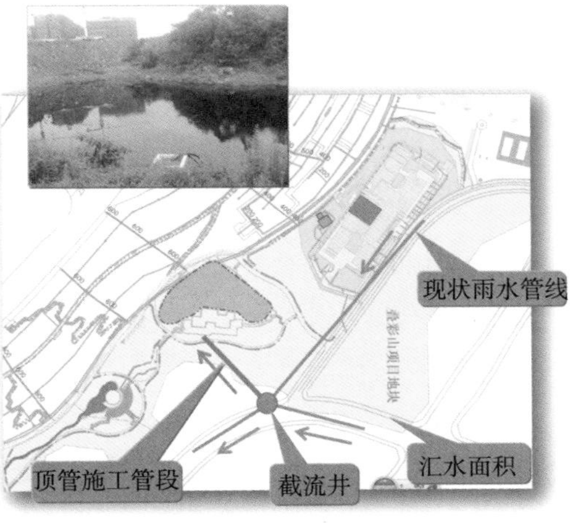

图 4.2.8　会展公园山顶雨水景观改造措施分布图

8.33% ~ 12.86%。

南区雨水塘位于会展公园南入口处，本工程在现状洼地基础上打造为雨水塘，占地面积 4700m^2，蓄水深度平均为 0.7m。雨水塘下方安装集水模块，集水模块容积 470m^3。主要收集南区公园绿地雨水，汇流面积 4.44 万 m^2。收集的雨水经塘内多种水生植物净化及埋地式一体机过滤、消毒处理，通过泵站提升回用与公园的绿化浇灌及道路冲洗。雨水塘同蜿蜒的生态草沟结合在满足雨水滞缓、净化、收集公园的同时，也形成公园一处风景亮点。见图 4.2.10、图 4.2.11。

图 4.2.9　会展公园雨水塘航拍图

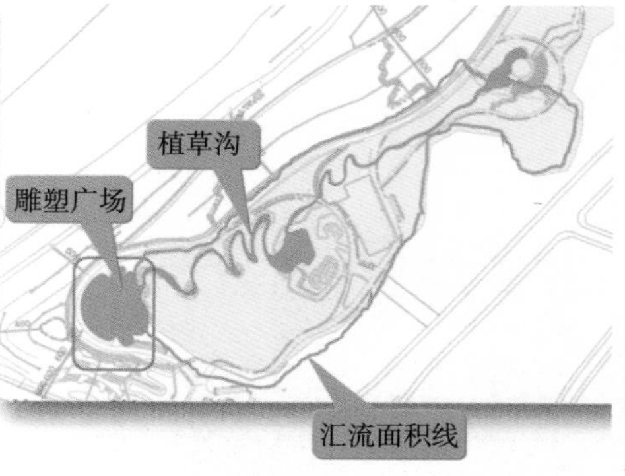

图 4.2.10　会展公园南端改造措施分布图

图 4.2.11　会展公园植草沟

4. 雕塑广场“雨水景观塘 + 集水模块”与山顶水湾的联动设计

通过水泵将山顶水湾的雨水提升至植草沟，沿途经过圆台广场和拉膜广场时，广场内设计景观水体，最后转输至雕塑广场；同时雕塑广场集水模块的水可经水泵提升回补山顶水湾水体，如此形成两者联动，实现水体良性循环（图 4.2.12、图 4.2.13）。

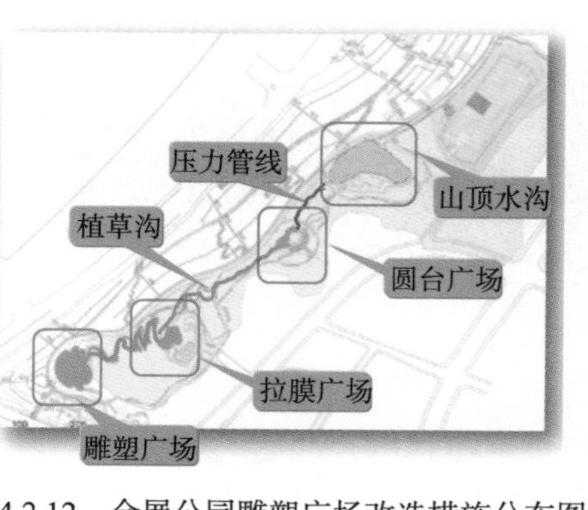

图 4.2.12　会展公园雕塑广场改造措施分布图

图 4.2.13　会展公园雕塑广场雨水塘

4.2.4　效益评估

1. 实现雨水污染控制和雨水资源化目标

组织场地周边和公园内部的雨水径流走向，实现雨水调蓄、净化和回用，达到减少雨水资源流失、控制水体污染和缓解周边区域排水压力的目标。

2. 改善公园生态环境，发挥公园科普阵地的功能

在满足公园主要功能的前提下，通过实物展示、科普介绍等方式，全面展示园区雨水利用的相关技术和设施，提高公众环保意识（图 4.2.14）。

图 4.2.14　会展公园效果图

4.3　国博中心

国博展览中心在海绵城市建设中较为特殊，由于建筑物的需求，其硬化率较大，雨水汇流速度快，径流流量较大。因此其改造力度较大，涉及多项措施。本节以国博中心作为展馆的海绵城市建设案例予以说明。

4.3.1　项目概况

重庆国际博览中心是一座集展览、会议、餐饮、住宿、演艺、赛事等多项功能于一体的现代化智能场馆，位于重庆两江新区的核心——悦来会展城，是西部最大的专业化场馆。重庆国际博览中心雄踞嘉陵江东岸，依山傍水，公园环抱，古镇相伴，拥有城市、森林、自然浑然一体的优美环境，是国内独一无二的公园展馆、人文展馆、生态展馆。

本次国博中心片区海绵城市改造工程，涉及研究流域面积为 2.2km^2（图 4.3.1）。

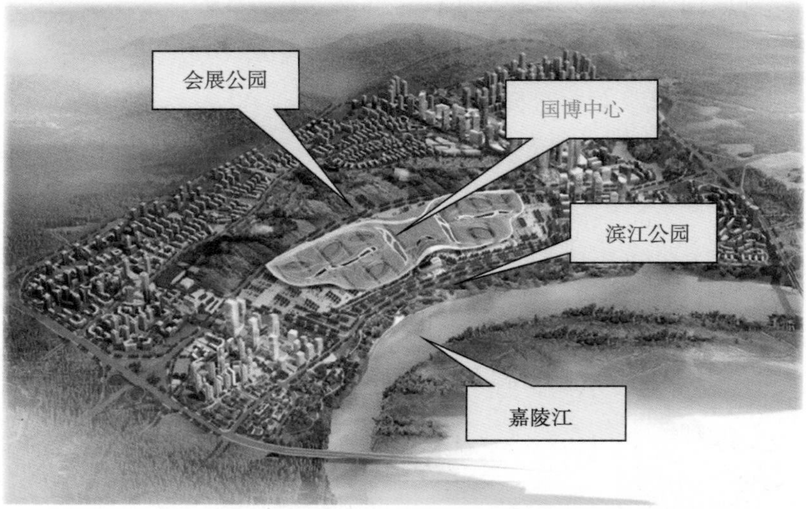

图 4.3.1　国博中心区位图

国博中心排水系统存在的问题：

1. 现状排水分区的年径流系数约为 0.7，离海绵城市建设控制指标差距较大；
2. 已建成的会展中心片区未充分考虑对径流的控制；
3. 展馆已全部建成并投入使用，现状排水系统及台地分割现状不利于改造；
4. 会展大道在超标降雨中承担泄流通道的作用，未考虑安全因素。

4.3.2　设计理念

根据国博中心的区域概况以及建设任务的要求，国博中心设计思路如下：

1. 展馆屋面面积大且分散，确定以污染控制为主的源头控制设施；

2. 展馆片区径流总量大，峰值流量大，确定以具有调蓄作用的设施为主，选用蓄水池作为该区域的控制设施；

3. 结合现状特点确定以下沉式生物滞留设施作为主要控制设施；

4. 温德姆酒店两侧具有大面积的现状绿地，确定具有景观作用的水体作为其控制设施，配合景观升级改造。

4.3.3 技术措施

经过详细的本底调研、现状分析和方案比选，拟定出适合国博中心现状用地和商业定位的海绵城市建设综合工程体系，主要工程包括（详见图 4.3.2）：

1. 采用多项海绵城市措施进行源头分散控制，如展厅雨水立管下端设置雨水花台、道路雨水口改造为截污式雨水口、透水展场绿化带和停车场绿化带改为下沉式雨水花园、中心广场设置下凹式绿地等，以期达到对国博片区展厅屋顶、室外停车场、展场、中心广场等所有下垫面初期雨水径流污染的源头控制，体现海绵城市建设的核心理念和价值；

2. 设置蓄水池和小型雨水收集模块，在控制和处理源头雨水污染的同时，充分收集和储存雨水，并对收集的雨水进行回用；

3. 利用自然高差和绿地，在酒店前方建设2个雨水塘，并结合景观提升，提供公众休闲、观赏区域，提高正面空间的美观和空间利用价值；

4. 雨水回用类型包括道路冲洗、绿地浇洒和空调冷却水补给，体现雨水多层次回用功能，为大型公共建筑雨水回用提供示范。

国博中心采用的海绵城市海绵城市改造设施，主要包括：1. 调蓄池工艺系统；2. 雨水塘；

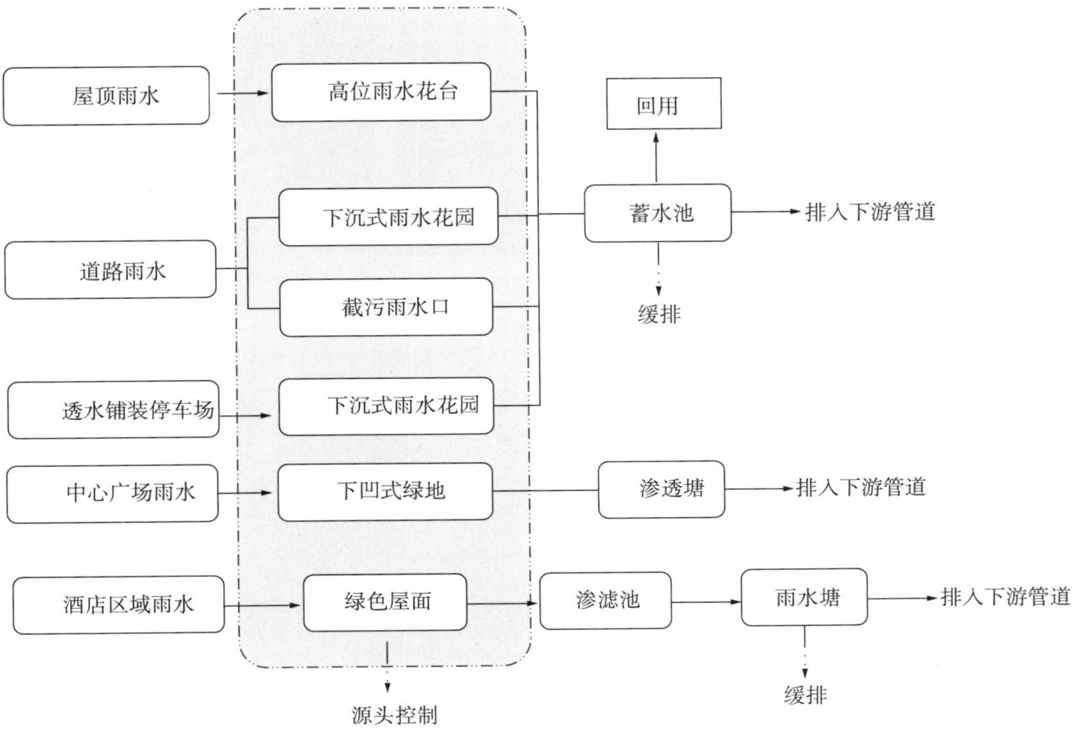

图 4.3.2 国博中心改造工程系统流程图

3. 透水室外展场下沉式雨水花园；4. 中心广场下凹绿地；5. 停车场雨水花园改造。

1. 中央广场下凹式绿地

在现状树间下沉 0.4m 绿地景观带，敷设雨水盲管将土层内积水排入雨水塘。系统兼具蓄水、缓排、净化景观多重功能。详见图 4.3.3、图 4.3.4、图 4.3.5。

2. 停车场雨水花园改造

将原花台改造为具有滞蓄和净化雨水径流水质的雨水花园，内部设置雨水溢流设施，

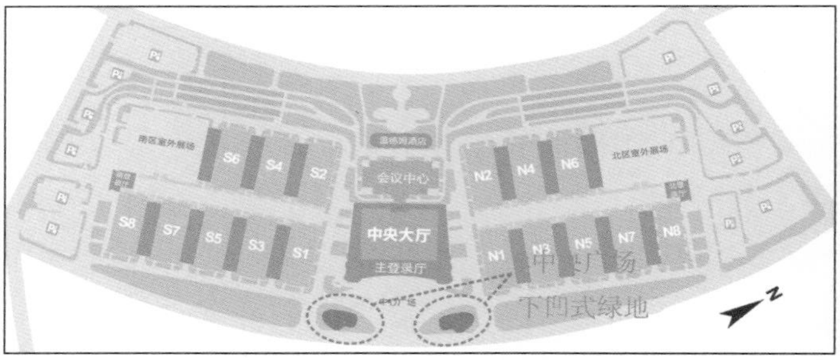

图 4.3.3　国博中心下凹式绿地分布图

图 4.3.4　改造前

（a）

（b）

（c）

图 4.3.5　改造后

雨水净化后就近排入现状雨水检查井，达到削峰及污染控制的作用。见图 4.3.6、图 4.3.7、图 4.3.8。

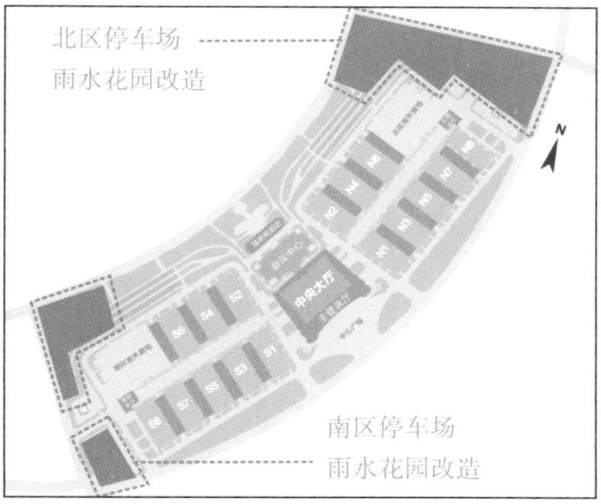

图 4.3.6　国博中心停车场雨水花园分布图

图 4.3.7　改造前

图 4.3.8　改造后

3. 透水室外展场下沉式雨水花园

雨水通过广场的透水铺装地面，形成的径流部分通过排水明沟进入雨水花园，渗滤液处理后的部分与溢流部分，通过溢流井进入现状雨水管网。见图 4.3.9、图 4.3.10、图 4.3.11。

4. 雨水塘

两个雨水塘的面积均为 3000m^2，有效调蓄容积均为 1000m^3。收集滞蓄国际会议中心、温德姆酒店及附近台地共约 100585m^2 范围的雨水径流，进行水质处理和调蓄缓排，与周边景观协调设计，发挥雨水径流控制、生态景观与休憩亲水等多重功能。见图 4.3.12 ~ 图 4.3.15。

水塘设置前池，用于沉淀雨水径流挟带的泥沙等污染物，沉淀后进入主池，进行水质处理和滞蓄缓排。缓排管设置在景观水位之上，采用小管径外排，外排管径经过模型评估确定，使调蓄雨水径流在降雨峰值结束的 24 小时之后缓慢排出，进入滨江大道雨水管网。

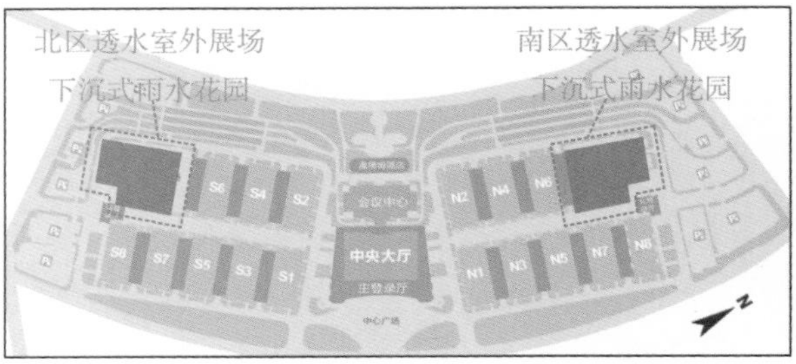

图 4.3.9　国博中心下沉式雨水花园分布图

图 4.3.10　改造前

图 4.3.11　改造后

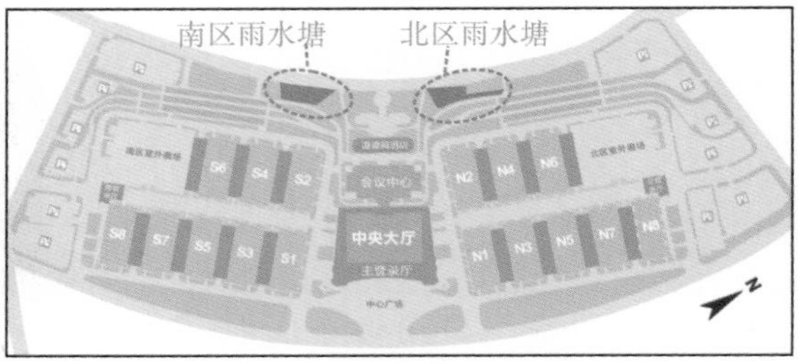

图 4.3.12　国博中心雨水塘分布图

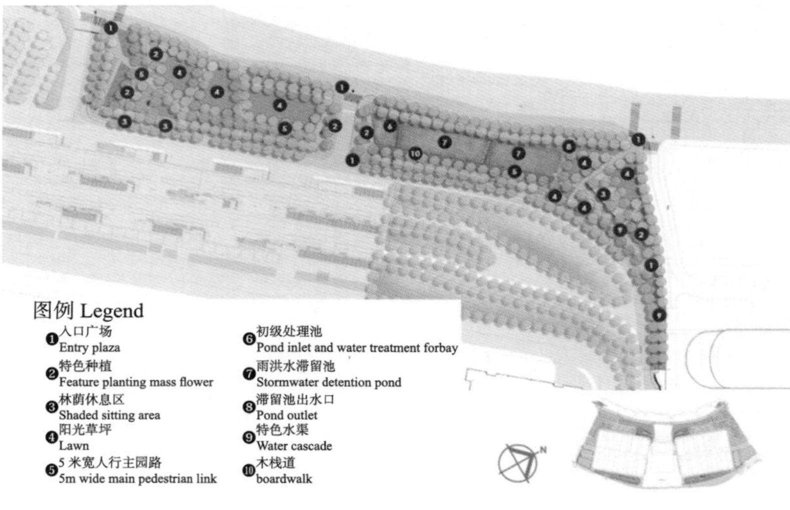

图 4.3.13　国博中心雨水塘构造图

图 4.3.14　国博中心雨水塘效果图 1

图 4.3.15　国博中心雨水塘效果图 2

5. 雨水回用系统设计

回用水功能介绍 a、自流水：利用蓄水池较高的地理位置，作为湿地、塘的补水源头；b、压力水：利用自动喷灌系统的尾水作为喷泉、景观塘的补充水源。利用南区 1# 蓄水池、北区 1# 蓄水池的高位优势，采用自流供水对南区的 S1、S2、S3 及北区的 N1、N2、N3 生态停车场内的花台、苗圃、树池进行浇灌；南区、北区的 2#、3# 蓄水池通过水泵加压 + 自动喷灌的形式对悦来大道一侧的树林、草坪进行浇灌。见图 4.3.16。

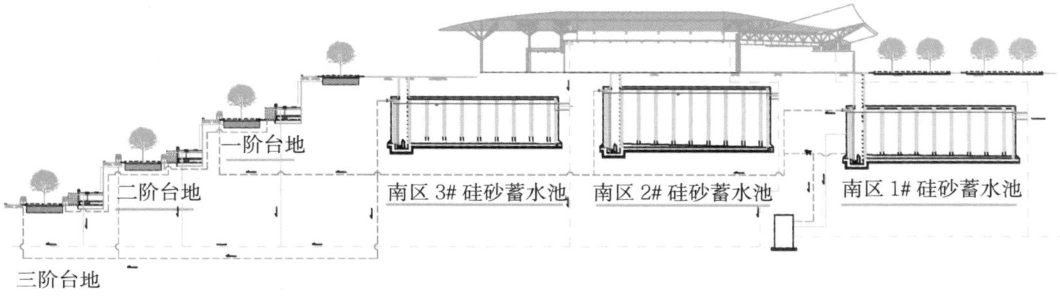

图 4.3.16　国博中心雨水回用系统图

每座蓄水池均设置提升泵，利用压力水对国博中心周边道路进行不定期冲洗，保证道路清洁；蓄水池储存的水也可以用于楼道清洁、植物集灰冲洗、玻璃幕墙清洗、外墙面清洗以及广场浇洒等。

大容积的蓄水池可以作为消防用水的备用水源，可将蓄水池压力出水管接入消防应急车道旁边的专用消火栓，供消防车取水。

4.3.4　效益评估

经测算，国博中心雨水回用全年替代市政用水量为 25.04 万 m^3。市政自来水补水工况下，按重庆市现行自来水价估算（4.0 元 /m^3），当全部采市政自来水时的耗资为 100 万元。雨水回用补水工况下，雨水回用处理（处理 + 提升）成本约 1.0 元 /m^3，则全年雨水回用部分的处理造价为 25 万元。综上所述，回用雨水替代市政水一年节约水费 75 万元，具有巨大的经济效益。

经测算，国博片区通过雨水径流控制措施可实现污染去除率（SS）59.7%，在环境方面产生显著效益。通过屋顶绿化、打造雨水花园、生态蓄水池等低影响开发措施不仅能够减少内涝保护城市安全，还能净化雨水，美化城市环境，实现景观和生态的多样性，给居民一个身心愉悦的休憩场所。见图 4.3.17。

图 4.3.17　国博中心效果图

4.4　璧山露营地

本项目是重庆市璧山区海绵城市建设试点区低影响开发改造设计项目。根据海绵城市建设标准，对璧山区汽车露营地项目进行低影响开发改造，增设低影响开发相关设施。对璧山区汽车露营地项目的原始设计进行低影响开发“改造”，使还未开建的汽车露营地项目达到海绵城市建设的相关控制指标。

项目在初步设计方案中充分结合璧山区本地水文地质特征，充分考虑开发地块的规划和建设现状，采用因地制宜的工程措施，从全雨水分区的指标控制角度出发，充分发挥源头径流控制对整个雨水管理分区的指标平衡作用，集中体现了“源头控制、过程管理、监测反馈、末端治理”设计理念中的源头控制设计思路。

4.4.1　项目概况

秀湖汽车露营地公园地处黛山大道与茅山大道间，与璧山的瑰宝碧玉——秀湖，傍水毗邻。项目规划占地 180 亩，分为了房车露营区、生态停车场区、草坪露营区、运动休闲场地等几大功能分区，共拥有各类停车位 1000 余个。营地内电动汽车充电桩、日常生活高标准配套设施均一应俱全。该项目结合“海绵城市”全新理念而建，在打造为精品旅游项目的同时，树立璧山区作为“重庆市海绵城市试点”的代表项目。

此次海绵城市设施布局对整个露营地的硬质铺装进行了“换装”：公园入口原本大面积的硬质铺装人行广场改用透水铺装，车行道路面则采用了排水型透水沥青路面，透水路面像海绵一样能快速“吸收”雨水，配合传统雨水管网系统，实现“中小雨不积水，大雨不内涝”。停车位也集体扮靓，铺装形式结合植物显得更加丰富、自然美观及生态：微观上雨水自降落，经铺装及植物带的过滤、净化后，继而下渗到土壤，多余部分通过线性排水沟溢流，如此抑制了降雨径流，延长汇流时间，削减峰流，发挥控制面源污染、洪峰流量削减等作用。宏观上，整个公园顺势而建坡向秀湖，多条带状的生态停车场，结合环湖道路的生态驳岸则垂直于雨水径流方向，对具有“含油含污”风险的雨水层层拦截，保卫着秀湖的持久美丽灵秀。

本项目位于重庆市璧山区，紧邻黛山大道和茅山路，属于公园绿地，总建设用地面积 12.74hm^2（除掉变电站：1.57hm^2），区位关系如图 4.4.1 和图 4.4.2 所示。

本次设计区域汽车露营地项目地块位于《重庆市璧山区海绵城市专项规划》中 A08-07/01（公园绿地，3.44hm^2）、A08-03/01（防护绿地，2.31hm^2）、A08-02/01 地块（商业商务用地，6.63hm^2）、A08-01/01 地块（防护绿地，3.6hm^2），合计 12.74hm^2，其中区域范围如图 4.4.1 ~图 4.4.3 所示。

项目现状建成状态为完全未建。

图 4.4.1 项目卫星图片

图 4.4.2 项目所占控规地块

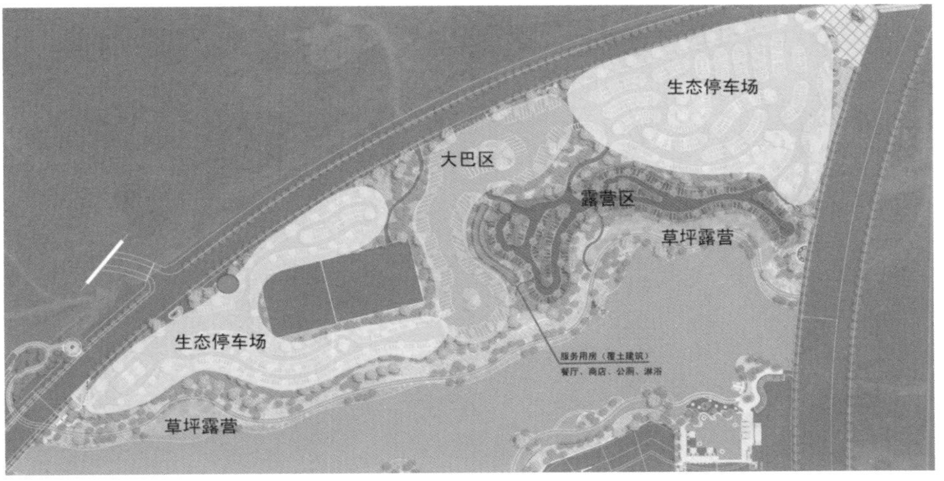

图 4.4.3 项目分布

4.4.2 设计理念

1. 设计原则

（1）以现状实际情况作为设计基本条件，以解决实际问题作为设计的基本方向；

（2）结合璧山区现状问题和规划定位，因地制宜地采取“渗、滞、蓄、净、用、排”等措施；

（3）新建工程系统的布局与现状排水管网系统有机协调；

（4）根据现场具体情况选用合适的海绵城市设施，同时不降低现状系统的排水能力；

（5）工程措施在实现径流控制指标的同时需要把握海绵城市建设的核心，即实现污染控制、生态环境保护和雨水利用综合目标；

（6）结合璧山区“三区一美”战略和“水城”、“绿城”及水生态文明城市建设成果，协调城市风貌、优化提升城市景观层次。

2. 设计理念及设计流程图

璧山区汽车露营地项目海绵城市设计以尽量达到实施方案中提出的年径流控制指标为总目标，并结合现状实际情况进行设计。技术路线如下（图 4.4.4）：

（1）源头控制，中途多点拦截，末端处理；

（2）雨水回用，节能降耗，环保降污。

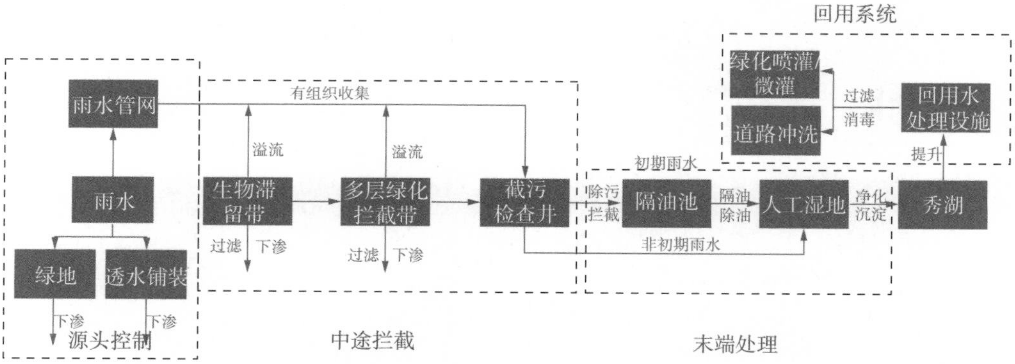

图 4.4.4　技术路线图

3. 项目建设目标

汽车露营地公园可能出现的问题：

（1）食用油油污：来源于烧烤、洗涤等活动；

（2）汽车油污：来源于汽车机油；

（3）初期雨水污染：来源于人类活动、地表污染。

汽车露营地公园建设目标：

（1）有效控制油污——问题导向；

（2）满足海绵上位规划指标控制要求——指标要求。

4.4.3　技术措施

露营停车场技术措施主要包括：生态停车场、人工湿地、隔油池、透水混凝土、截污检查井。见图 4.4.5。

1. 生态停车场

生态停车场，在传统停车场的基础上加入了海绵城市的措施，雨水花园、透水铺装、组合成具有海绵城市功效的生态停车场。见图 4.4.6 ~ 图 4.4.8。

2. 透水混凝土

图 4.4.9 中玫红色填充区域为车型主要区域，采取透水混凝土；绿色填充区域为人行入口，采取透水铺装。

图 4.4.5　技术措施分布图

图 4.4.6　生态停车场示意图 1

图 4.4.7　生态停车场示意图 2

图 4.4.8　生态停车场示意图 3

透水混凝土结构以国博中心为例说明。见图 4.4.10。

3. 截污检查井

末端干管现有雨水检查井改造为截污检查井或中途截污装置。图 4.4.11。

4. 隔油池

在雨水干管末端，截留初期雨水进入隔油池，隔油控油。见图 4.4.12。

根据项目需求，在雨水管网末端添加隔油池对雨水进行隔油处理。其中有四个雨水管网排出口，由于收水面积不一，在其中两个人流量较大的排出口处各设置一个隔油池。

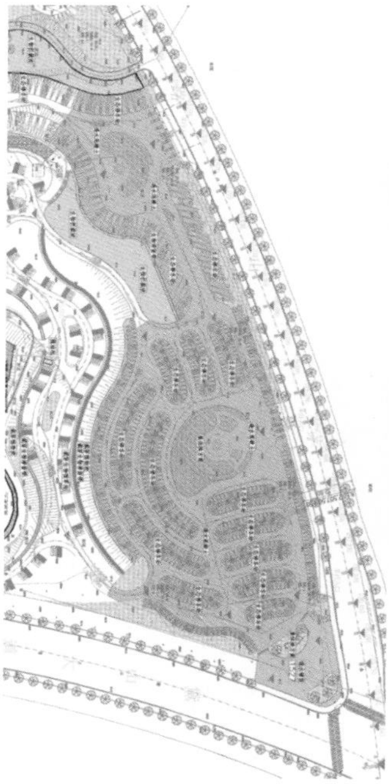

图 4.4.9　透水混凝土分布图

图 4.4.10　透水混凝土结构示意图

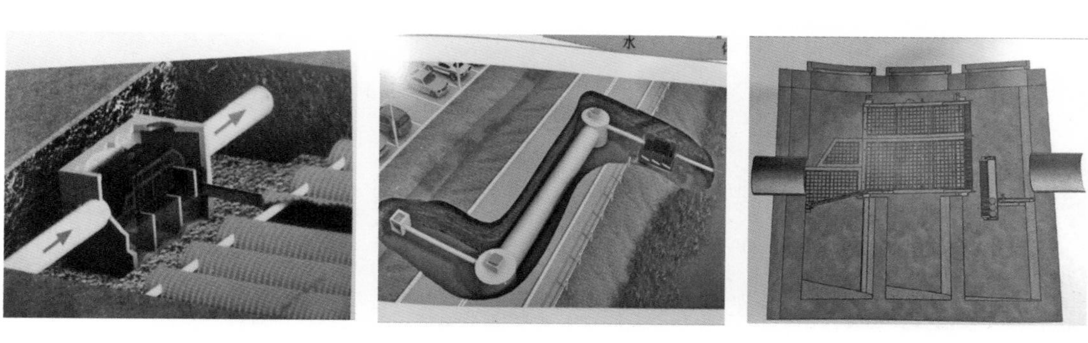

图 4.4.11　截污检查井结构示意图

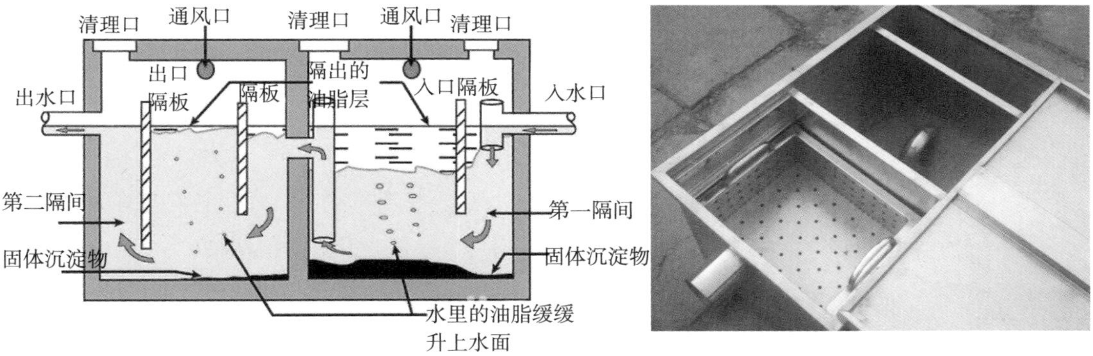

图 4.4.12　隔油池

5. 人工湿地

湿地是自然界中最重要的净化手段之一。因此湿地被称作是“地球之肾”。

人工湿地是海绵城市的重要环节，对污染负荷进行沉淀、生物净化去除；提升景观，改善城市生态体系，与周边环境景观相协调；湿地景观具有游赏、科普、教育、体验等功能；同时将文化西路的指标控制与周边地块统一系统规划设计。见图 4.4.13 ~图 4.4.15。

图 4.4.13　人工湿地分布图

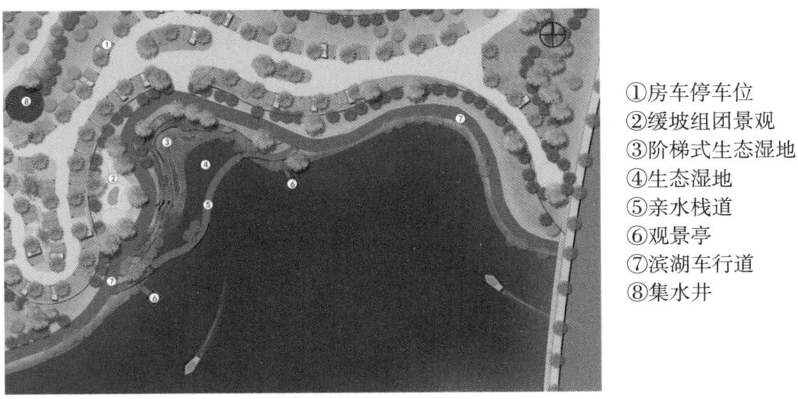

图 4.4.14　人工湿地示意图 1

图 4.4.15　人工湿地示意图 2

6. 雨水回用设施

回用水源：秀湖水（与中水系统互为备用）；

回用通道：自动喷灌系统；

绿地面积：6.2hm^2；

分布特点：约 70% 分布较为集中；

回用能效：估算年实现雨水回用量 2.48 万 t。

雨水回用设施节能、环保、高效、自动控制，见图 4.4.16。

图 4.4.16　雨水回用设施

4.4.4　效益评估

《重庆市璧山区海绵城市专项规划》应从宏观上指导璧山区的海绵城市建设，与总体规划中的其他规划内容进行配合，协调水系、绿地、排水防涝和道路交通等与低影响开发的关系，落实海绵城市建设目标。根据《专项规划》，汽车露营地项目所在雨水管理分区十二所占地块的年径流总量控制率、污染物总量控制率指标的控制要求如表 4.4.1 所示。

汽车露营地规划控制指标　　表 4.4.1

项目	用地性质	年径流总量控制率	污染总量控制率
汽车露营地	公园用地	92%	64%

为璧山打造音乐、活动、集会等多功能广场，增强视觉上通透，提升功能（见图 4.4.17、图 4.4.18）。

图 4.4.17　建成效果图 1

图 4.4.18　建成效果图 2

4.5　秀山体育公园

本项目是秀山县海绵城市建设试点区低影响开发改造设计项目。项目在初步设计方案中充分结合秀山县本地水文地质特征，充分考虑开发地块的规划和建设现状，采用因地制宜的工程措施，从全雨水分区的指标控制角度出发，充分发挥源头径流控制对整个雨水管理分区的指标平衡作用，集中体现了“源头控制、过程管理、监测反馈、末端治理”设计理念中的源头控制设计思路。

4.5.1　项目概况

秀山土家族苗族自治县位于重庆市东南边陲，地处武陵山区腹地的渝、湘、黔三省市结合部。东北与湖南省的花垣保靖、龙山三县毗邻，南和东南、西南与贵州省松桃苗族自治县毗邻，北和西北与酉阳土家族苗族自治县接壤，东北角与湖北省来凤县仅相距 20km。县境东北至西南长 89km，边境线长 320km，地理坐标介于东经 108° 43′ 6″ ~ 109° 18′ 59″，北纬 28° 9′ 43″ ~ 28° 53′ 5″。国道 319 线和 326 线在县城呈“十”形交叉，县城是国道 326 线的起点，渝怀铁路和渝湘高速在县城东北角呈“十”字形交汇。县城至重庆市主城区高速里程 500km、距贵阳 538km。

秀山县是川渝东南重要门户，是渝东南国家级生态文化保护实验区。是重庆经济区连接“珠三角”和“长三角”经济圈的重要通道、西部地区承接东南沿海产业转移的“桥头堡”。渝怀铁路的纵向而过，319 国道和 326 国道的纵横相交，是通往重庆、贵州、四川、湖南、云南和福建等方向的交通要道。同时，秀山县有山有水，人文历史交相辉映，文化传承积淀深厚，是重庆市乡村旅游和生态旅游环线上的重要旅游节点。见图 4.5.1、图 4.5.2。

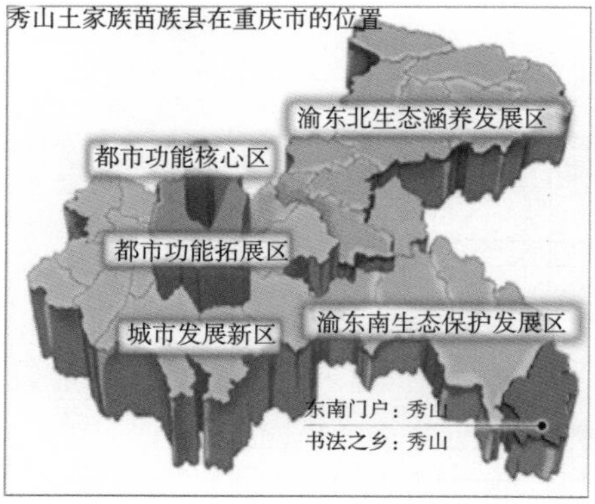

图 4.5.1　秀山在重庆的位置图

图 4.5.2　秀山县城全貌

秀山县城坐落于梅江河中游河段两岸。右为中和镇，是县政府和主要居住区所在地；左岸上游段是平凯镇，中段为飞机坝农场，下游段为涌图镇，形成三镇相连的格局。现有 319、326 国道通过县城。已建成的国家一级铁路（渝怀铁路）和渝湘高速路从秀山县城经过。交通便利，是秀山县境的枢纽。穿城而过的梅江河河道平缓、两岸为平坝，田地集中，地形南高北低。见图 4.5.3。

海绵核心示范区位于秀山县城市建设规划范围中部区域，主要包括梅江河沿岸区域、莲花混合区东部凤凰新城片区、行政中心区、职教中心区等区域，规划面积为 6.4km^2。详见图 4.5.4。

本次设计区域体育公园项目地块位于《重庆市秀山县海绵城市专项规划》中划分的排水分区六，主要为文体娱乐用地，总建设用地面积 7.24hm^2。

1. 设计面积

景观设计区域占地总面积：72402.18m^2。

2. 交通现状

秀山高级中学交通系统明确，分为城市道路、车行道路、人行道路。城市道路，场地北侧为城市主干道——渝秀大道，东侧为滨江路，西侧为连接秀山高级中学的城市支路；车行道路，在体育场与室内体育馆四周为车行道路，并连接滨江路；人行道路，连接市政道路与公园内部的步行道，贯穿轴线广场、小型休息场地。见图 4.5.5。

另外体育馆车行道宽度在 16 ~ 30m，是体育馆重要的交通集散场地，为水泥混凝土不透水路面。

3. 场地现状

体育公园空间是市民活动的空间载体。经现场踏勘，分析秀山体育公园空间包括运动场地、广场空间、开放绿地。但总体来看，空间场地未充分利用，绿地功能性单一。见图 4.5.6。

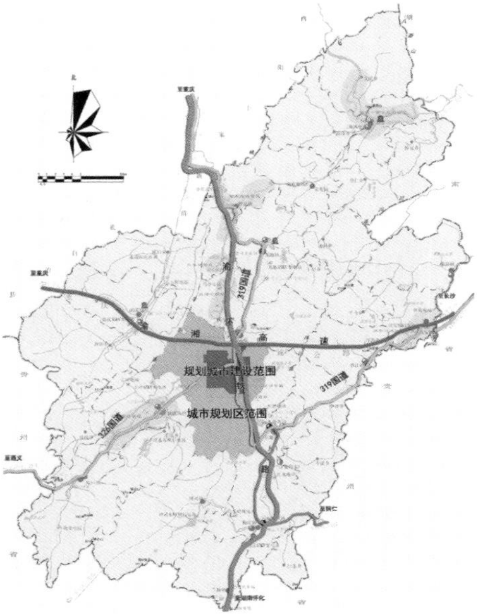

图 4.5.3　县城在秀山县域的区位图

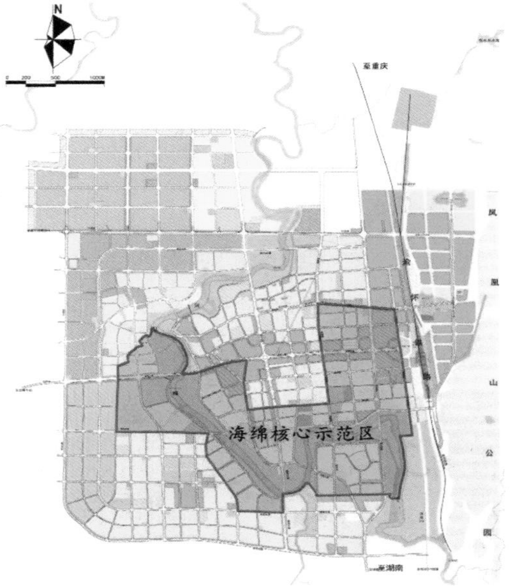

图 4.5.4　海绵示范区在县中心的区位

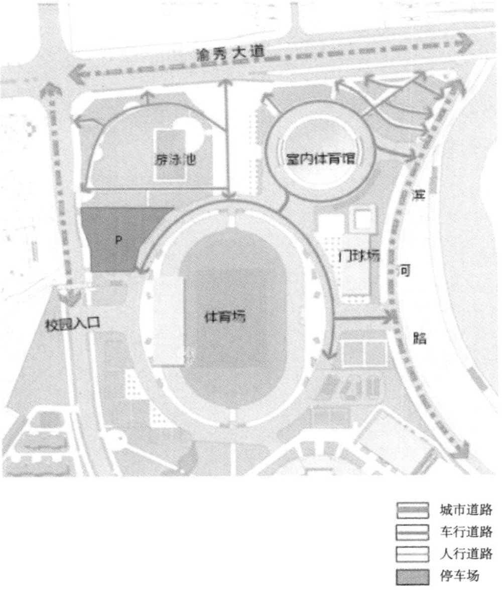

图 4.5.5　现状交通分析

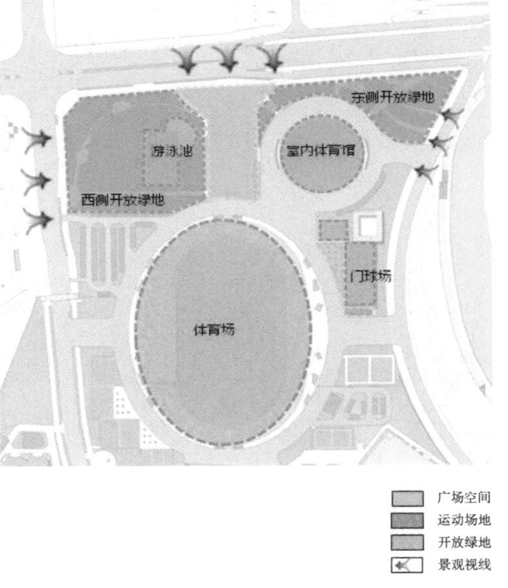

图 4.5.6　现状场地分析

运动场地：包括露天游泳池，体育场，室内体育馆，门球场。

广场空间：入口轴线和门球场西侧树阵广场。入口轴线上水景因疏于管护，景观效果不佳，轴线缺乏标志物。

开放绿地：东侧绿地连接路口与场地内部，入口狭小，可达性差；而东侧绿地破碎化，需对园路进行整合，打造大气的街头绿地景观。

场地铺装部分，除中轴线铺装外，其他小型广场、活动场地多为青石板、混凝土砖及水泥铺地等，部分铺装有破损情况，整体铺装档次较低。

从景观和使用角度，将重点改造几个区域：公园入口中轴广场、左侧绿化空间，右侧绿化空间，体育场西侧、东侧停车场。见图 4.5.7 ～图 4.5.10。

4. 植被状况

现状绿地绿量充足，但植被长势参差不齐，部分区域植物层次杂乱，有露土现象。地被植物主要以草坪为主，层次感较弱，缺乏景观亮点。

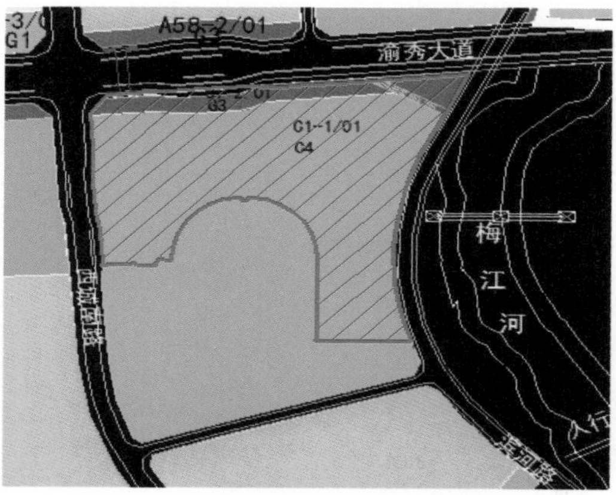

图 4.5.7　项目所占地块

图 4.5.8　项目所在地

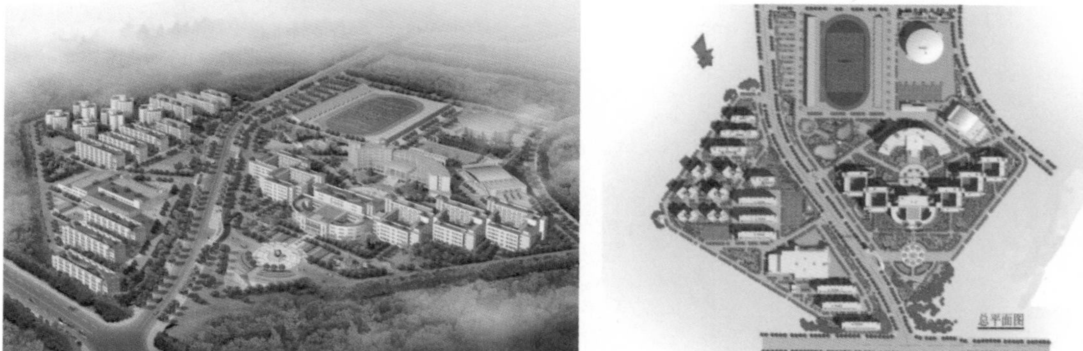

图 4.5.9　高级中学效果图

图 4.5.10　现状图

4.5.2　设计理念

1. 设计原则

（1）以现状实际情况作为设计基本条件，以解决实际问题作为设计的基本方向；

（2）新建工程系统的布局与现状排水管网系统有机协调；

（3）根据现场具体情况选用合适的海绵城市设施，同时不降低现状系统的排水能力；

（4）工程措施在实现径流控制指标的同时需要把握海绵城市建设的核心，即实现污染控制、生态环境保护和雨水利用综合目标；

（5）改造项目力争不对现有开发设施进行大修大改，力求通过局部小的改造达到较理想的雨水控制效果。

2. 技术路线

秀山县体育公园项目海绵城市设计以尽量达到实施方案中提出的年径流控制指标为总目标，并结合现状实际情况进行设计。技术路线如下（见图 4.5.11）：

（1）初步制定总体控制目标：以年径流总量控制率、污染物总量控制率为核心，兼顾其他规划控制指标：雨水资源化利用率；

（2）根据现状管网集水范围及地形特征，分析体育公园项目所在雨水排水子流域及雨水管理分区；

（3）对划分流域内现状下垫面进行分析，初步确定各下垫面改造方式及海绵城市设施布置；

（4）对初步确定的各种海绵城市设施划定汇流面积，确定模型参数。

4.5.3 技术措施

1. 透水铺装

方案设计透水铺装的技术要求如下：

（1）透水砖的透水系数、外观质量、尺寸偏差、力学性能、物理性能等应符合现行行业标准《透水砖路面技术规程》CJJ/T 188-2012 的规定。透水砖的强度等级应通过设计确定，面层应与周围环境相协调，其砖型选择、铺装形式由设计人员根据铺装场所及功能要求确定。透水砖材料及构造应满足透水速率高，保水性强，减缓蒸发，便于清洁维护，可重复循环使用的生态要求。

（2）透水砖面层与基层之间应设置透水找平层，找平层透水性能不宜低于面层所采用的透水砖。透水找平层用砂应宜采用透水性能较好的中砂和粗砂。

（3）基层类型包括刚性基层、半刚性基层和柔性基层，可根据地区资源差异选择透水粒料基层、透水水泥混凝土基层、水泥稳定碎石基层等类型，并应具有足够的强度、透水性和水稳定性。

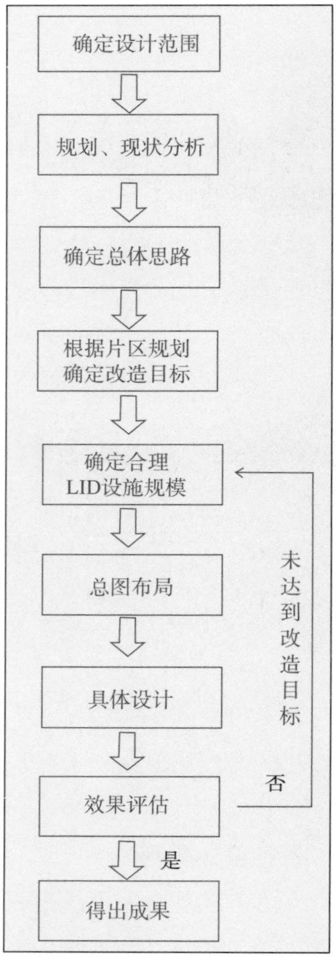

图 4.5.11　技术路线图

（4）当透水砖路面路基为黏性土时，宜设置垫层。当土基为砂性土或底基层为级配碎、砾石时可不设置垫层。垫层宜采用透水性较好的砂或砂砾等颗粒。

（5）土基应稳定、密实、均质，应具有足够的强度、稳定性、抗变形能力和耐久性。土基压实度不应低于《城镇道路路基设计规范》CJJ 194-2013 的要求。

透水铺装典型做法见图 4.5.12，图 4.5.13。

2. 生物滞留设施

此处为下沉式雨水花园。

1）改造原理

现状花台雨水无法自流入花台中，绿化带需要改为下沉式，由于现状花台条石为不透水材料，因此花台条石每间隔 40cm 留豁口，既能防止车轮影响绿地，又不影响整体美观效果。

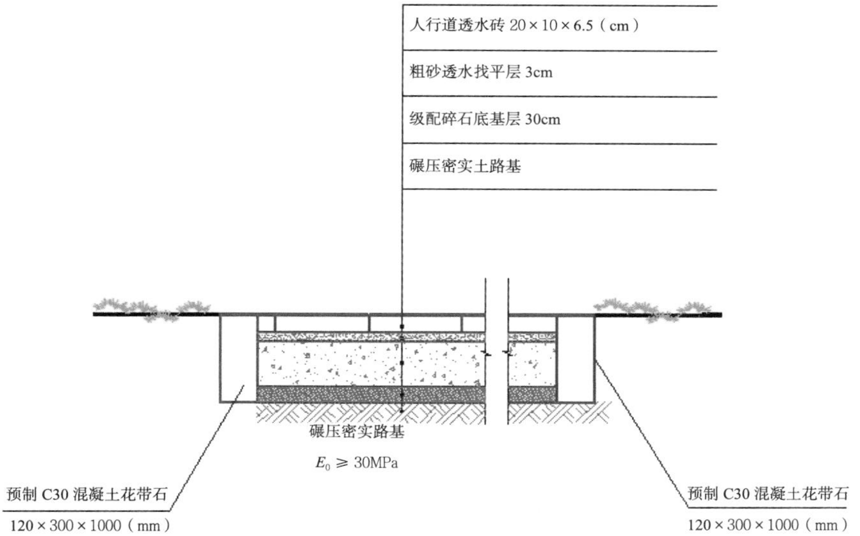

图 4.5.12　人行道透水铺装（透水砖）

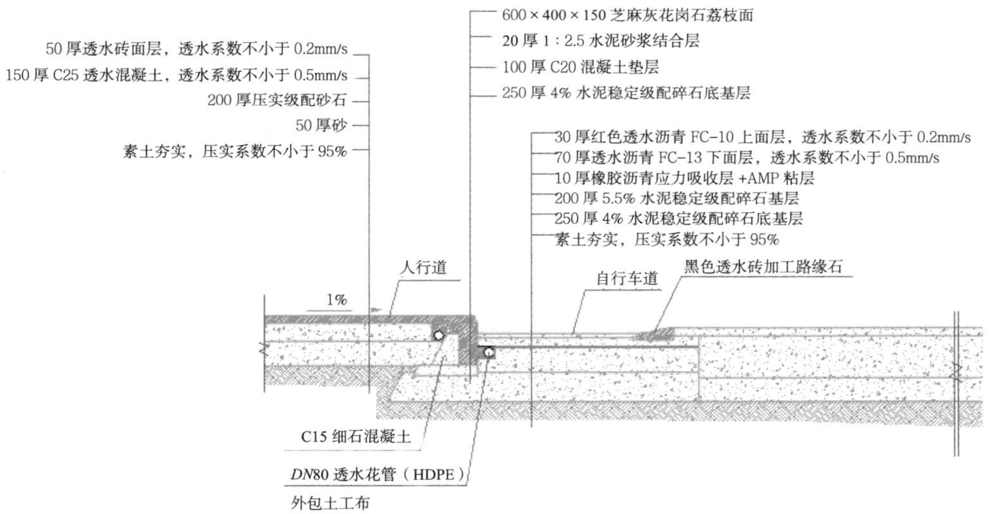

图 4.5.13　车行道透水铺装（透水沥青）

道路雨水经过侧壁花台条石豁口流入绿岛，通过种植土、过滤层、砾石层净化径流，进入集水盲管中，盲管坡度采用 1%，以便于过滤收集的雨水及时排走，在盲管末端设置溢流井，溢流井顶部低于停车场地面 1 ~ 2cm，顶端设置雨水箅盖板。经由盲管进入雨水溢流井再进入现状雨水检查井，当雨水量超过蓄水层高度，直接经由雨水溢流检查井进入现状雨水系统。

2）竖向布置

改造雨水花园竖向布置示意图如图 4.5.14 所示。

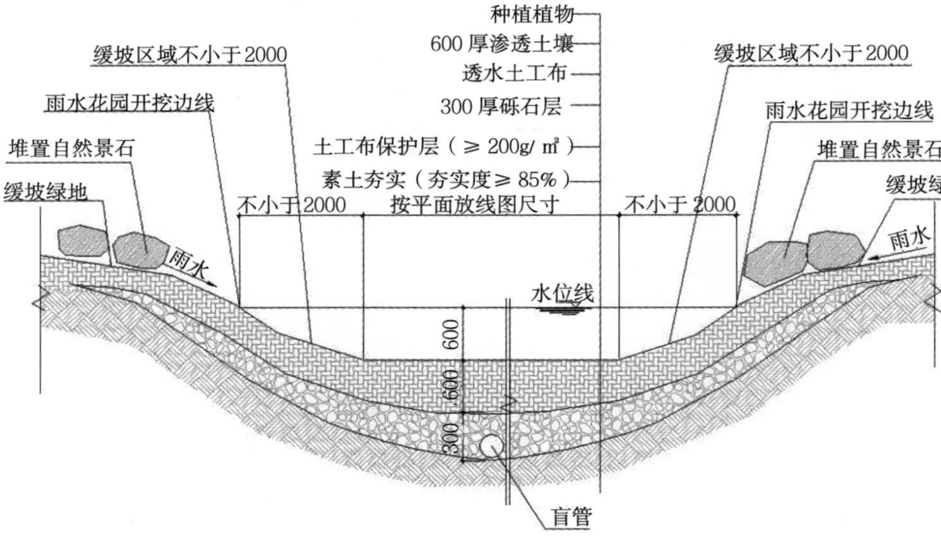

图 4.5.14　雨水花园竖向布置示意图

雨水花园最小深度：$H=H_1+H_2+H_3+H_4+H_5$

式中：H_1—设计持水深度，取 20cm；

H_2—种植土厚度，为了满足灌木生长需求，种植土厚度取 50cm；

H_3—过滤层厚度，取 10cm；

H_4—砾石层厚度，取 30cm。

3. 雨水集蓄利用系统

体育公园为已建成项目，针对体育场雨水的收集，结合室外雨水排水管道的具体敷设情况，采用分区回流收集。雨水回用如图 4.5.15 所示。

（1）回用水量计算

体育公园用水量主要为道路浇洒和绿地浇灌，根据规范，体育公园区域内沥青道路和绿化面积，以及各所在区域周边道路面积如表 4.5.1 所示。

道路面积统计表　　表 4.5.1

下垫面	面积（m^2）	用水标准（$L/m^2 \times d$）	用水量（m^3/d）
绿地	22574	2	45
硬地	10829	2	22
透水铺装	16821	2	33
合计	$100m^3/d$		

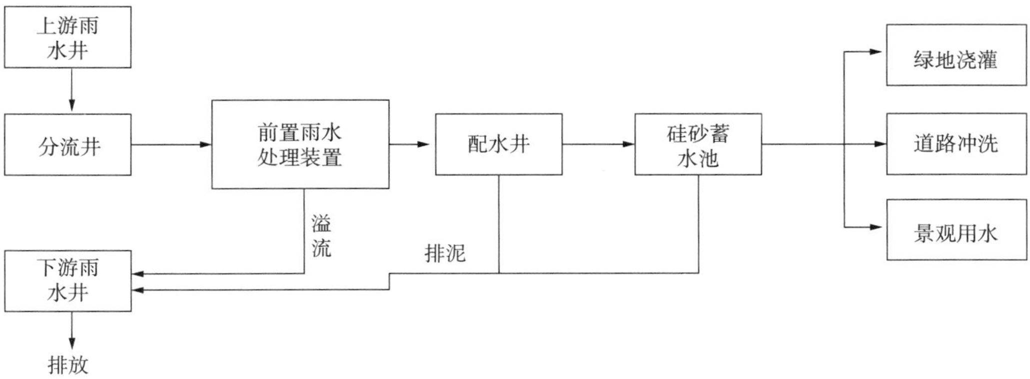

图 4.5.15　体育公园雨水集蓄利用示意图

由于本项目中回用水是通过洒水车来进行绿地和道路的浇洒，考虑每天浇洒水量为 100m^3，其用水量按照 20 万 m^3 洒水车一天取 5 次水即可完成浇洒，按照 3 天的用水量进行设计，则体育公园需回用水量为 300m^3，故本次设计回用水池容积取值为 300m^3。

（2）进水量计算

回用水池通过体育场周边 *DH*500 雨水管道，收集高级中学体育场东侧及周边雨水，收水面积为 3.78hm^2。若体育公园的回用水池容积按 300m^3 计，则通过 ICM 模型对一年的运行情况进行模拟，池子的进水情况如图 4.5.16 所示。

根据回用池水位高程情况及模型数据分析，对回用池容积进行复核、调整，最终

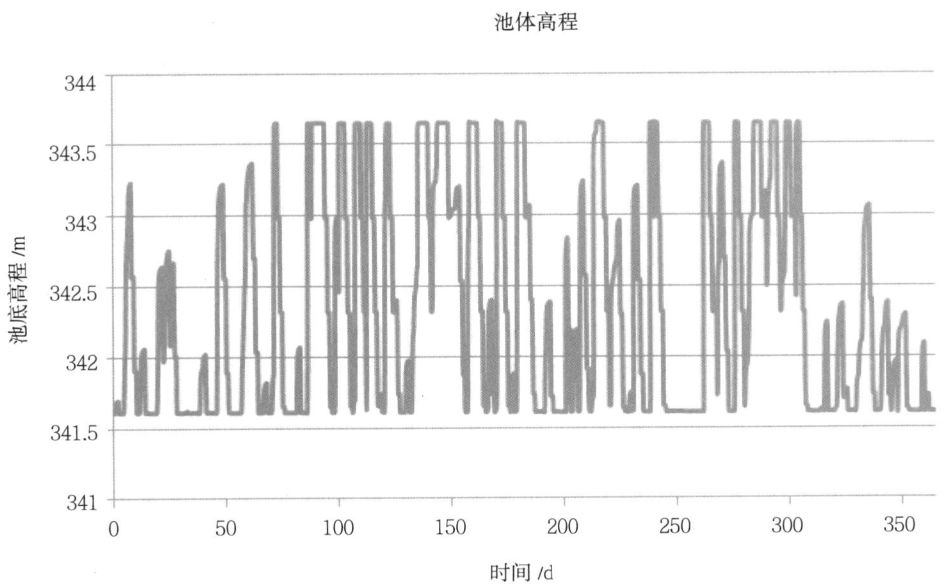

图 4.5.16　雨水回用水池水位高程

确定全年各区情况如下：回用水池池容为 300m^3，年充满次数为 19 次，年可用水量为 9559m^3；

（3）回用水池设计

目前常用的蓄水池有混凝土调蓄池、PP 模块蓄水池和硅砂蓄水池，三类蓄水池的比较可知。由于硅砂蓄水池施工工艺简单、施工周期短、后期维护方便、出水水质好，本次项目推荐采用硅砂蓄水池。

（4）硅砂蓄水池

雨水经现有雨水管网汇集，经配水井后进入硅砂蓄水池。

1）分流井

分流井设置于雨水排水管网的检查井中，在检查井中设置雨水溢流堰，在靠近市政排水管的溢流堰底部设置斜砂孔道，卸砂孔道大小一般根据排水量确定，降雨时，初期雨水及后期雨水携带的泥沙通过管道底部卸砂孔道流入市政排水管，不进入雨水蓄水池，靠近蓄水池进水管侧的雨水溢流堰略低于靠近市政排水管的溢流堰，但高于靠近市政排水管的溢流堰底部设置的孔道，保证降雨时雨水优先进入蓄水池中且使泥沙不进入蓄水池中。见图 4.5.17、图 4.5.18。

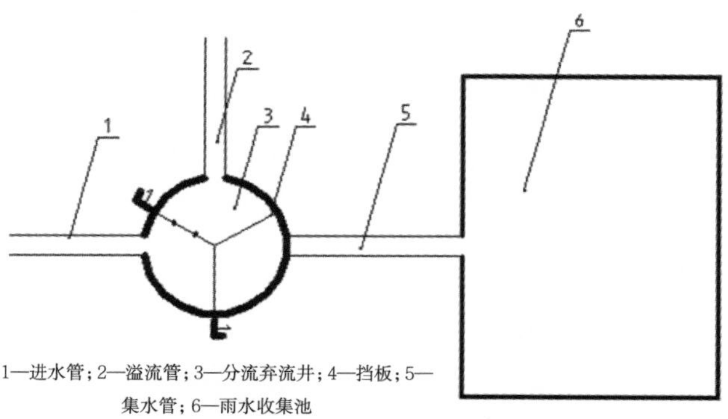

1—进水管；2—溢流管；3—分流弃流井；4—挡板；5—集水管；6—雨水收集池

图 4.5.17　分流井平面示意图

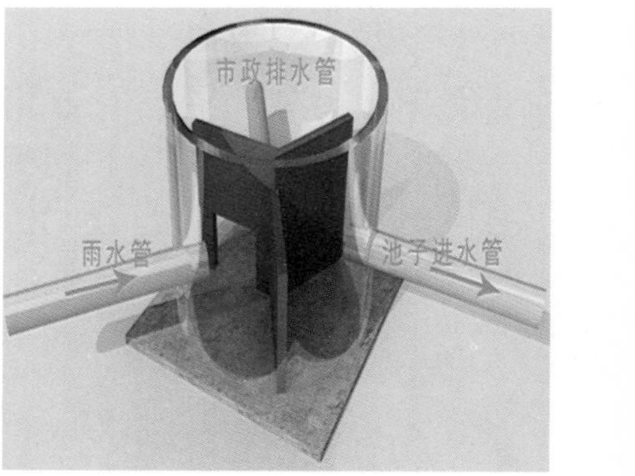

图 4.5.18　分流井示意图

2）硅砂蓄水池

硅砂蓄水池：由硅砂透水砌块与硅砂滤水砌块组合建造，“蜂窝状”的净水储水池。收集后的雨水汇入净水蓄水池中进行储存保鲜，储存保鲜系统是通过模拟地下水在地层中储存的结构原理储水，底部铺设的透气防渗砂具有透气不透水的功能，能够接通地气，实现水体与底层间的离子交换，起到对水质的保鲜作用。见图 4.5.17 ~ 图 4.5.22。

蓄水池采用蜂窝状结构，既能达到结构稳定相应指标，又可以实现过滤净化同步，防渗防蒸发一体化，透气保鲜同时，雨水通过净水调蓄池暂存净化处理水质可以满足《城市杂用水水质标准》GB/T 18920-2002。

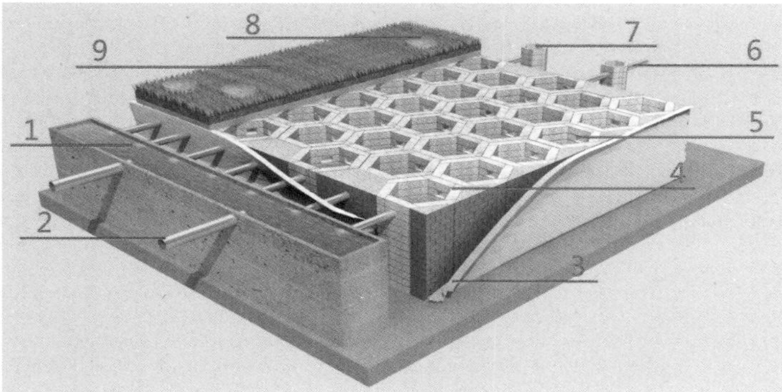

图 4.5.19 硅砂蓄水池结构示意图

1—进水管；2—分配水井；3—土工膜；4—过滤墙；5—导流口；6—渗水井；7—溢流管；8—盖板；9—绿地

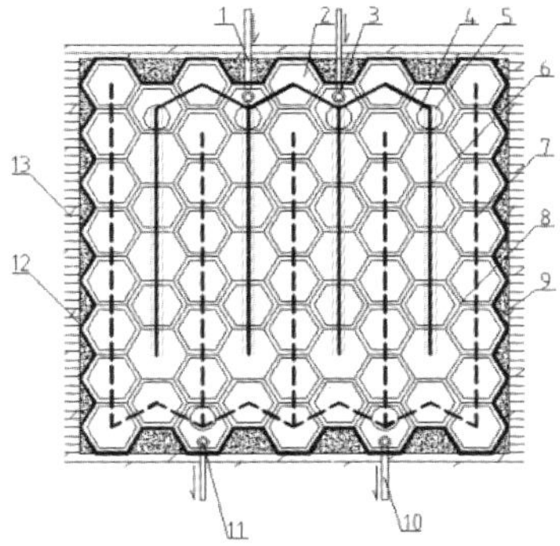

图 4.5.20 硅砂蓄水池结构平面示意图

1—进水管；2—硅砂井室；3—排泥泵；4—人孔；5—排泥通道；6—进水水流组织线；7—出水水流组织线；8—过滤墙；9—混凝土；10—出水管；11—出水提升泵；12—防渗膜；13—原土；

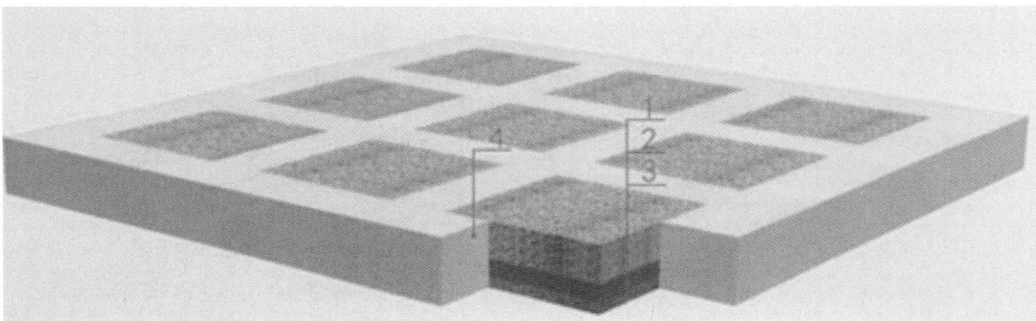

图 4.5.21 硅砂蓄水池底部结构示意图

1—透水混凝土；2—透气防渗砂；3—中粗砂；4—防渗混凝土

图 4.5.22 硅砂蓄水池施工流程图

技术要点：

a. 进入硅砂蓄水池的雨水在蓄水池前区进行截污、沉砂等预处理。

b. 硅砂蓄水池内的井间隔墙是雨水的过滤界面，降雨径流进入硅砂储水池后，在行进的过程中，穿过硅砂滤水墙体层得以净化，并储存在水池中。

c. 硅砂蓄水池应设进水管、出水管、溢流管，溢流管可设在水池外的分流井内。

d. 设计时需对硅砂蓄水池的有效容积，过滤面积与透水能力进行核算。

e. 水泵应设置在局部下沉的潜水泵泵坑内，保证充分利用池体容积。

f. 硅砂蓄水池底部采用钢筋混凝土结构的底板基础。地基较弱时，应做补强处理。底部设置透气防渗方格，底板方格内应铺设 30 ~ 50mm 厚的透气防渗砂，其上应用透水混凝土找平，面积应占底板总面积的 20% ~ 30%，方格可分成 1.0m × 1.0m 的若干个小格，分布于底板中。

（5）平面布置

高级中学回用水池设置于体育场西侧入口旁，地面标高 374m 左右，回用水池的尺寸为 16.8m × 8.82m × 3.4m，内部由 PP300 × 300 × 150 规格的模块拼接而成，底部为 300mm 的混凝土地板结构层，四周包裹防渗膜。见图 4.5.23、图 4.5.24。

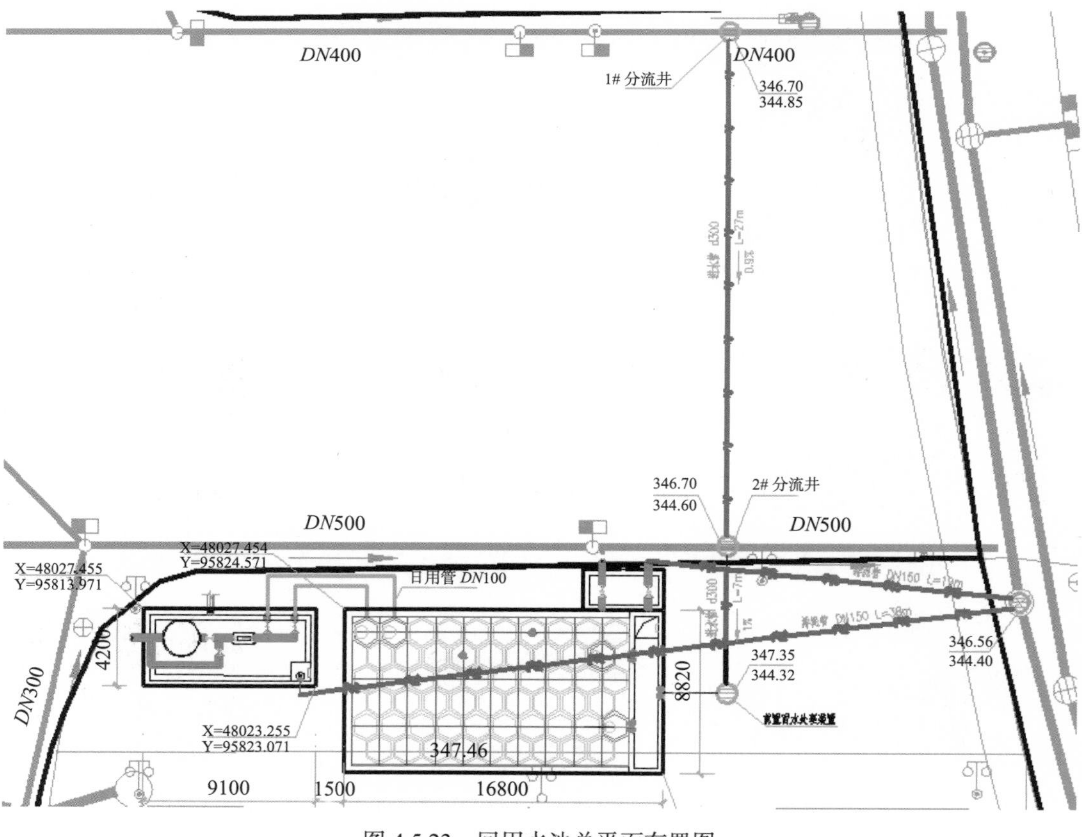

图 4.5.23　回用水池总平面布置图

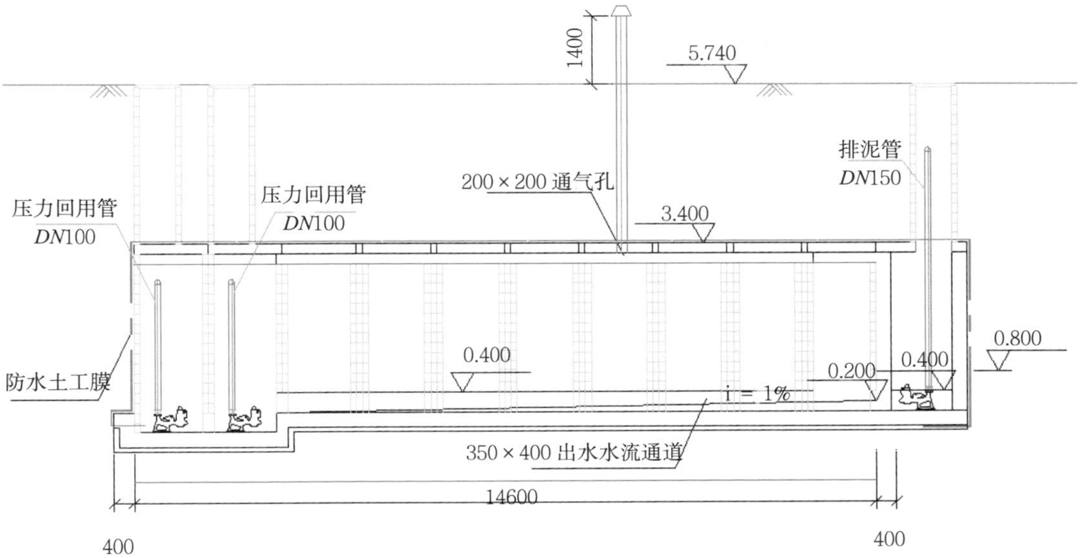

图 4.5.24　回用水池剖面示意图

（6）处理设备

根据《建筑与小区雨水利用工程技术规范》GB 50400-2006，处理后的雨水水质根据用途确定，COD_{Cr} 和 SS 应满足表 4.5.2 规定。

回用水水质参考表　　表 4.5.2

项目指标	循环冷却系统补水	观赏性水景	娱乐性水景	绿化	车辆冲洗	道路浇洒	冲厕
COD_{Cr}（mg/L）≤	30	30	20	30	30	30	30
SS（mg/L）≤	5	10	5	10	5	10	10

为了保证达到回用水质标准，处理流程为砂滤 + 碳滤 + 消毒的工艺。回用水池外置成套的活性炭过滤器、紫外线消毒器各一台。

4. 截污式雨水口

截污式雨水口主要由截污挂篮、滤料包、溢流件组成，截污挂篮和滤料包和定期拆分清洗，结构如图 4.5.25 所示。

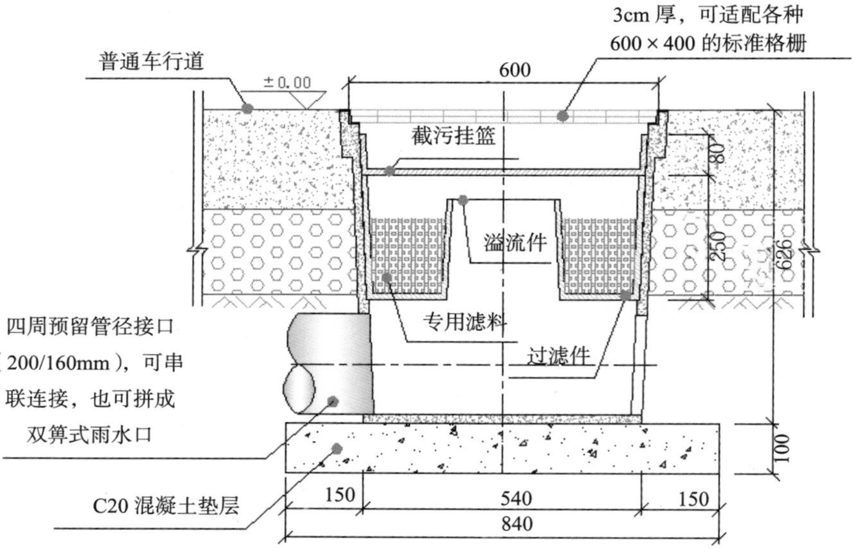

图 4.5.25　截污雨水口剖面示意图

4.5.4　效益评估

《重庆市秀山县海绵城市专项规划》应从宏观上指导秀山县的海绵城市建设，与总体规划中的其他规划内容进行配合，协调水系、绿地、排水防涝和道路交通等与低影响开发的关系，落实海绵城市建设目标。根据《专项规划》，体育公园位于雨水管理分区六，与部分高级中学区域共同位于 C1-1/01 地块，其年径流总量控制率、污染物总量控制率指标的控制要求如表 4.5.3 所示。效果图见图 4.5.26。

图 4.5.26　体育公园效果图

体育公园规划控制指标　　表 4.5.3

项目	地块编号	用地性质	年径流总量控制率	污染物总量控制率
体育公园和高级中学	C1-1/01	文体娱乐用地	76%	57%
备注	高级中学占地 $5.8hm^2$，体育公园占地 $7.24hm^2$			

第5章 山地海绵城市道路

城市道路是城市的交通网络，也是城市排水系统的依托[1]。我国传统的道路设计采用绿带将机动车道、非机动车道和人行道隔离，使车辆和行人各行其道、互不干扰。绿带路缘石高出路面约 10 ~ 20cm，导致雨水径流不能直接进入绿带，只能通过设置在道路上的雨水口进入市政排水管道。近年来重庆、武汉、温州等大中型城市在暴雨过后频频出现内涝灾害，由此可见传统的道路设计面临着一些问题，其主要表现为：1. 城市扩张带来的地表不透水面积增长，雨水下渗量减少，地表径流量增加，超过了原有排水管道的承载能力，容易出现城市内涝；2. 降雨过程中初期冲刷效应显著，初期雨水径流挟带大量污染物，通过市政管网直接排入城市水系，加重了城市水环境污染；3. 道路绿带本应起到涵养水源、保持水土的作用，但在传统的道路设计中，这些绿带大多与周边地块缺乏联系，成为道路中的孤岛，且每年需要消耗大量的水资源灌溉养护，这在一定程度上加剧了城市水资源危机[2]。

道路海绵城市改造工程可以有效解决传统城市道路设计存在的雨排水问题。山地城市地面坡度大，汇流速度快且集水时间短，初期冲刷效应明显，且绿地布置较为分散，若将道路雨水径流就地分散，引入绿地系统处理后再排入市政管网，既可以实现径流的原位消减，也可以改善径流水质，进而减轻城市的防洪控污压力，这与海绵城市理念是相符的[3]。

5.1 城市主干道

城市主干道是城市道路系统的骨架，联系着城市主要商业区、住宅区等全市性公共活动场所，负担城市的主要客货运交通，其车道数一般不少于四条，车流量大、车速快、噪声大，道路两侧一般不设吸引大量人流的公共建筑。本节主要以重庆市悦来新城主干道学堂路为例说明山地城市主干道的低影响开发雨水系统的构建。

5.1.1 概况

学堂路为悦来新城主干道，全长 3.434km、宽 36m，双向六车道，最大纵坡为 7.8%，最小纵坡为 1.8%，设计速度为 40km/h，占地面积约 320000m^2，为悦来新城主干骨架路网，承担着悦来新城交通联系的主要任务。见图 5.1.1。

5.1.2 设计理念

学堂路车流量大、车速快，具有一定坡度，径流污染较严重。根据学堂路的自身条

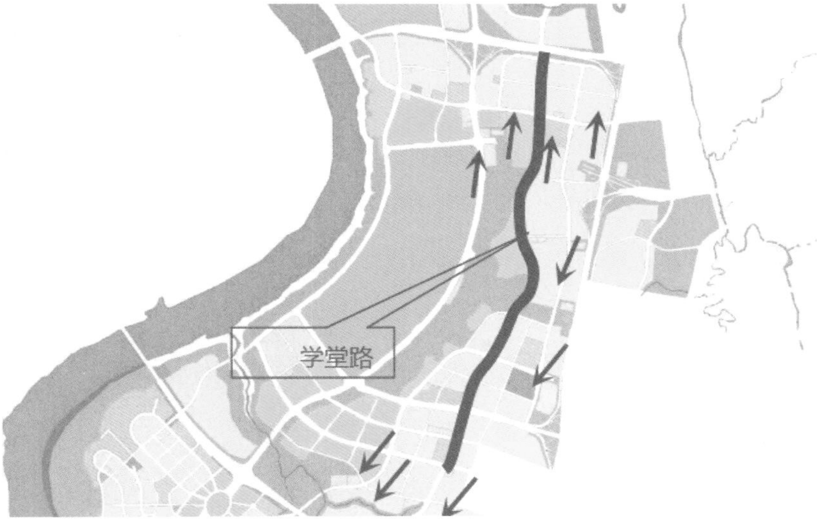

图 5.1.1 学堂路地理位置图

件及周边环境，主要运用渗、滞、净、排的理念，采用生物滞留、雨水沉砂井、碎石渗透带、透水铺装等措施，对道路雨水进行收集、截流、净化、下渗和缓排。

5.1.3 技术措施

透水铺装的特点是不积水、排水快、抗压性强，适用于对路基承载能力要求不高的人行道、步行街、休闲广场、非机动车道、居住区道路及停车场等。生物滞留带适用于较小流域面积的不透水区域，且改装能力好，检修要求较低，具有景观特色。透水铺装及生物滞留带的运用能够有效解决学堂路雨水汇流时间短、径流污染严重等问题，故学堂路人行道采用透水砖铺装，道路两侧布置生物滞留带。

学堂路人行道采用透水砖铺装，透水砖规格为 200mm × 100mm × 65mm，找平层为 3cm 厚的透水性能较好的中砂和粗砂，基层为 30cm 厚的级配碎石，在透水铺装与车行道路基之间设置防渗膜防止雨水下渗破坏路基，并在防渗膜基础上每隔 30m 布置 *DN*50 盲管，通过该盲管把透水砖内雨水引入雨水口。详见图 5.1.2 ~ 图 5.1.7。

学堂路生物滞留带主要收集相邻车行道、人行道的径流雨水。道路雨水经过路沿侧壁雨水孔流入沉砂井，再经沉砂井雨水箅溢出，然后流经卵石区实现均匀布水和再次过滤，最后汇入种植区，利用种植区植物、土壤和微生物系统的联合作用净化、雨水，净化后的雨水经盲管收集排入现有市政雨水系统；当雨水量超过生物滞留带的容量时，超量雨水经雨水溢流口直接排至现有市政雨水系统。

学堂路生物滞留带由七部分构成：前处理系统、进水系统、排水系统、表面溢流系统、积水区、填料及植物。

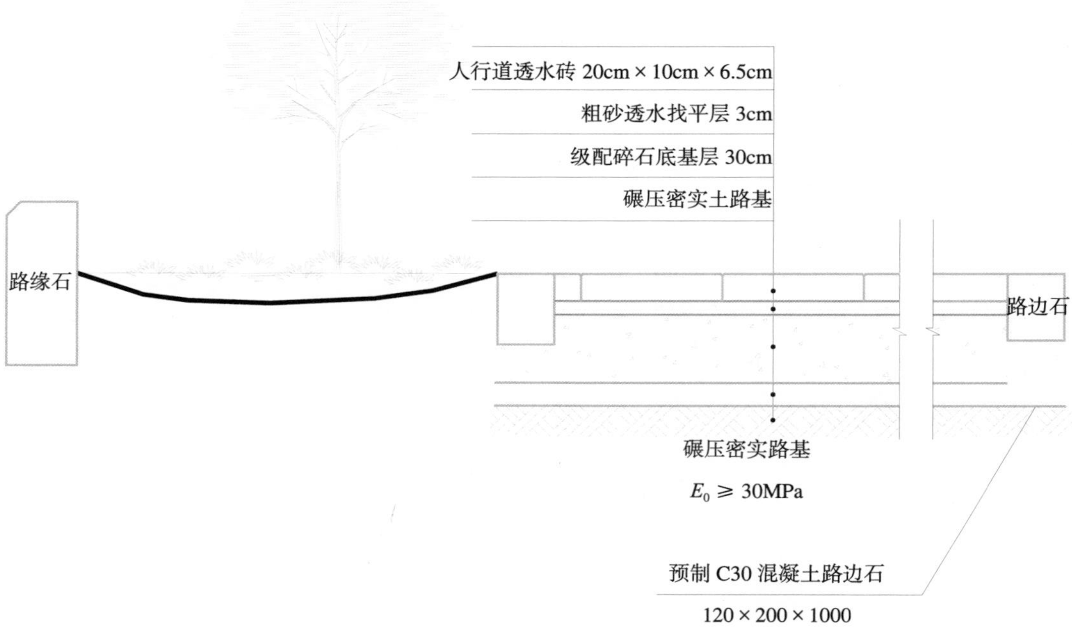

图 5.1.2　透水铺装结构示意图（适用于生物滞留带段）

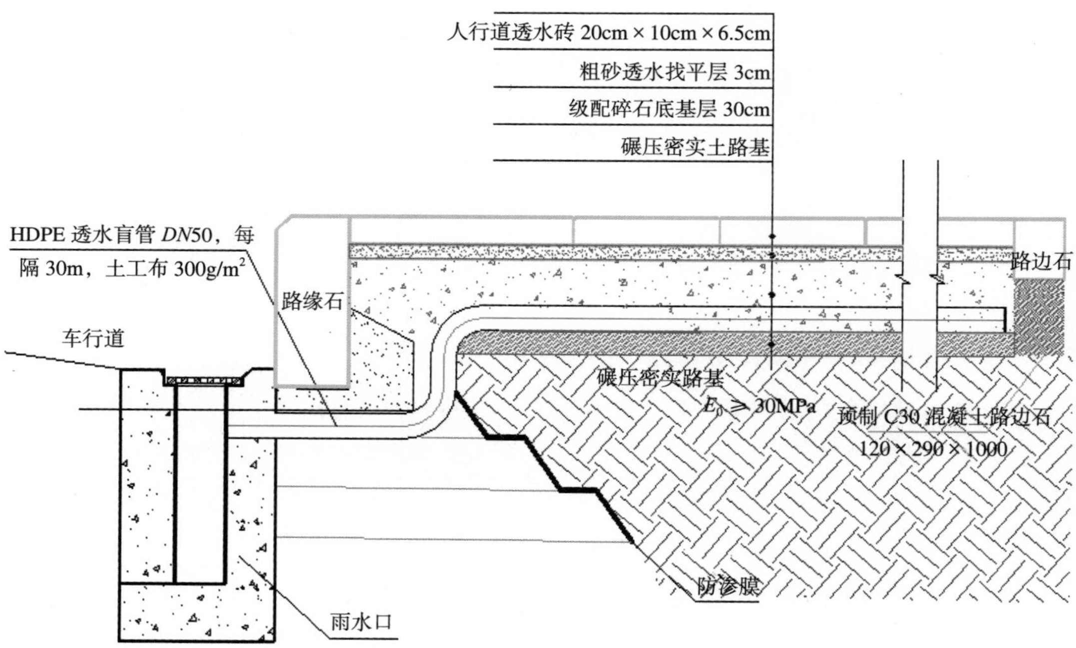

图 5.1.3　透水铺装结构示意图（适用于无生物滞留带段）

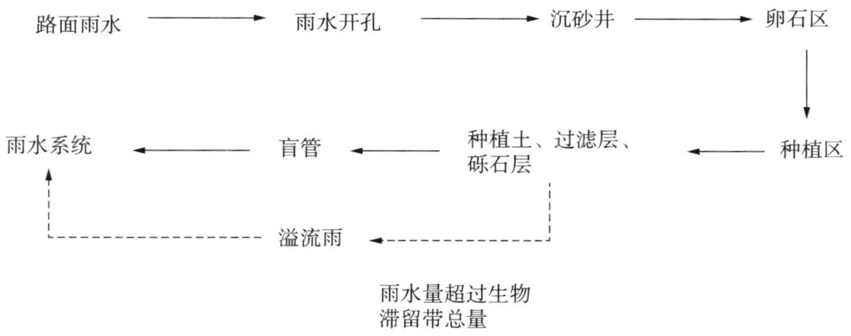

图 5.1.4　生物滞留带流程图

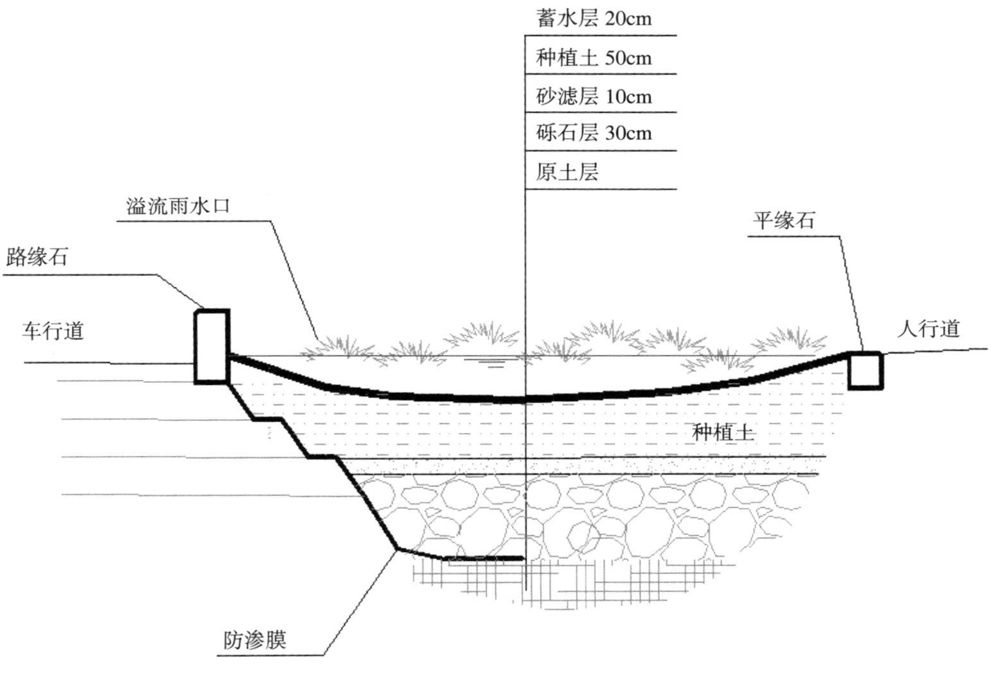

图 5.1.5　生物滞留带结构示意图

1. 前处理系统

学堂路前处理系统为沉砂井，沉砂井主要用于沉淀和过滤雨水径流中尺寸较大的悬浮物质，并具有雨水调节功能，以减小进入生物滞留池的水量和水质冲击负荷。

2. 进水系统

生物滞留带的进水方式对其运行效果有重要影响。本案在学堂路的路缘石侧壁设置雨水豁口，将道路雨水引入生物滞留池，豁口的具体开孔方式为每隔 15m 一小孔、每隔 30m 一大孔。

3. 排水系统

生物滞留带采用在底部铺设穿孔管的方式排除雨水，流入生物滞留带的雨水由穿孔管收集排出，雨水在穿孔管内的流行过程中可继续入渗。同时，在穿孔管上设置砾石层，穿孔管下设置砂滤层，砾石层可有效防止穿孔管堵塞，砂滤层对穿孔管起承托作用，防止穿孔管损坏，且有助于雨水快速下渗。

4. 表面溢流系统

与其他蓄水系统一样，生物滞留带需设置溢流系统，以尽快排除超量雨水。学堂路生物滞留带溢流系统在生物滞留池内部设置雨水口，每隔 30m 布置雨水溢流口，雨水口和生物滞留池底部的穿孔管连结，雨水口高于生物滞留池表面而低于路面，当生物滞留池表面雨水水位达到设计标准时，超量雨水流入雨水口，经底部穿孔管排出。

5. 积水区

积水区用于暂时存储部分雨水径流，并作为雨水的蒸发耗散场所。同时，积水区也为雨水的预处理提供了场所，雨水径流中的悬浮颗粒可在积水区部分沉淀。

6. 填料

学堂路生物滞留带的填料自上而下依次为 10cm 砂滤层、300g/m^2 土工布、40cm 砾石层。

7. 植物

生物滞留带表面的植物根据需要可栽种草坪、灌木及乔木。本案基于学堂路现状 1.8m 宽的绿化带进行改造，将其拓宽至 2.27m，内部净宽 2.0m。

8. 挡水堰

学堂路的纵坡为 1.8% ～ 7.8%，当最小纵坡为≤ 2% 的道路纵坡时，生物滞留带可不设挡水堰，每隔 10m 通过种植土的局部凸起使生物滞留带形成逐级微蓄水单元；道路纵

图 5.1.6　学堂路横剖图

图 5.1.7　学堂路纵剖图

坡 2% ~ 7% 采用阶梯状雨水生物滞留带；道路坡度≥ 7% 时，设置阶梯跌落生物滞留带，挡水堰每隔 5m 布置，为加强保水在两个挡水堰之间设置小型挡水堰，堰顶与砂滤层相平。

5.1.4　实施效果

学堂路海绵城市改造工程采用生物滞留、雨水沉砂井、碎石渗透带、透水铺装等措施，不仅可以保证道路的通行能力，还可恢复城市道路良好的水文循环，推迟雨水峰值、削减峰值流量和径流总量，提高雨水的净化、渗透、调蓄、利用和排放能力，减少雨水管网的压力，能够实现有效径流控制率 80%、不外排径流控制率 60% 的目标。

另外，学堂路海绵城市改造工程在解决排水问题的同时防止雨水对路面稳定性的影响。见图 5.1.8。

图 5.1.8　低影响改造后的学堂路

5.2　城市次干路

次干路与主干路组成道路网，起到集散交通的作用，兼具服务功能。次干路一般设置 4 条车道，可不设单独的非机动车道，交叉口可不设立体交叉，部分交叉口可以做扩大处理，在街道两侧允许布置吸引人流的公共建筑。本节以悦来新城悦居路 C 段为例介绍山地城市次干道的低影响开发措施。

5.2.1 概况

悦居路C段为悦来生态城路网中的次干路，设计车速30km/h，最大纵坡为7.4%，最小纵坡为1.0%，长度681.94m，标准路幅宽24m，双向两车道，两侧预留2.5m宽停车带。悦居路的建成将连接悦来生态城与悦来会展中心，是片区内居住区与会议区的联系纽带，是生态城建设施工期间对外的主要联络通道。见图5.2.1。

图5.2.1　悦居路区位图

5.2.2 设计理念

山地城市道路采用带沉砂井的平箅收水，可以克服大坡度道路雨水豁口开口方式收水能力有限、沉砂井容易淤积泥沙等缺点。

悦居路海绵设施采用了人行道透水铺装，生物滞留带，持水花园。在道路两侧人行道上设置了1.5m宽生物滞留带，在交通渠化的交叉口人行道加宽处设置了持水花园，对雨水的存储、净化、过滤、蒸发、下渗等方面起到了抑制降雨径流，使汇流时间延长，峰流减少，发挥控制面源污染、洪峰流量消减等作用。

5.2.3　技术措施

1. 平箅收水

大坡度道路采用带沉砂井的平箅收水，克服了大坡度道路雨水豁口开口方式收水能力有限、沉砂井容易淤积泥沙等缺点。详见图 5.2.2、图 5.2.3。

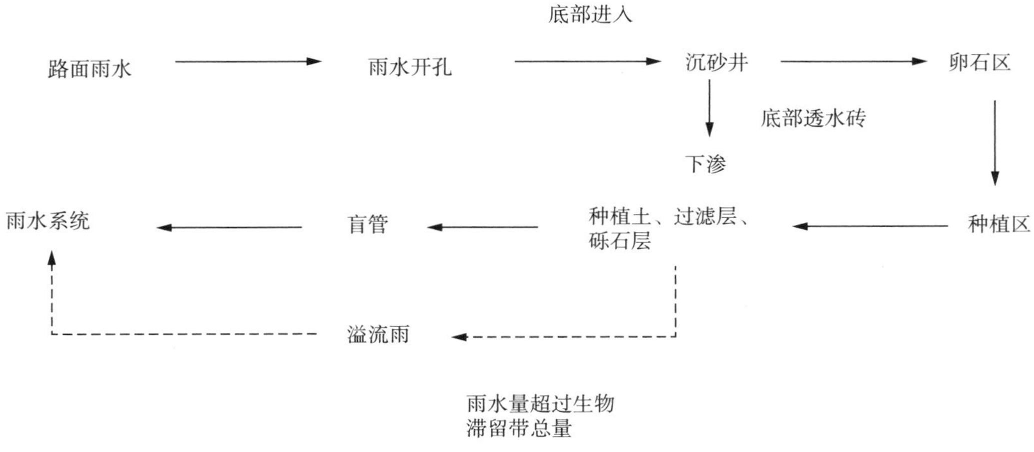

图 5.2.2　平箅收水的生物滞留带流程图

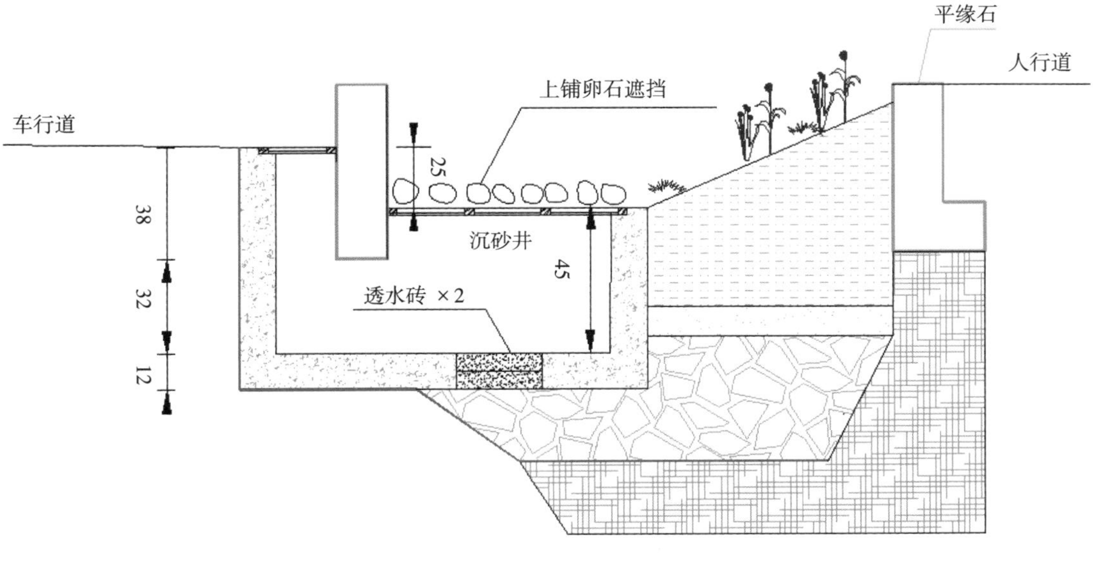

图 5.2.3　平箅收水方式

2. 生物滞留带

悦居路沿道路两侧设置生物滞留带及持水花园。生物滞留带主要收集相邻车行道、人行道的径流雨水，其剖面自上至下为持水区 / 碎石阻隔带、种植土壤层、砂滤层、卵石层（内含 *DN*300 穿孔管）。生物滞留带中材料参数见表 5.2.1。

材料参数　　表 5.2.1

材料	最小渗透系数 *K*/（10^{-5}m/s）	最小孔隙率 /%	规格
种植土壤层	1	3	
砂滤层	10	3	中、粗砂
卵石层	100	4	*Φ*20-30mm

在道路坡度不大于 3% 的路段，采用碎石阻隔带将生物滞留带的持水区均匀分割，每 5m 设置一条碎石阻隔带，阻隔带高出持水区底部 20cm，生物滞留带收集的雨水优先通过下渗进行水质和水量的处理，下渗雨水通过卵石层内的穿孔管收集；超出下渗能力的雨水在持水区持续蓄积，蓄水高度超过碎石阻隔带顶高时，将向下一格持水区溢流；随着蓄水高度进一步增大，超量雨水将通过溢流口直接溢流至雨水检查井，溢流口高出持水区底部 25cm。在道路坡度大于 3% 的路段，取消碎石阻隔带，采用挡水堰对生物滞留带的持水区进行分割，每 5m 设置一条挡水堰，挡水堰顶高出持水区底部 20cm，且每一格持水区沿道路坡度采用阶梯形式布置。见图 5.2.4、图 5.2.5。

图 5.2.4　悦居路生物滞留带

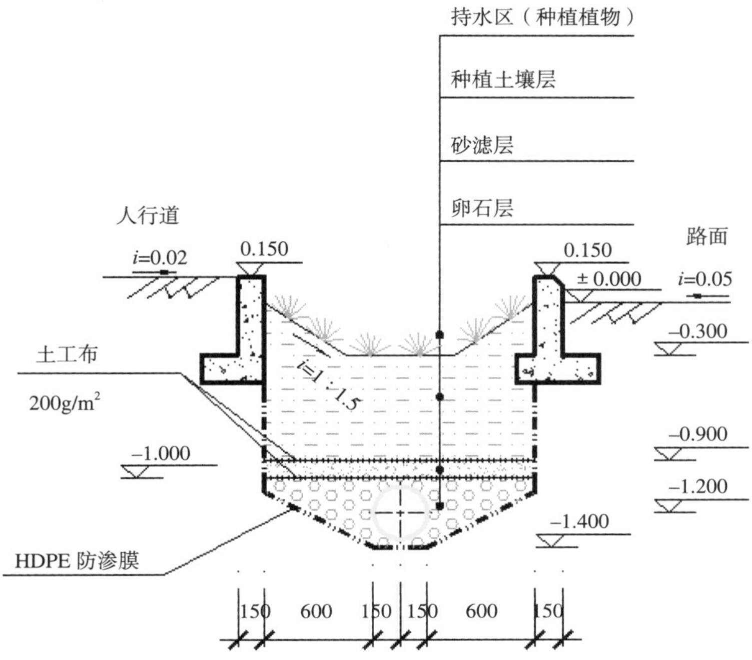

图 5.2.5　悦居路生物滞留带剖面图

3. 持水花园

悦居路持水花园宽度为 3.75m，其剖面自上至下为持水区 / 碎石阻隔带、种植土壤层、砂滤层、卵石层（内含 *DN*300 穿孔管）。持水花园中材料参数同表 5.2.1。

持水花园主要布置在生物滞留带的下游，道路交叉口处部分路段单独设置持水花园。持水花园主要负责收集和处理上游生物滞留带溢流转输的径流雨水，及其本身沿线相邻车行道及人行道的径流雨水。持水花园较生物滞留带有更大的蓄水和水质处理能力，持水区内的“蛇形”导流廊道能有效延缓径流流速，有利于径流携带的污染物在持水区内及时沉淀或被植物拦截。超出设计水量的雨水，将通过持水花园末端的溢流口溢流至雨水检查井，进而通过持水花园出水管排入至市政雨水管道系统。见图 5.2.6、图 5.2.7。

5.2.4　实施效果

通过在悦居路布置人行道透水铺装，生物滞留带，持水花园及绿化，对雨水的储存、过滤、蒸发、抑制降雨径流，使汇流时间延长，峰流减小，发挥控制面源污染、洪峰流量削减等方面的作用，产生了良好的环境效益，能够实现有效径流控制率 80%、不外排径流控制率 60% 的目标，且有效控制了初期径流污染。见图 5.2.8。

图 5.2.6　悦居路持水花园

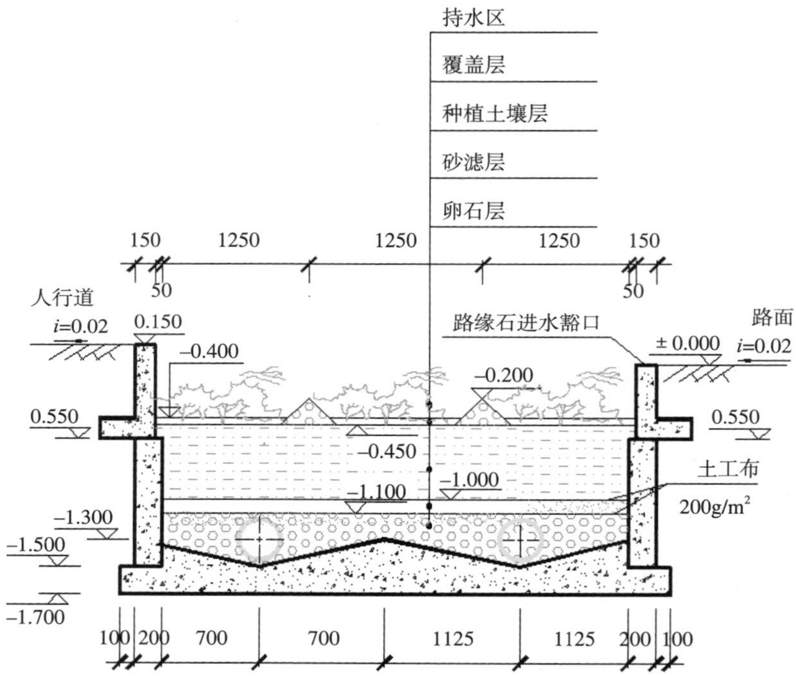

图 5.2.7　悦居路持水花园剖面图

图 5.2.8　悦居路

5.3　城市支路

支路是次干路与街坊路的连接线，为解决局部地区的交通而设置，以服务功能为主。部分主要支路可设公共交通线路或自行车专用道，支路上不宜有过境交通。本节主要以重庆市璧山县 1# 道路为例说明山地城市支道的低影响开发雨水系统的构建。

5.3.1　概况

1# 道路位于璧山绿岛新区中心区西侧，起于现状文星路，由西南至东北，终点接现状文化西路，道路全长 409.15m，道路等级为城市支路，标准路幅宽度为 18m，双向两车道，设计速度为 20km/h。道路横坡为车行道向外 1.5%，人行道向内 2.0%。1 号道路是璧山“重庆市海绵城市试点”首批道路示范项目。《重庆市璧山区海绵城市专项规划》根据璧山的地形、水系等将璧山划分为 37 个雨水排水管理分区，1 号道路位于管理分区 18，1 号道路的区域范围如图 5.3.1 所示，卫星图片如图 5.3.2 所示。

5.3.2　设计理念

1 号道路流量小、车速慢，径流污染较严重，1 号道路人行道宽度很窄，改造生物滞留带会破坏道路景观整体性，严重压缩人行道，不满足行走规范要求。所以，1 号道路采用人行道透水铺装、车行道透水沥青、截污式雨水口相结合的形式，对雨水过滤、下渗，进而实现“中小雨不积水”，降低雨水径流污染，减缓城市热岛效应的功能。同时，结合

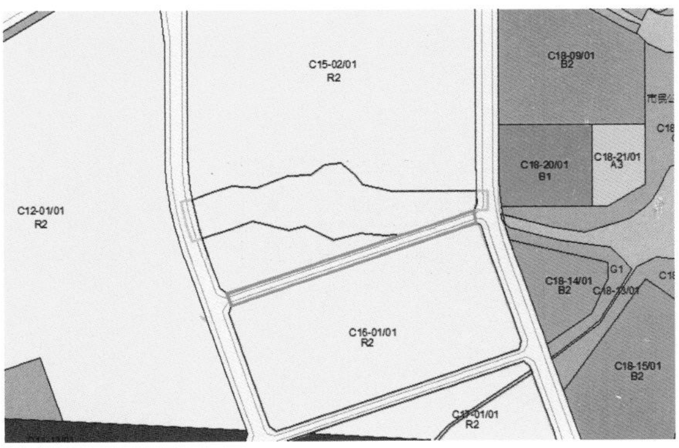

图 5.3.1　1 号道路所占控规地块

图 5.3.2　1 号道路卫星图片

1 号道路所在的排水管理分区的下游水体所规划设置的人工湿地，对包括 1 号道路在内的上游地块的污染负荷进一步去除。

5.3.3 技术措施

1 号道路现状全未建成，原路面设计采用沥青混凝土路面，原人行道及盲道采用 60cm × 60cm × 4cm 的花岗石，采用浆砌条石双箅雨水口。1 号道路人行道改造为透水铺装，1 号道路人行道透水铺装改造面积总计 6110m^2。车行道改造为排水型透水沥青路面，透水沥青路面由透水基层、透水面层、水封层及路基组成，如图 5.3.3 所示。1 号道路低影响开发分布情况见低影响开发平面布置图 5.3.4，径流流向关系如图 5.3.5 所示。

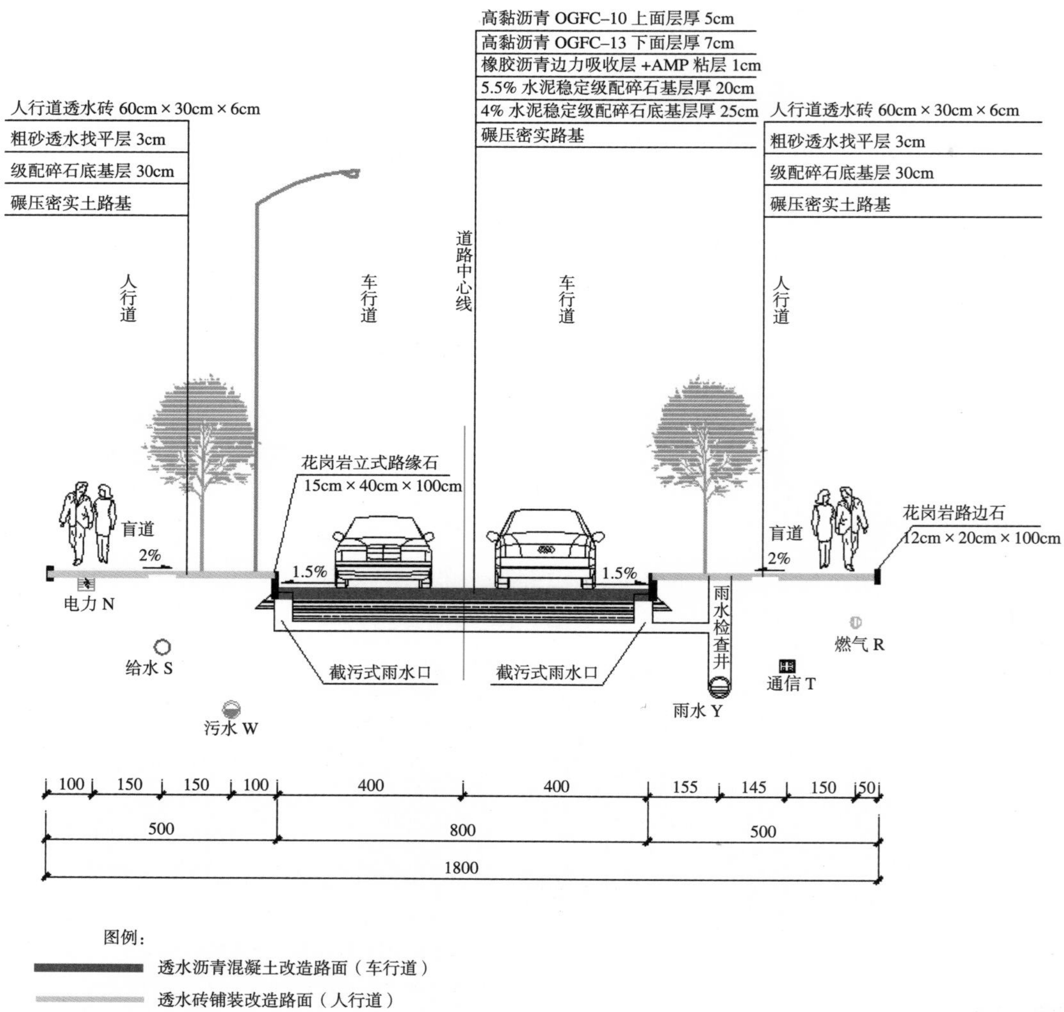

图 5.3.3 1 号道路低影响开发改造横断面图

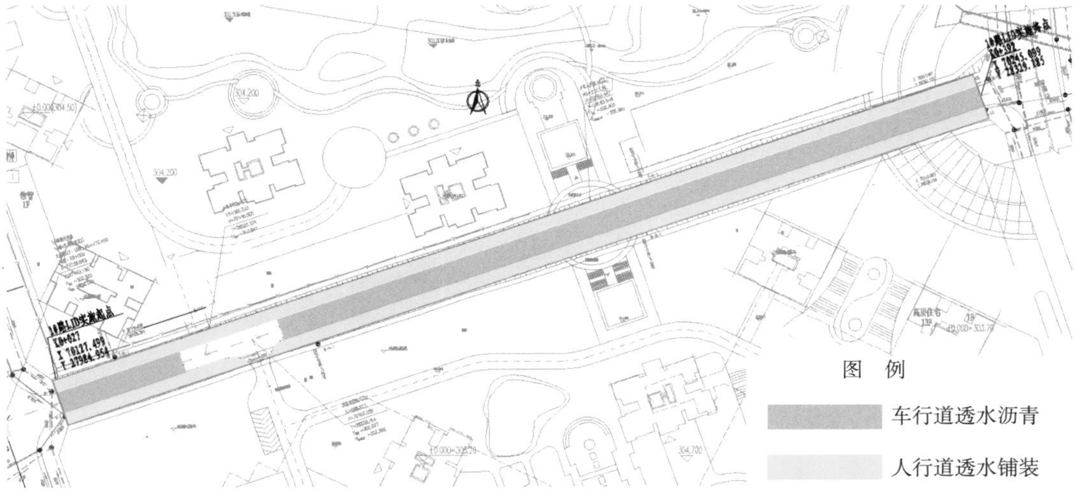

图 5.3.4　1 号道路低影响开发总平面布置图

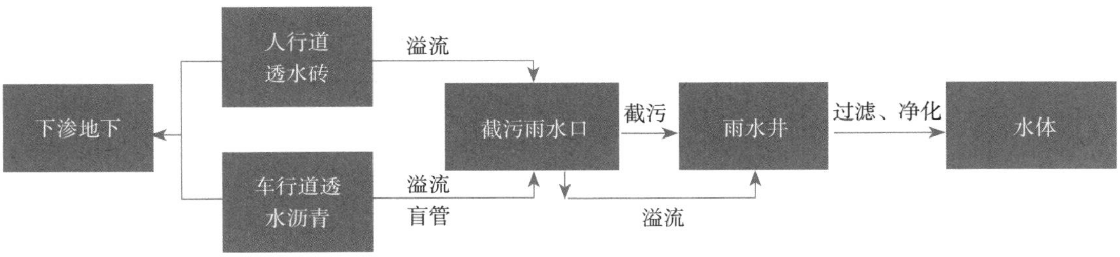

图 5.3.5　低影响开发设施径流关系图

在基层基础上，1# 道路车行道采用橡胶沥青应力吸收层（SAMI）、大空隙排水性沥青混凝土、大空隙排水性沥青混凝土的组合结构。路面结构为：5cm 沥青玛瑙脂碎石 SMA-13 厚 +7cm 沥青混凝土 AC-20 厚 +4% 水泥稳定级配碎石底基层厚 25cm+5.5% 水泥稳定级配碎石基层厚 20cm+1cm 橡胶沥青应力吸收层 +7cm 大空隙排水性高黏沥青混凝土 OGFC-13+5cm 大空隙排水性沥青混凝土 OGFC-10。此结构在基层基础强度满足要求后，增设橡胶沥青应力吸收层，提高抗反射裂缝能力，同时可封水，防止水渗入下层或排水性混凝土内部水压对基础的直接冲刷，影响铺装结构的稳定；为减少路面雨天表面水膜对行人及车行影响，在橡胶沥青应力吸收层上采用大空隙排水性沥青混凝土，雨水通过沥青混凝土内部结构解决雨水排放问题。见图 5.3.6。

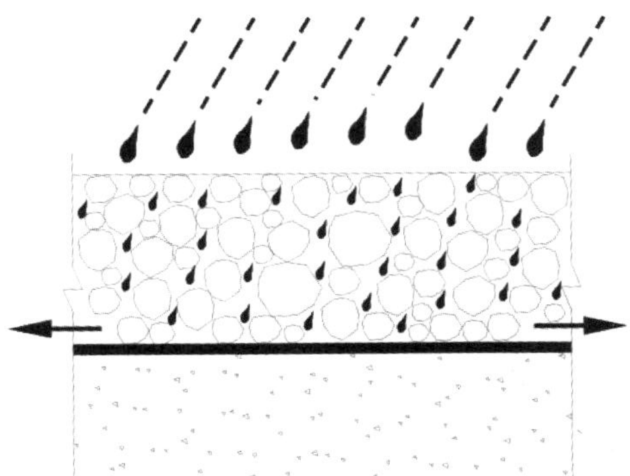

图 5.3.6　排水性路面结构排水示意图

1 号道路将传统浆砌条石双箅雨水口改造为截污雨水口，1# 道路区域内共改造为截污雨水口

24 个。选用 600×400 型号的截污雨水口，采用串联形成双箅雨水口形式。截污式雨水口主要由截污挂篮、滤料包、溢流井组成，截污挂篮和滤料包定期拆分清洗，结构如图 5.3.7 所示。

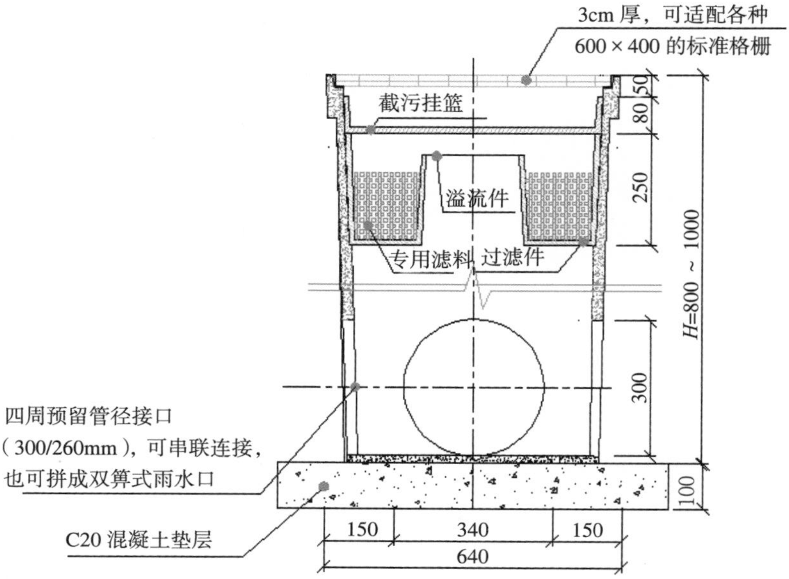

图 5.3.7　截污雨水口剖面示意图

5.3.4　实施效果

1 号道路采用人行道透水铺装、车行道透水沥青、截污式雨水口相结合的形式，对雨水过滤、下渗，提高雨水的净化、渗透、调蓄、利用和排放能力，减少雨水管网的压力，降低雨水径流污染，减缓城市热岛效应。

通过模拟数据结果分析，1 号道路项目年径流总量控制率为 65%，达到《海绵专项规划》中对该区域年径流总量控制率≥ 64% 的要求；污染总量控制率为 48.75%，达到《海

图 5.3.8　效果图 1

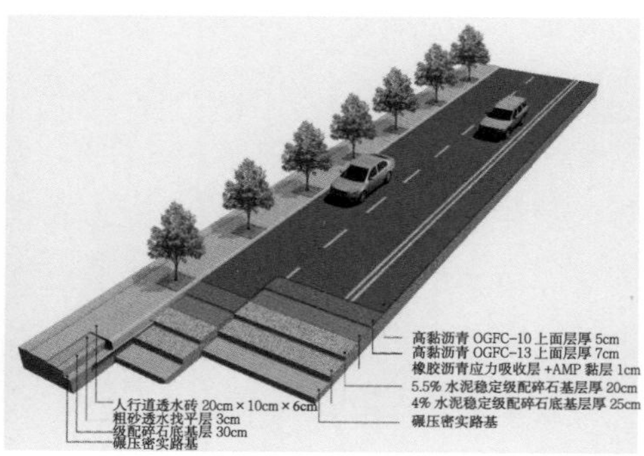

图 5.3.9　效果图 2

绵专项规划》中对该区域污染总量控制率≥ 45% 的要求。见图 5.3.8、图 5.3.9。

5.4　城市立交

城市立交是整个城市交通网的重要组成部分，解决了平面交叉口的瓶颈问题，为实现“提高城市的运转效能，提供安全、高效、经济、舒适和低公害的城市交通”的目标发挥了巨大作用。本节以悦来新城杨柳沟立交为案例说明山地城市立交的低影响开发措施。

5.4.1　概况

杨柳沟立交位于悦来新城中部会展城，金山大道与同茂大道交叉处，北至水土组团与渝广高速相接，南至中心城区，西接国博中心，东至江北机场，北、东、南方向均与两江新区相接，位于重要的门户位置。主线金山大道道路等级为城市快速路，标准路幅宽 44m，双向八车道。主线设计车速 80km/h，匝道设计车速 30km/h。立交占地面积 10.9hm^2，主要包含道路及防护绿地、生态景观控制区。杨柳沟立交 LID 改造工程的实施将杨柳沟立交打造为重庆第一个结合海绵城市设计理念，同时具备展示性、功能性作用的城市立交典范。见图 5.4.1。

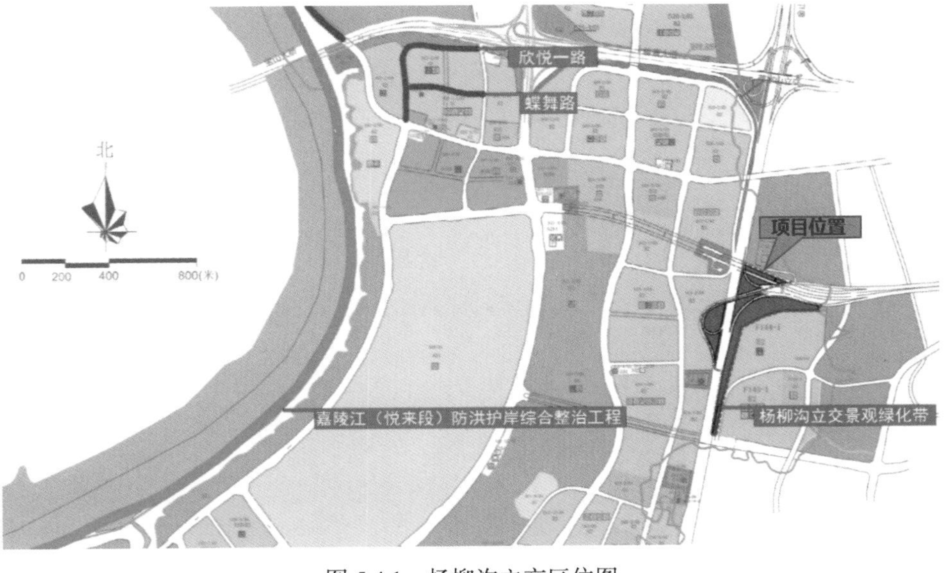

图 5.4.1　杨柳沟立交区位图

5.4.2 设计理念

根据杨柳沟立交自身条件及周边环境，主要运用渗、滞、净、排的理念，采用生物滞留带、雨水花园、下沉绿地、雨水湿地等措施，对杨柳沟立交雨水径流进行收集、截流、净化、下渗、缓渗。

5.4.3 技术措施

1.LID 设施总体布置

悦来新城杨柳沟立交改造范围按片区地形、管线情况对应的汇流区域进行确定，结合现状地形将杨柳沟立交改造范围共划分为四个分区，如表 5.4.1、图 5.4.2 所示。

杨柳沟立交分区面积 表 5.4.1

分区编号	道路面积（m^2）	绿化面积（m^2）	分区小计（m^2）
分区一	5857	25037	30894
分区二	2903	10291	13194
分区三	2615	13696	16311
分区四	19170	45754	64924
面积合计（m^2）	30545	94778	125323

根据分区下垫面情况，再把各分区划分为若干个小流域，通过对小流域径流特征、径流量、污染物量等数据的分析，结合景观设计，确定各分区低影响开发设施的设置方式和放置位置。具体布置如图 5.4.3 所示。

2. 雨水收集系统

绿化区域内通过转输型植草沟、造型土丘收集雨水，道路中通过改造雨水口及路缘石豁口、雨水截流井及配套管网、立交上跨部分雨水落水管收集雨水。见图 5.4.4。

3. 雨水处理系统

通过不同类型的海绵城市低影响开发设施，如雨水花园、雨水湿地、生物滞留带、下沉绿地、雨水花台等，结合杨柳沟立交现状条件和景观设计，合理搭配，科学布局，实现“渗、滞、蓄、净”四大功能，满足悦来新城海绵总规对杨柳沟立交所在地块年径流排放率≤ 20%、年径流总量控制率≥ 83.93% 的指标要求。见图 5.4.5 和表 5.4.2。

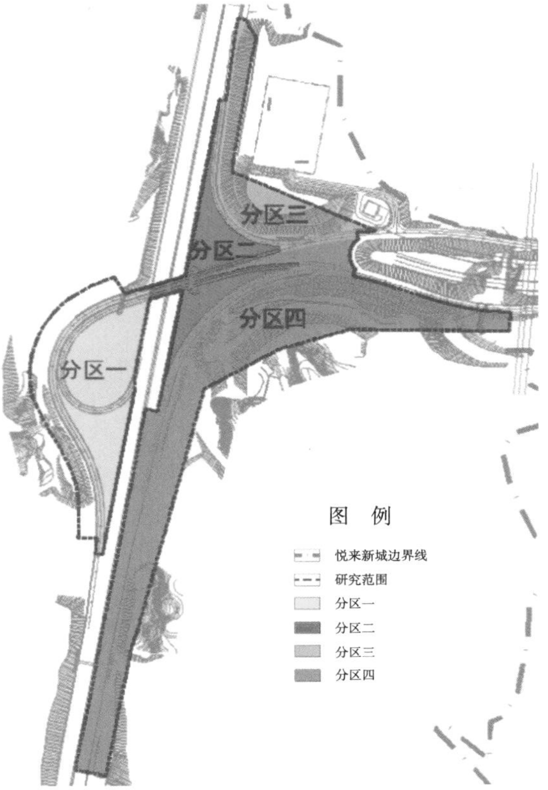

图 5.4.2　杨柳沟立交区域划分

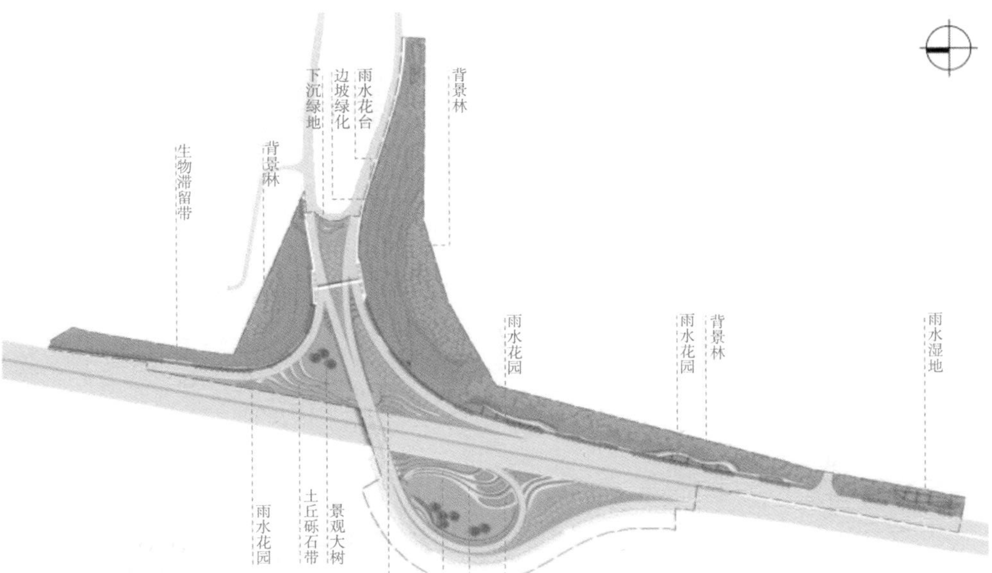

图 5.4.3　低影响开发设施总体布置图

图 5.4.4　雨水收集系统示意图

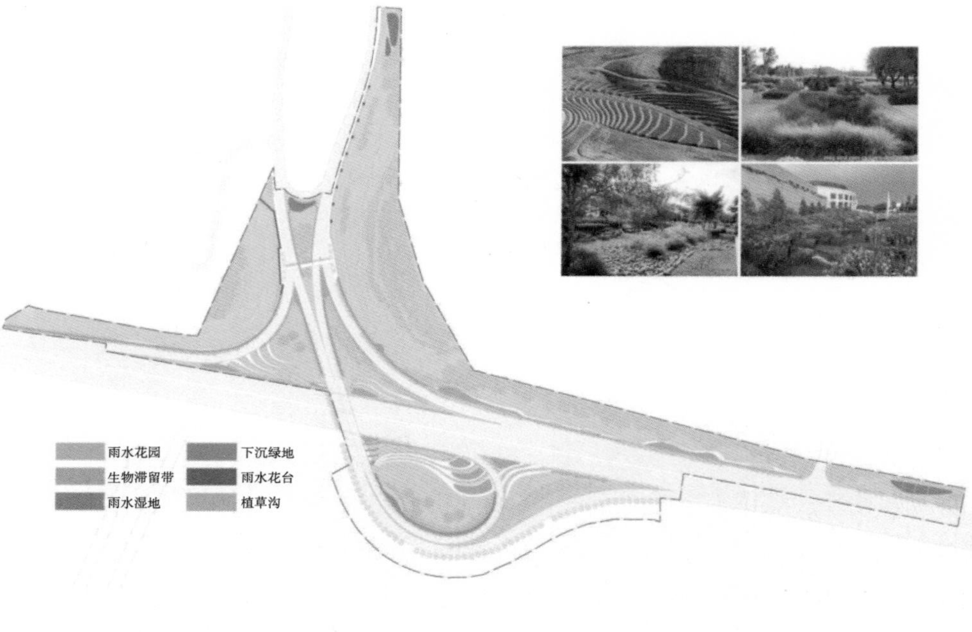

图 5.4.5　雨水处理系统示意图

各类低影响开发设施面积统计　　表 5.4.2

LID 设施	面积（m^2）
雨水花园	2162.50
生物滞留带	2711.50
雨水花台	306.40
雨水湿地	880.70
下沉绿地	235.10

根据现状地形情况，杨柳沟立交雨水花园采用阶梯式布置，与条石带、景石、卵石、植物等搭配形成良好的景观效果。雨水花园主要种植木槿、长叶水麻、中华蚊母、细叶芒、狼尾草、千屈菜、萱草、紫花地丁、黄菖蒲、玉簪、美人蕉、狗牙根草等植物。

杨柳沟立交雨水湿地选择耐水湿、耐污染的土著植物，根据湿地水位变化，设置多层次的植物群落，创造具备弹性适应能力的自然水生生境，包括沉水植物、浮游植物、高挺水植物和低挺水植物等。

在人行天桥东侧斜坡坡脚设置一带宽幅为 2.40m 的雨水花台，收集道路径流雨水及斜坡绿地径流雨水，进行滞留、净化、下渗。

在杨柳沟立交匝道旁边设置阶梯式生物滞留带及植草沟，收集匝道雨水，使其进入阶梯式生物滞留带，经滞留、下渗、净化后排放。生物滞留带主要种植木槿、长叶水麻、中华蚊母、细叶芒、狼尾草、千屈菜、萱草、紫花地丁、黄菖蒲、玉簪、美人蕉、狗牙根草等植物。植草沟主要种植细叶芒、狼尾草、千屈菜、萱草、紫花地丁、黄菖蒲、玉簪、狗牙根草等。

4. 雨水溢流系统

杨柳沟立交区域内设置雨水溢流口排放超量的雨水，并将原雨水检查井井盖改造为溢流口，超标雨水经过溢流系统排入现状雨水管网。见图 5.4.6、图 5.4.7。

5.4.4 改造效果

悦来新城杨柳沟立交区域低影响开发改造措施不仅满足生态、功能、可持续发展需求，同时也对整体景观进行了提档升级。杨柳沟立交的雨水系统作为区域内第一个立交改造工程，在径流控制指标、技术体系、工程手段、管理协调等方面进行了系统的实践，为山地城市立交道路的低影响开发设计和改造提供了良好的技术示范。见图 5.4.8、图 5.4.9。

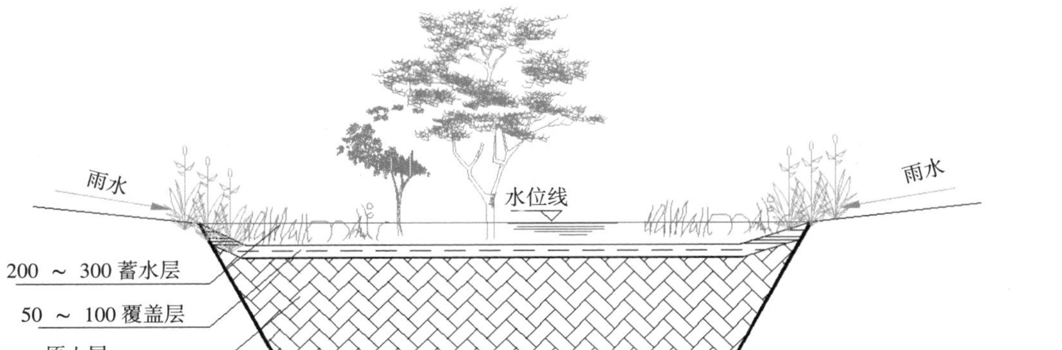

图 5.4.6 雨水溢流系统示意图

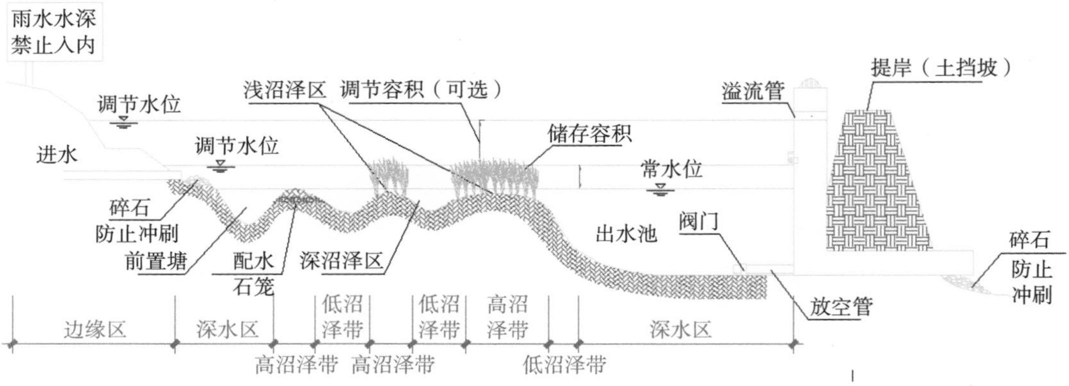

图 5.4.7　雨水湿地示意图

图 5.4.8　杨柳沟立交改造前现状图

图 5.4.9　杨柳沟立交改造后效果图

本章参考文献

[1] 杜中华 . 海绵城市理念在城市道路工程中的应用 [J]. 工程建设与设计，2016，03：69-71+73.

[2] 周延伟 . 海绵城市理论在道路绿化景观设计中的应用 [J]. 河北林业科技，2015，06：59-64.

[3] 王书敏 . 山地城市面源污染时空分布特征研究 [D]. 重庆大学，2012.

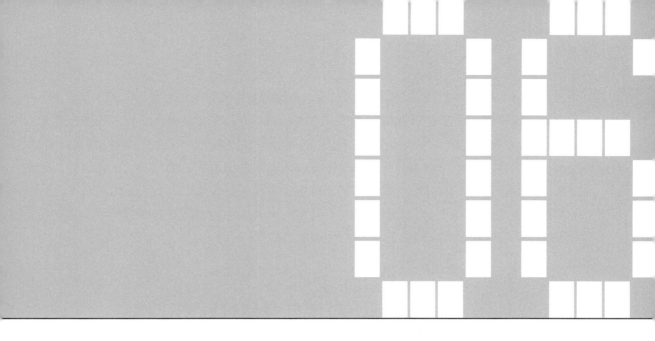

第6章
山地海绵城市建筑与小区

6.1 悦来新城嘉悦江庭海绵城市工程

6.2 悦来新城棕榈泉海绵城市工程

6.3 璧山金科中央公园城五期海绵城市工程

6.4 秀山高级中学海绵城市工程

建筑与小区是城市雨水排水系统的起端，是海绵城市建设的重要基础单元[1]。居住小区用地占城市建设总用地的40% ~ 50%，是海绵城市建设的重要载体。以海绵城市理念为指导，改变既有建筑与小区的传统绿化方式，完成绿化改造与海绵城市建设的双重任务，是解决城市水环境问题的关键[2]。因此将海绵城市理念运用到建筑与小区，对指导山地海绵城市建设具有实际意义。本章主要介绍重庆市两江新区悦来新城、璧山区及秀山县的小区海绵城市设计方案，工程设计中采用ICM软件对设计参数进行模拟计算，并进行效果评估，最终确定小区海绵工程的具体实施措施。

6.1 悦来新城嘉悦江庭海绵城市工程

悦来新城嘉悦江庭，是悦来新城第一个开展海绵城市建设的小区。该工程建设以海绵城市理念指导其改造设计，以改善小区水环境现状，充分进行雨水回用。该小区的海绵城市实施将对悦来新城海绵城市小区的建设起到直观展示作用，在兼具社会和环境效益的同时，具备示范性和推广性。

6.1.1 概况

悦来新城位于重庆两江新区西部片区的中心位置，规划建设用地面积18.67km^2，由悦来生态城、悦来会展城、智能互联城3部分组成。嘉悦江庭位于悦来新城张家溪流域悦来立交旁，属于悦来生态城，建筑面积15.2万m^2，项目位置详见图6.1.1。根据《悦来新城海绵城市总体规划（2016 ~ 2020年）》，嘉悦江庭属于雨水排水管理分区的第24分区，

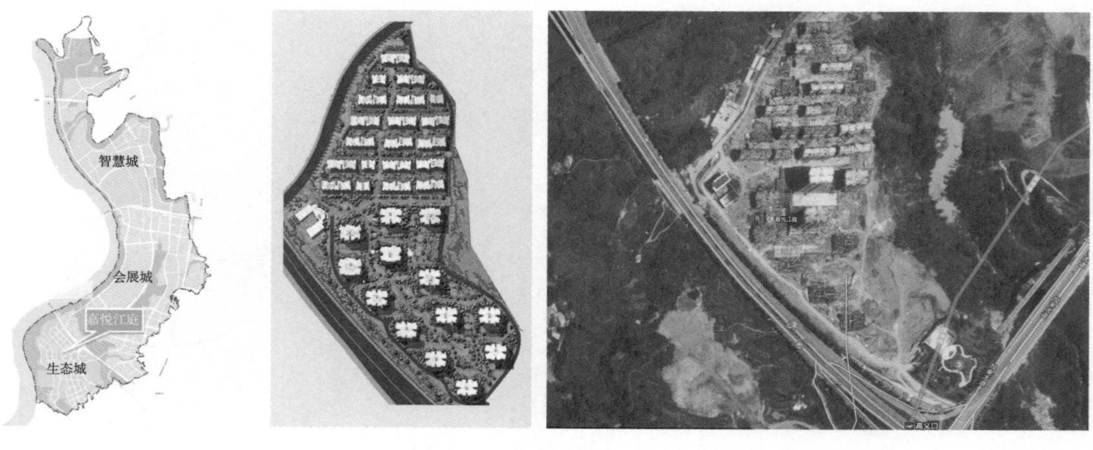

图6.1.1 嘉悦江庭区位图

位于 C12-3/05 地块，主要包含居住用地、绿地及科研教育用地。

嘉悦江庭作为国家首批“海绵城市”建设试点——悦来新城的海绵生态示范小区，严格按照自然地貌与小区景观相融共生的生态设计理念，让“水”成为小区的灵动主题。海绵城市设计采用植草沟、绿色屋顶、透水铺装、截污雨水口、雨水花园、蓄水池等雨水回用装置，有效提升对雨水的积存与滞蓄能力。

6.1.2　设计理念

由于竖向高差的介入和垂直地貌的干扰，山地城市小区在规划设计时与平原城市有较大差异，小区雨水排放与利用较为复杂，山地海绵城市小区的设计也更为困难[3-4]。嘉悦江庭结合小区东北侧张家溪湿地公园地势低洼的地形特质，依山就势、尊重山水，搭建与湿地公园无阻的生态沟通走廊，以屋顶绿化、小区绿化与透水铺装进行源头减排，通过蓄水净化池中间管控，顺应地势将部分雨水汇入张家溪公园台地，形成雨水湿地景观，成为“湿地蓄洪”的有力防线，最大限度地实现雨水积存、蓄渗与缓释净化，构筑形成区域“海绵”体系。

嘉悦江庭海绵城市构建流程见图 6.1.2，融合海绵城市理念，以自然条件为基础，提出污染去除率、年径流排放率达到规定要求的建设目标，经实地考察，最终确定雨水管控指标要求为年径流污染物削减率 25.0%、年径流排放控制率 45.0%。

嘉悦江庭按照室外地面高程、雨水排出口共划分为 8 个分区，见图 6.1.3。对每个分区的下垫面情况进行分析，根据存在的问题和《悦来新城海绵城市总体规划（2016 ~ 2020 年）》对嘉悦江庭的要求确定设计目标，确定每个区域的海绵城市建设内容：

1. 分区一：截污雨水口、截污雨水检查井、雨水景观池及雨水回用设施（包含混凝土蓄水池、一体化处理机及回用系统）；

2. 分区二：截污雨水口、截污雨水检查井；

3. 分区三：进入末端绿地——张家溪阶梯式雨水湿地；

4. 分区四：雨水花园、植草沟及雨水截流、储存、回用设施；

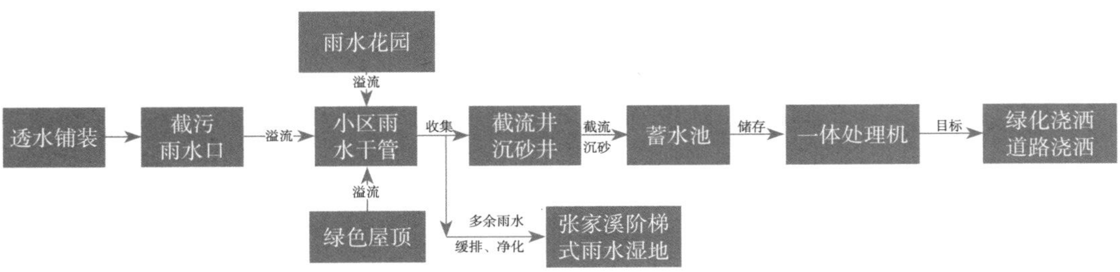

图 6.1.2　嘉悦江庭海绵城市构建流程图

图 6.1.3　嘉悦江庭区域划分

5. 分区五：绿色屋顶、雨水花园、植草沟及雨水截流、储存、回用设施；

6. 分区六、七：雨水花园、植草沟。

6.1.3　技术措施

1. 截污雨水口和截污检查井

雨水口既是城市排水系统的咽喉，也是城市非点源污染物进入水环境的主要通道，对雨水径流的水质控制至关重要。现状雨水口缺少净化功能，导致雨水径流污染没有得到有效的源头控制，这也是城市水环境质量没有根本好转的重要原因之一[5]。在雨水口设置截污设施既可以从源头控制径流污染物，使雨水净化后再流入下游，又可以防止雨水口堵塞，有效缓解城市内涝，在海绵城市建设中尤为重要[6]。截污检查井对管网中污染物也有良好的截留效果。

嘉悦江庭 1 期洋房全部为建成区域，面源污染严重，为控制该区域的污染负荷，将传统雨水口改造为截污雨水口，干管上的雨水检查井改造为截污检查井，截留初期雨水携带的泥沙及漂浮物等，截污率均按照 50% 计算，雨水流量超标时溢流，截污雨水口及截污检查井见图 6.1.4 和图 6.1.5。

2. 调蓄池

雨水调蓄作为一种滞洪和控制雨水污染的手段，在全世界范围内得到广泛使用。调蓄池最初仅作为暂时储存过多雨水的设施，常利用天然的池塘或洼地等储水。随着人们对雨水洪灾和面源污染的认识日益深刻，调蓄池的功能和形式逐渐多样化[7]。按其在工程上的用途，调蓄池主要分为 3 类：洪峰流量调节、面源污染控制和雨水利用[8]，在山地

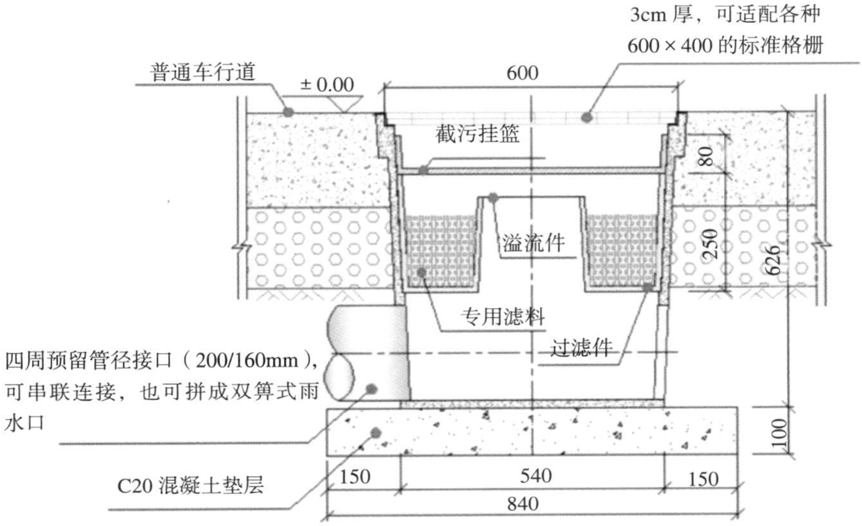

图 6.1.4　截污雨水口剖面图

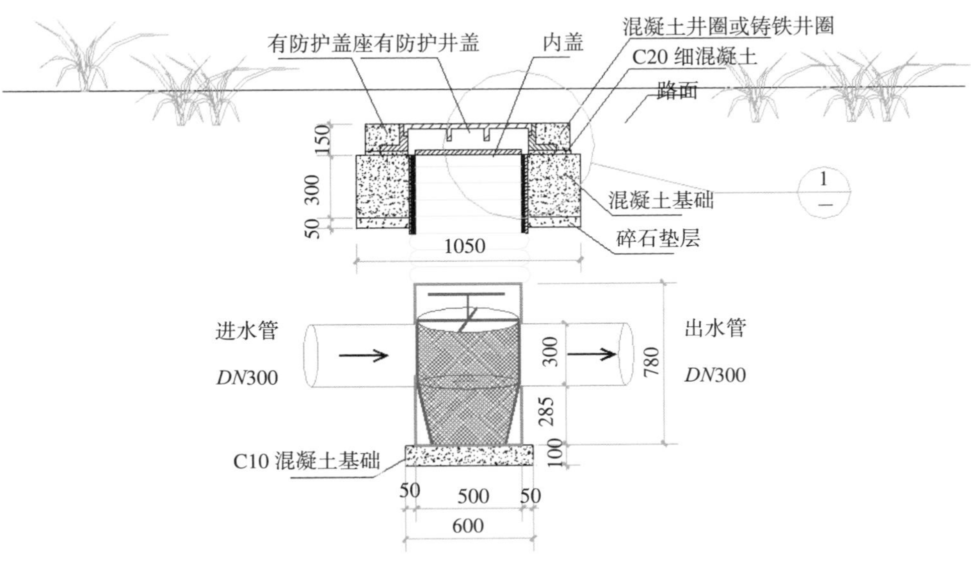

图 6.1.5　截污检查井剖面图

海绵城市小区建设中能有效控制年径流排放率，并实现雨水资源化利用。

嘉悦江庭结合小区地形走向，科学划分雨水收集分区，对雨水进行收集再利用。布置 3 座蓄水池见图 6.1.6，构建形成相对独立的雨水回用系统，以沉淀、过滤等方式对雨水进行收集与净化，用于绿化灌溉、道路浇洒等，年雨水回用量可达 1.5 万 m^3。同时采用“雨水景观 + 集水模块”方式，顺应地势落差打造山涧流泉式四级跌水景观见图 6.1.7 和图 6.1.8，让雨水资源循环利用，既提升了小区园林景观，又减少了自来水用水量。

嘉悦江庭 1 期洋房在跌水水景池下方设置 1 座有效容积为 84m^3 的钢筋混凝土调蓄池，见图 6.1.9。池体尺寸为 $L \times B \times H$=7.0m × 4.05m × 3.5m，对小区雨水主干管进行截流，经

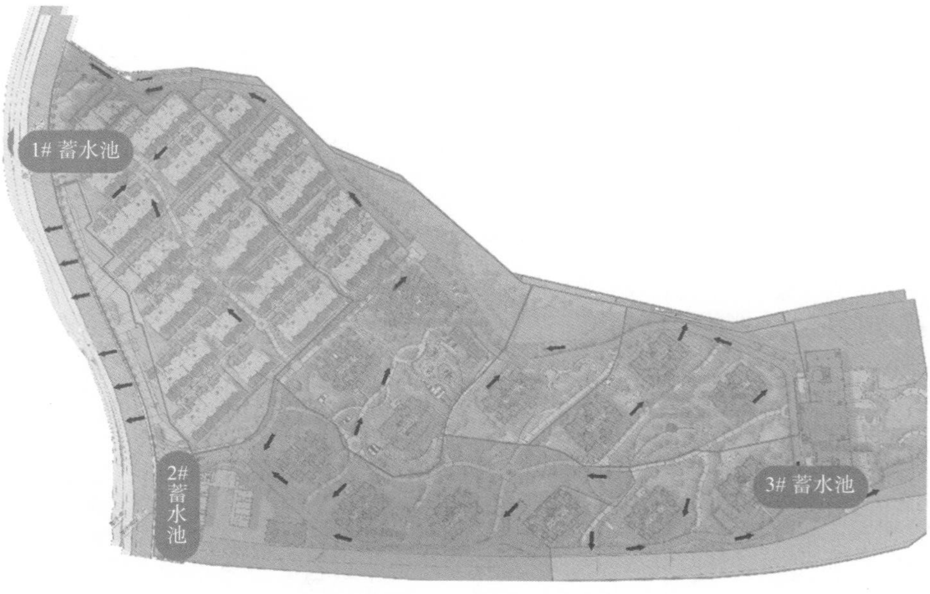

图 6.1.6　嘉悦江庭调蓄池平面图

图 6.1.7　嘉悦江庭调蓄池坡面图

图 6.1.8　嘉悦江庭 4 级跌水景观

一体机（过滤、消毒）处理后，回用于跌水水景补水及一期的沿街商业道路、绿地用水。通过 ICM 模型对该区域进行降雨、蒸发、下渗和径流过程模拟，结果显示：1 号调蓄池年雨水回用量为 4891.08m^3。

在幼儿园旁的室外停车场下方设置 1 座有效容积为 150m^3 的钢筋混凝土调蓄池，见图 6.1.10。池体尺寸为 $L \times B \times H$=8.7m × 5.7m × 3.8m，与位于嘉悦江庭 2、3 期的调蓄池共同用于小区 2、3 期的绿地及道路浇洒。通过 ICM 模型对该区域进行降雨、蒸发、下渗和径流过程模拟，结果显示：2 号调蓄池年雨水回用量为 4593.1m^3。

在南区室外停车场下方设置 1 座有效容积为 154m^3 的钢筋混凝土调蓄池，见图 6.1.11。池体尺寸为 $L \times B \times H$=8.7m × 5.7m × 3.8m，对小区雨水主干管进行截流，经一体机过滤、消毒后，回用于嘉悦江庭 2、3 期的道路、绿地用水。通过 ICM 模型进行降雨、蒸发、下渗和径流过程模拟，结果显示：3 号调蓄池年雨水回用量为 4941.4m^3。

3. 雨水花园

雨水花园是指利用土壤、植物等对雨水进行渗透和过滤，使雨水得到净化的同时被滞留以减少径流量的工程设施 [9]。山地海绵城市小区的雨水花园具有调节雨洪、水质净化、雨水资源利用、恢复水循环等作用 [10]。

为削减嘉悦江庭小区的径流污染，在小区草坪的低洼处、避开综合管线（尤其是燃气和重力流管线）建设雨水花园，见图 6.1.12 ~ 图 6.1.14。雨水花园与建筑物四周的雨水排水沟联通，收集屋面雨水及雨水花园四周绿地、道路排水，进行滞留、缓排、蒸发及植物净化，有利于提高污染负荷去除率和径流总量控制率。

4. 植草沟

植草沟通过重力流收集雨水径流，对非渗透性下垫面的径流具有水量削减和水质净化作用 [11]。在嘉悦江庭道路两侧，避开综合管线的区域将原绿化带改造为宽 1.0m、深 0.8m 的植草沟，收集四周绿地、道路排水，进行滞留、缓排及植物净化，控制小区面源污染。见图 6.1.15。

5. 绿色屋顶

嘉悦江庭小区规划约 1 万 m^2 的绿色屋顶，采用可移动式生态立体种植屋顶绿化技术，

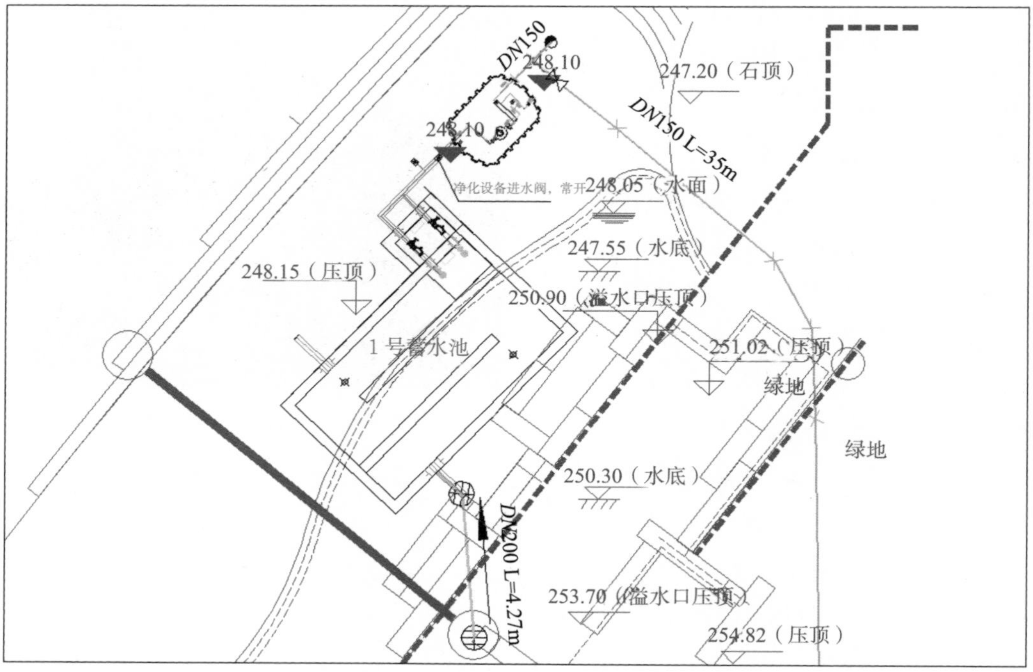

图 6.1.9　1 号调蓄池平面布置图

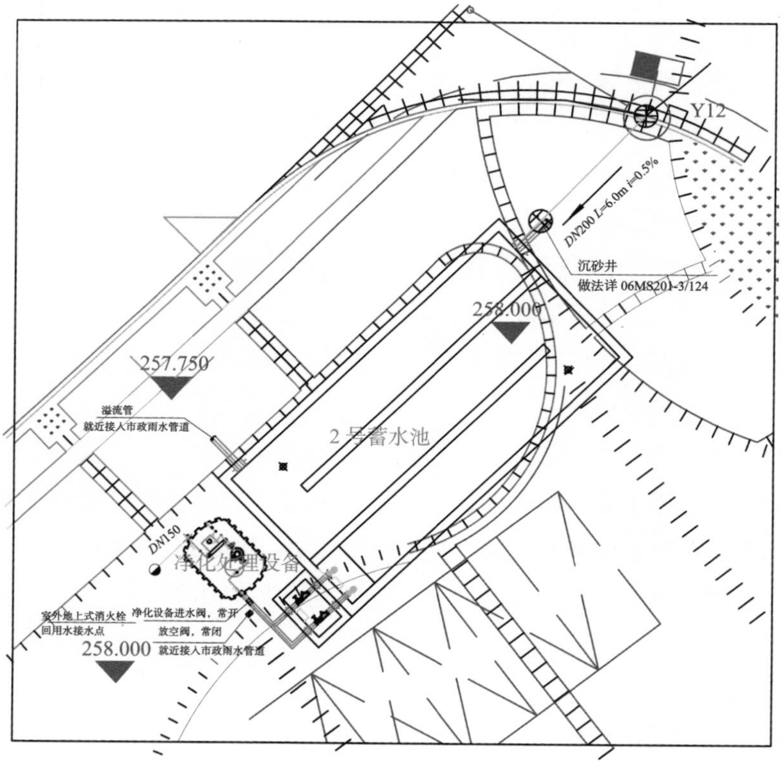

图 6.1.10　2 号调蓄池平面布置图

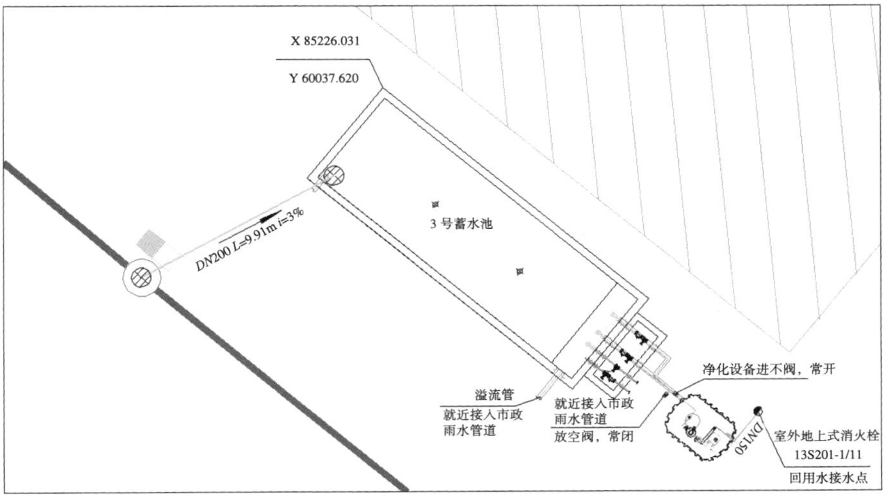

图 6.1.11　3 号调蓄池平面布置图

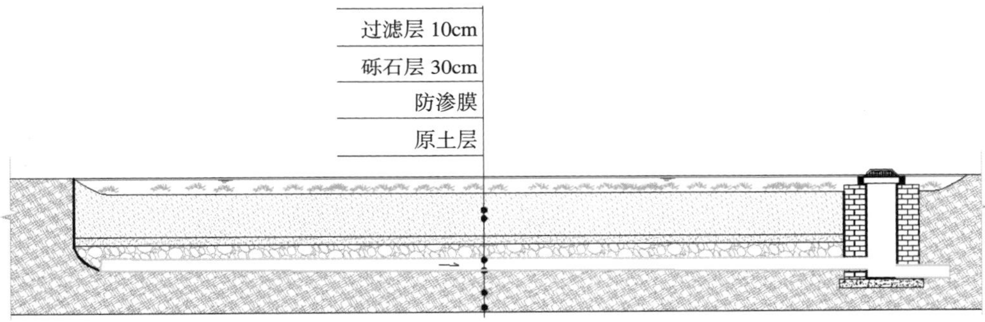

图 6.1.12　雨水花园剖面图

图 6.1.13　雨水花园平面布置图

（a）

（b）

图 6.1.14　雨水花园实景图

（a）

（b）

图 6.1.15　嘉悦江庭植草沟

选择佛甲草为屋顶植物。在气温直冲 40℃的盛夏，除降低顶层与环境温度外，亦兼具蓄水、排水和美化环境的功能。可滞留雨水 30L/m^2，蓄水量 50%；降低屋顶 1.5m 处环境温度约 2.55℃，降低屋顶地表温度约 7.93℃，增加屋顶空气相对湿度约 5.01%。见图 6.1.16、图 6.1.17。

6.1.4　效益分析

嘉悦江庭小区采用了 5 处雨水花园、约 500m 的网络状植草沟、占地约 40.4% 的下沉式绿地、透水铺装、无路缘步道等“海绵”景观，以“慢排缓释”与“源头分散”的设计理念，综合采用渗、滞、蓄、净、用、排等技术措施，多管齐下，布局小区“海绵体”，有效提升小区对水源的涵养与净化能力，使雨水自然渗透、自然积存与自然净化，形成完善的小区水生态体系，实现与园林景观的完美融合，与自然的和谐发展。

嘉悦江庭小区的污染负荷去除率为 27.4%，高于《悦来新城海绵城市总体规划

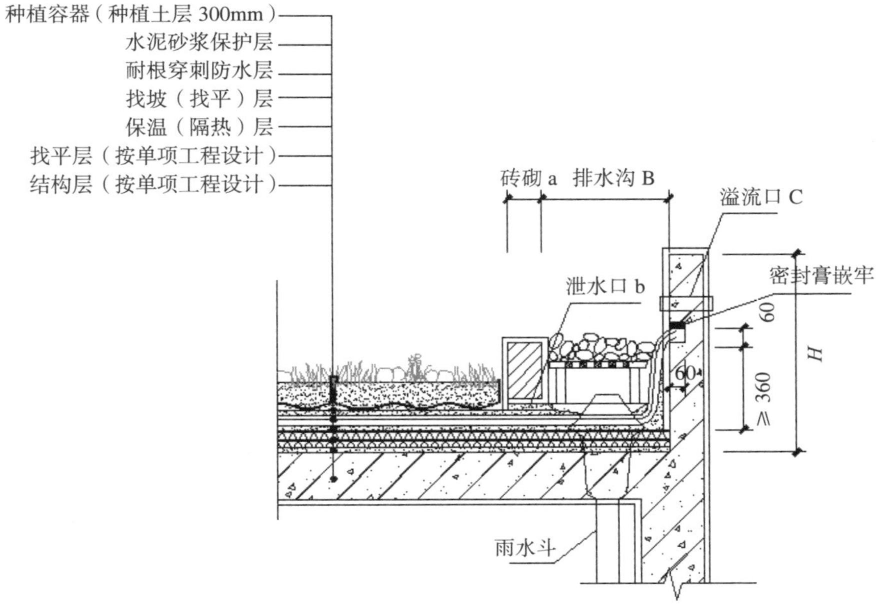

图 6.1.16 绿色屋顶剖面图

（a）

（b）

图 6.1.17 绿色屋顶实景图

（2016 ~ 2020 年）》中 25.0% 的要求。根据 ICM 软件模拟分析结果，该小区年径流排放率为 39.35%，达到《悦来新城海绵城市总体规划（2016 ~ 2020 年）》中对该区域年径流排放率≤ 45.5% 的要求。运用 ICM 软件模拟 1 ~ 3 号调蓄池的运行并分析其雨水资源化利用率，结果表明，嘉悦江庭雨水资源化利用率为 7.83%，雨水回用方式主要包括小区绿地浇洒、道路冲洗和景观水体补水等。靠近张家溪 1 侧的溢流雨水排入末端绿地——张家溪阶梯式雨水湿地，进一步沉淀、滞留、净化后排放。

综上所述，嘉悦江庭小区海绵系统的实施，可以有效降低雨水径流的峰值流量，通过植草沟和雨水花园的吸收和拦截，使雨水净化后再流入河道，削弱雨水初期冲刷效应并减少初期雨水溢流。此外，雨水花园和植草沟具有较好的景观效果，这对创建宜居环境、提升小区品质是大有裨益的。见图 6.1.18。

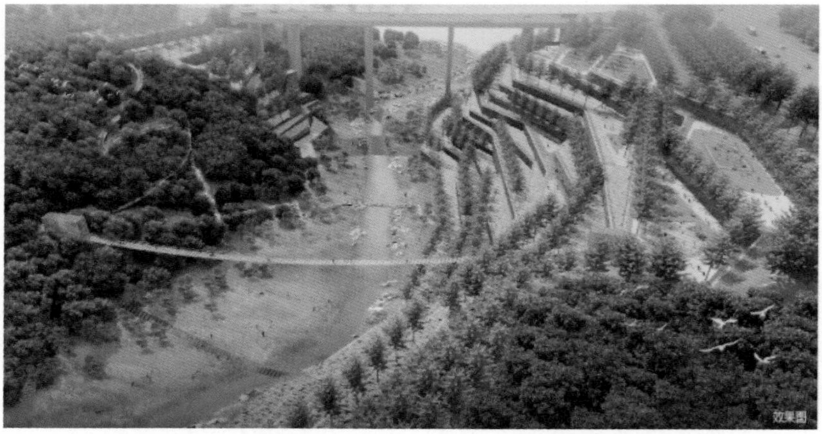

图 6.1.18　嘉悦江庭效果图

6.2　悦来新城棕榈泉海绵城市工程

棕榈泉小区的海绵城市设计充分结合现状，尊重区域现有的功能布局和生态格局，构建小区雨水管理体系。以小区实际情况作为设计基本条件，以解决实际问题作为设计的基本方向，实现新建工程系统布局与现状排水系统的有机协调。在不降低现状排水系统排水能力的前提下，因地制宜地制定工程措施，在完成雨水径流控制指标的同时，实现了污染控制、生态环境保护和雨水综合利用的目标。小区的海绵城市建设没有对现有开发设施进行大修大改，仅通过小范围的改造即达到预期的雨水控制效果。

6.2.1　概况

棕榈泉小区位于悦来会展中心核心地段，是高端商业住宅小区，为悦来新城第 1 年首先启动的重点项目，也是首批海绵城市小区设计项目。棕榈泉地块分为 A、B 两个区，东侧为 A 区、西侧为 B 区，总建设用地面积 104393m^2，总建筑面积 362987.5m^2。从开发建设时序上，将地块划分为 3 期开发，1 期面积 53787m^2，2 期面积 42846m^2，3 期面积 7760m^2。区位图见图 6.2.1。

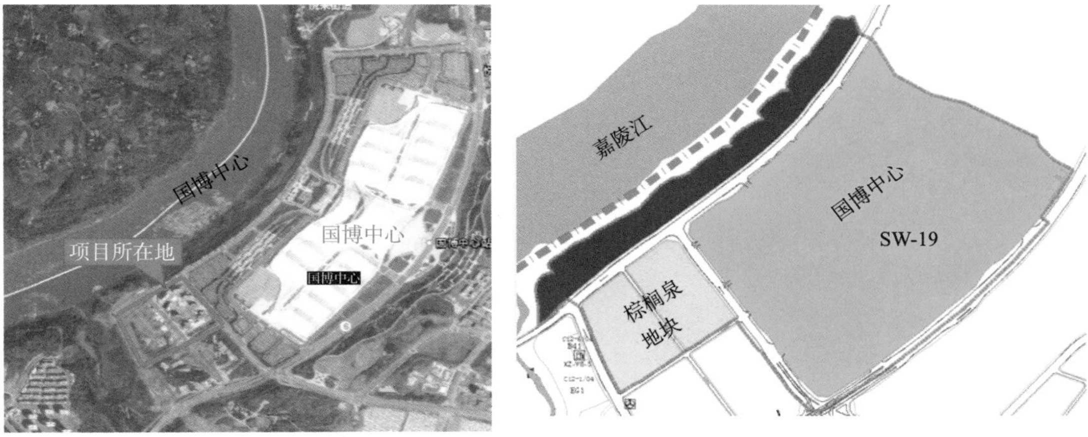

图 6.2.1 棕榈泉小区区位图

6.2.2 设计理念

棕榈泉小区位于《悦来新城海绵城市总体规划（2016 ~ 2020 年）》的 19 分区，要求年径流污染物削减率≥ 49.97%，分区年径流排放率≤ 53.20%，分区年径流总量控制率≥ 79.59%。根据实际情况，确定棕榈泉小区雨水管控指标要求为：年径流污染物削减率≥ 25%、年径流排放率≤ 45.5%。

棕榈泉小区的设计思路见图 6.2.2：（1）根据现状管网集水范围及地形特征，分析棕榈泉所在雨水排水子流域及雨水管理分区；（2）根据片区规划，确定地块雨水管控目标；（3）根据片区地形及雨水管网布置，划分汇水分区，进行下垫面解析；（4）初步拟定海绵城市设施种类及组合方案；（5）模型模拟，确定海绵城市设施规模、评估雨水管控效果；（6）开展技术经济评价，确定最终的山地海绵城市小区建设方案。

根据棕榈泉小区地形及雨水管网的布置，将区域分为四个汇水分区，见图 6.2.3。分区 1 面积 15307.72m^2，分区 2 面积 60349.55m^2，分区 3 面积 11941.67m^2，分区四面积 5826.74m^2。

6.2.3 技术措施

根据棕榈泉小区的改造目标并结合基础设施的考察结果，采用透水铺装、景观水体循环净化补水系统、雨水集蓄回用、下沉式绿地等低影响开发设施。

1. 透水铺装

透水铺装系统属于“海绵城市”理念下 1 种重要的源控制技术。目前，透水铺装系统已被广泛应用于公园、停车场、人行道、广场、轻载道路等领域。透水铺装系统的主要作用是收集、储存、处理雨水径流，进而通过渗透补充地下含水层，这对提升城市整

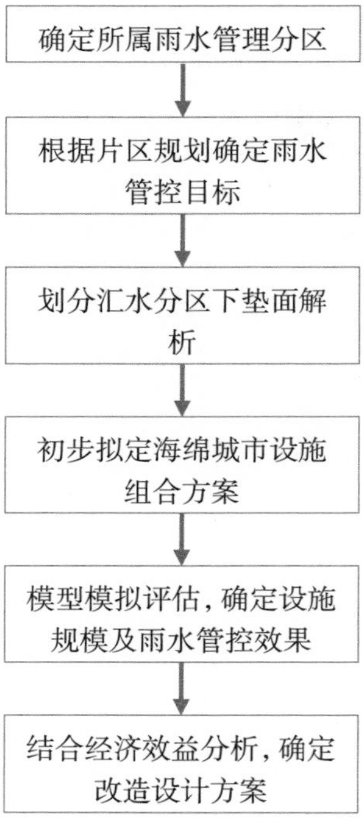

图 6.2.2 棕榈泉设计技术路线图

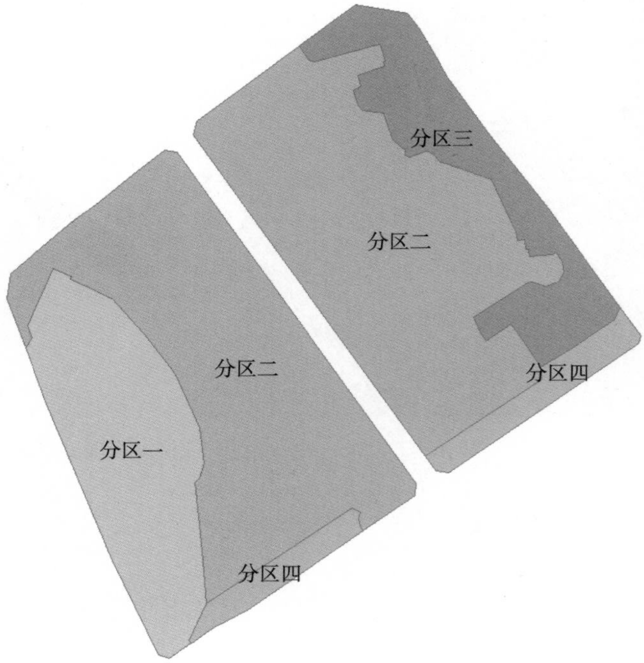

图 6.2.3 棕榈泉排水分区

体的水文调蓄功能具有重要意义[12]。棕榈泉小区透水铺装总面积为 11728m^2，透水铺装剖面及分布见图 6.2.4 和图 6.2.5。

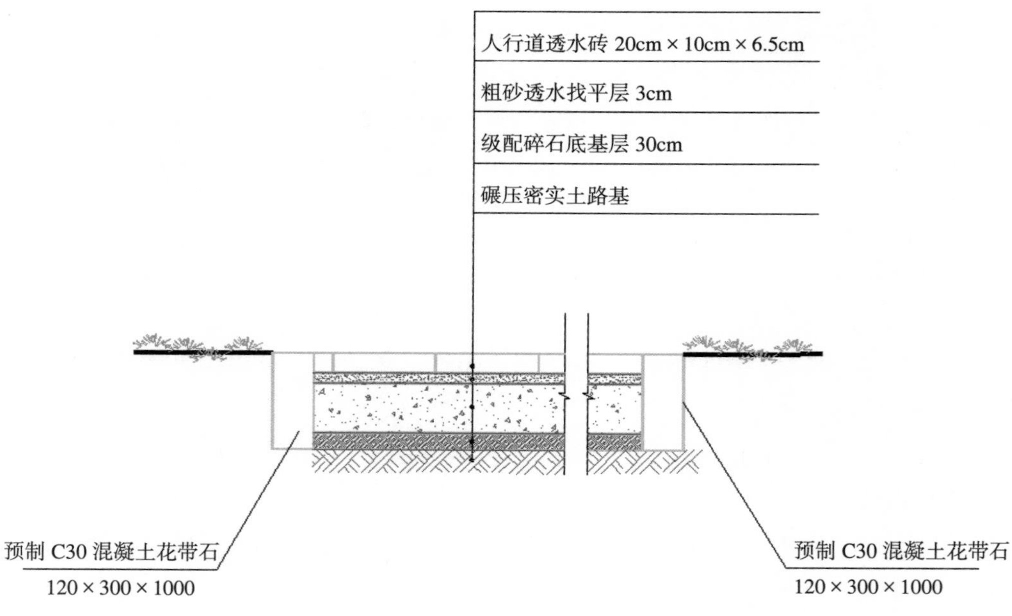

图 6.2.4 透水铺装剖面图

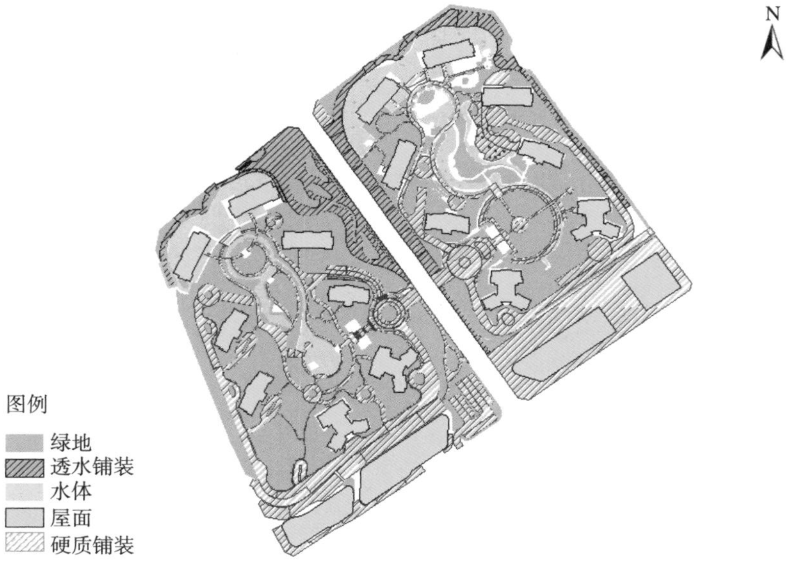

图 6.2.5 透水铺装分布图

2. 雨水收集利用系统

山地海绵城市小区将处理后的雨水作为非常规水资源在小区内使用，能够提高水资源利用率，缓解供水压力。同时，雨水资源的就地利用，能有效减少城市暴雨径流，缓解城市洪峰，并减少进入到城市水系中的污染物[13]。

棕榈泉雨水径流通过雨水截流井收集，雨水经截流管道进入沉砂井，经沉淀处理后进入蓄水池，雨水在蓄水池内储存、沉淀，经提升泵提升至一体化雨水处理设备。一体化雨水处理设备由自适应过滤器、一体化加药装置以及紫外线消毒器组成，整套设备置于埋地设备处理间内。雨水收集利用系统流程见图 6.2.6。

根据 11 年不降雨天数确定不降雨日平均用水量，以 5 天用水量确定回用水池容积。分区 1 日用水量为 24m^3，将设置容积为 120m^3 的回用水池；分区 2 日用水量为 92m^3，将设置容积为 460m^3 的回用水池；分区 3 日用水量为 18m^3，将设置容积为 90m^3 的回用水池。回用水池放置在每个分区雨水管网排出口附近，尽可能的接入雨水以作回用。

结合区域景观水体布置情况，设置两套景观水体循环补水系统，在满足水体循环净化的同时进行水体蒸发补水，1 号系统雨水蓄水（水箱）容积为 40m^3，2 号系统雨水蓄水（水箱）容积为 60m^3。雨水回用系统布置见图 6.2.7.

3. 下沉式绿地

下沉式绿地可汇集周围硬化地表产生的雨水径流，利用植被、土壤、微生物的综合作用，截留和净化小流量雨水径流，超过其蓄渗容量的雨水经雨水口排入雨水管网[14]。下沉式绿地不仅可以起到削减径流量、减轻城市洪涝灾害的作用，而且下渗的雨水能够

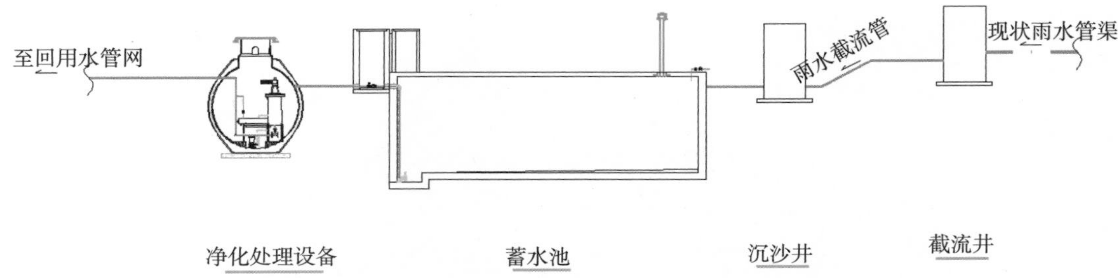

图 6.2.6　雨水收集利用系统流程图

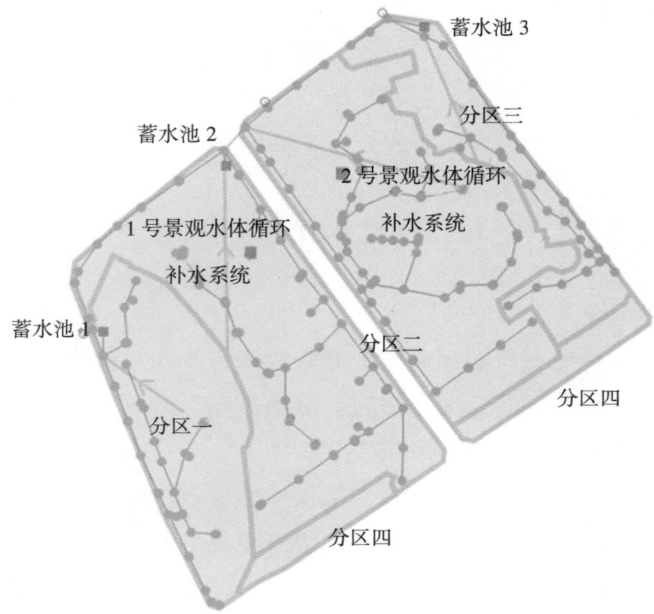

图 6.2.7　雨水回用系统布置图

增加土壤含水量进而减少绿地浇灌用水量，还有利于地下水的涵养。棕榈泉小区下沉式绿地面积 1787m^2，下沉式绿地剖面、分布和设计效果分别见图 6.2.8 ~ 图 6.2.10。

6.2.4　效益分析

根据模拟数据计算棕榈泉小区的雨水总排放量，得出小区的径流排放率为 45.05%，略优于《悦来新城海绵城市总体规划（2016 ~ 2020 年）》中提出的≤ 45.50% 标准，满足年径流排放量的要求。效果图见图 6.2.11。

传统开发模式下，棕榈泉小区的面源污染物是硬质铺装径流、绿地径流和屋面径流挟带的污染物总和。进行山地海绵城市建设后，面源污染物是硬质铺装径流、绿地径流、屋面径流挟带的污染物以及透水铺装径流截流至蓄水池中处理后的剩余污染物之和，产

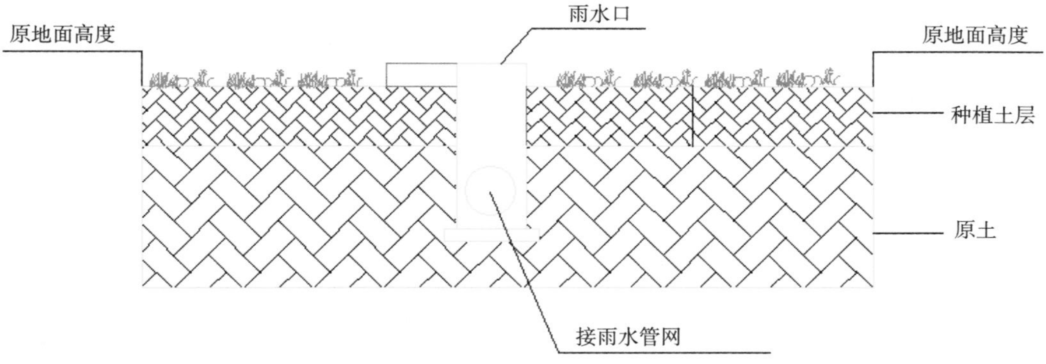

图 6.2.8　下沉式绿地剖面图

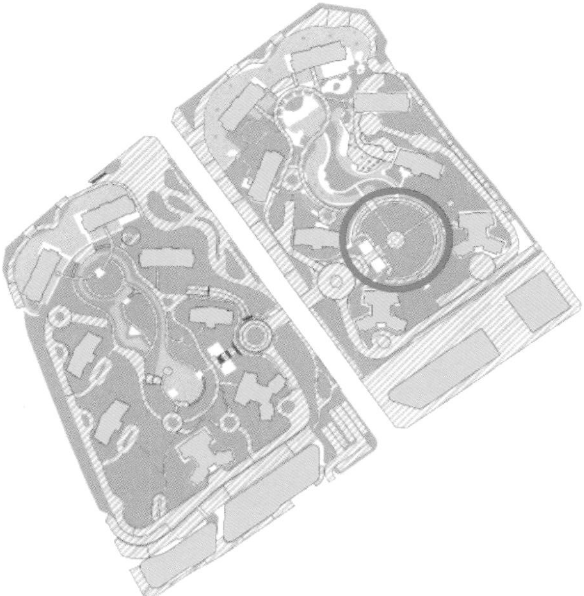

图 6.2.9　下沉式绿地区位图

图 6.2.10　下沉式绿地效果图

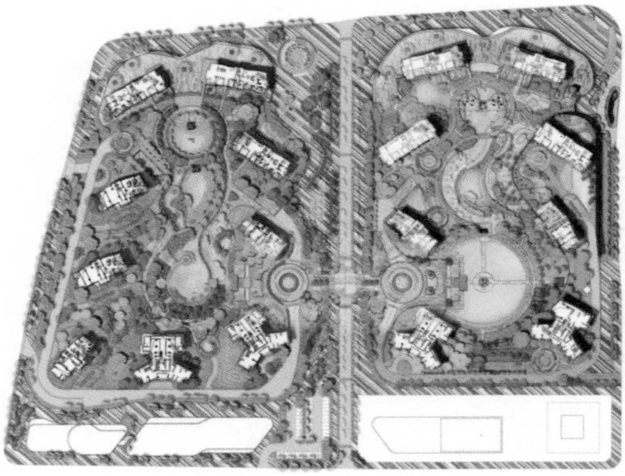

（a）

（b）

图 6.2.11　棕榈泉效果图

生的污染物总量为 13.72t/a（SS 计），年径流污染物削减率为 40.91%，优于《悦来新城海绵城市总体规划（2016 ~ 2020 年）》中 25.0% 的要求。通过 ICM 模型模拟，棕榈泉小区能够满足规划要求的雨水管控指标。

6.3　璧山金科中央公园城五期海绵城市工程

金科中央公园城五期海绵城市工程是璧山区海绵城市建设试点区改造设计项目，充分结合璧山区本地水文地质特征，充分考虑开发地块的规划和建设现状，采用因地制宜的工程措施，从全雨水分区的指标控制角度出发，充分发挥源头径流控制对整个雨水管理分区的指标平衡作用，集中体现了“源头控制、过程管理、监测反馈、末端治理”设计理念中的源头控制设计思路。

6.3.1　概况

金科中央公园城五期海绵城市改造项目紧邻文星大道和秀湖大道，占地 3.08hm^2，见图 6.3.1。作为璧山“重庆市海绵城市试点工程”的第 1 批小区改造项目，本项目启动海绵城市改造时为绿化未完全竣工状态，具有一定的改造条件。

改造工程主要包括：

1. 对区域内硬地进行改造，包括对将金科五期 B17 地块范围内人行道硬地改造成透水铺装等海绵城市低影响开发设施的形式；

2. 将小区内雨水，尤其是绿色屋顶排放雨水进行收集弃流，经过滤、消毒处理后回

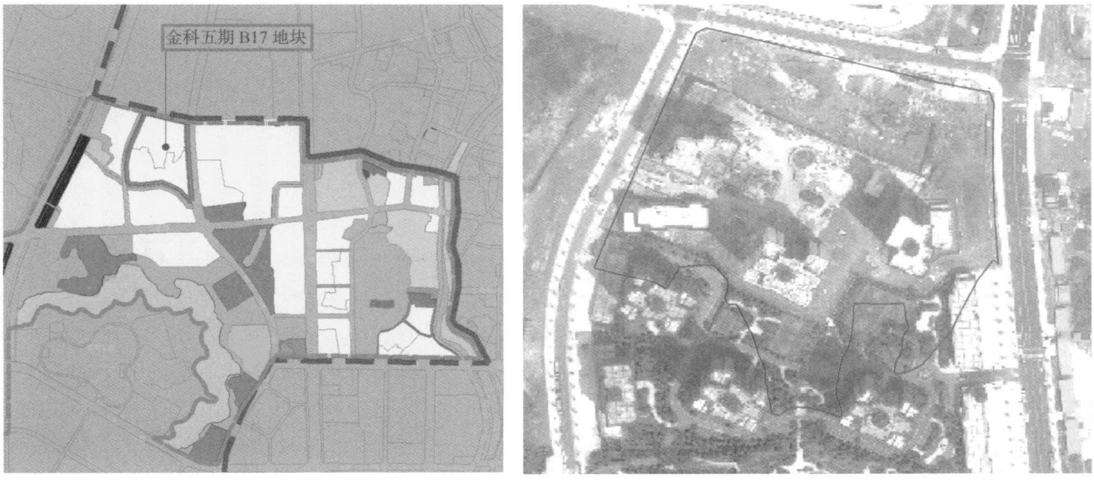

图 6.3.1　金科五期项目区位图

用于小区的绿化浇灌；

3. 将商业屋面大面积硬质屋顶改造为绿色屋顶；

4. 将小区内部的硬质停车位改造为具有渗水功能，与景观融合的生态停车位；

5. 小区沿街商业存在大面积的硬质铺装，坡向花池，将花池改造为渗透花池，对硬质铺装的雨水进行控制；

6. 对原有景观进行升级改造，移栽部分植物，补种部分植物。

6.3.2　设计理念

根据《重庆市璧山区海绵城市专项规划（2016 ~ 2030 年）》，金科五期位于雨水排水管理第一、二分区，指标要求“年径流总量控制率 60%，污染总量控制率 36%”。项目海绵城市设计以尽量达到实施方案中提出的年径流控制指标为总目标，并结合现状实际情况进行设计，设计技术路线见图 6.3.2。

结合项目范围内地形地貌分析及金科五期 B17 地块现状情况，该地现状建成状态为建筑主体已完成，车库顶板管网及绿化建设未完成。地块内有完整的雨水管网设计，主要有 2 个主要收水片区，屋面雨水排至室外散水明沟，经集水坑及雨水短管进而排入雨水检查井；场地内雨水通过雨水口收集。海绵城市改造尊重原排水管网设计，并依据管网排出口情况将整个地块分为 3 个雨水排水管理分区，见图 6.3.3。

6.3.3　技术措施

结合建成现状及指标，海绵城市改造组合方案为：绿色屋顶 + 小区人行道透水铺装 +

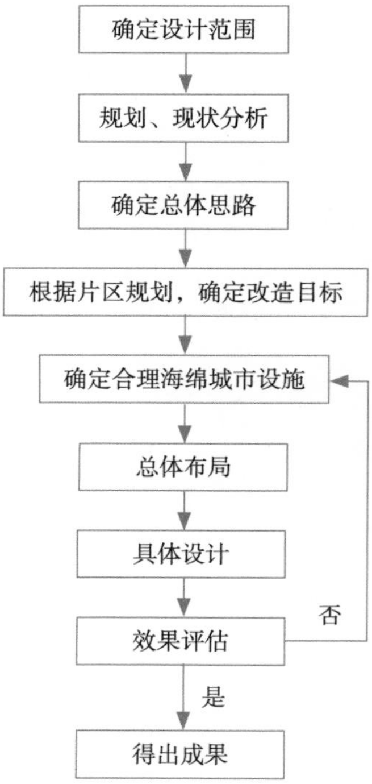

图 6.3.2　金科五期设计技术路线图

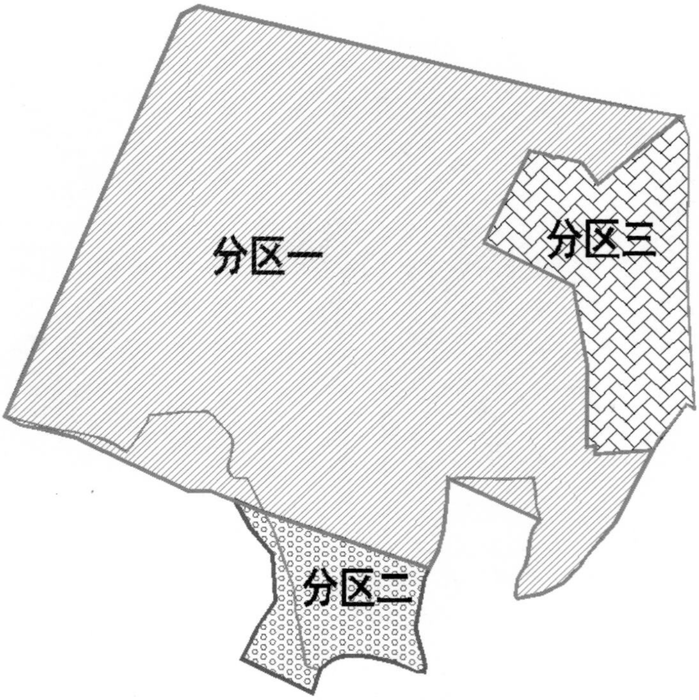

图 6.3.3　金科五期雨水排水管理分区图

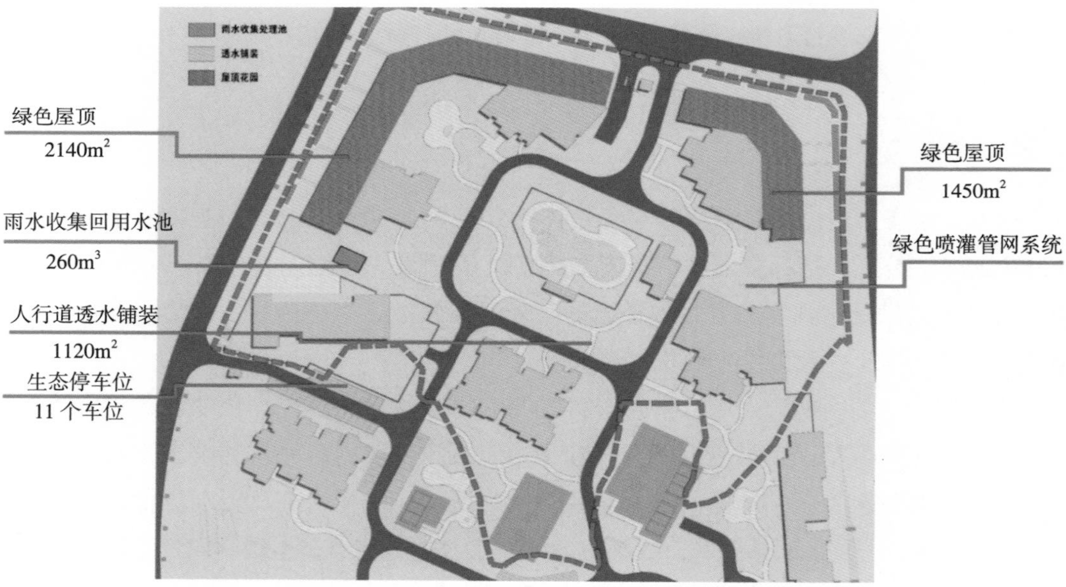

图 6.3.4　海绵项目总体布置图

生态停车位 + 渗透花池 + 雨水收集净化及回用系统。利用 ICM 构建模型，根据海绵城市设施的特征，考虑蒸发、下渗、缓排、滞蓄、溢流等水文水力条件，进行模型计算，确定设施规模和相应的雨水管控。项目总体布置见图 6.3.4。各项措施详见图 6.3.5 ~ 图 6.3.7。

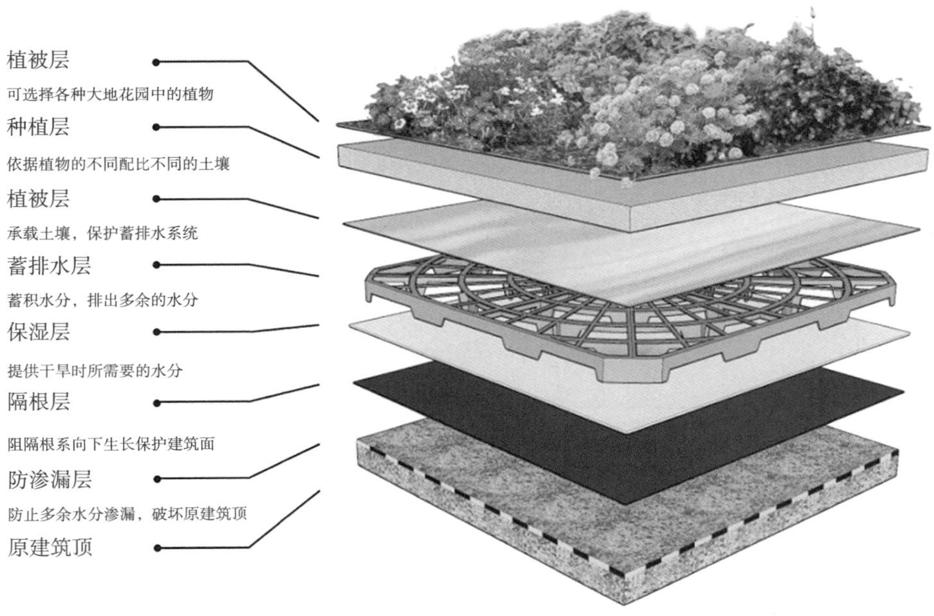

图 6.3.5　金科五期绿色屋顶剖面图

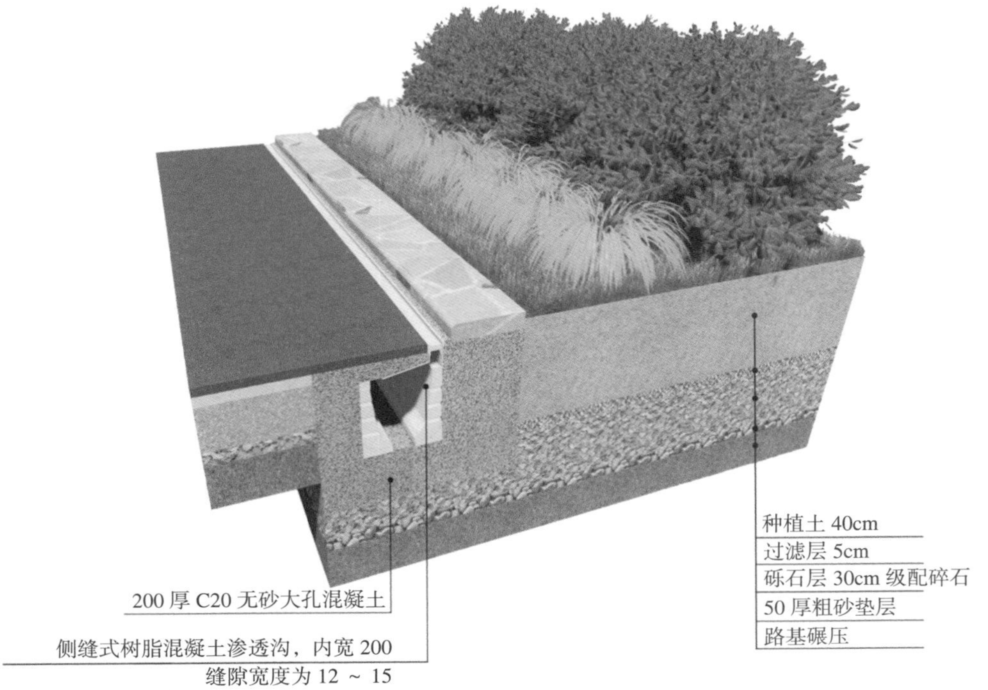

图 6.3.6　金科五期渗透花池剖面图

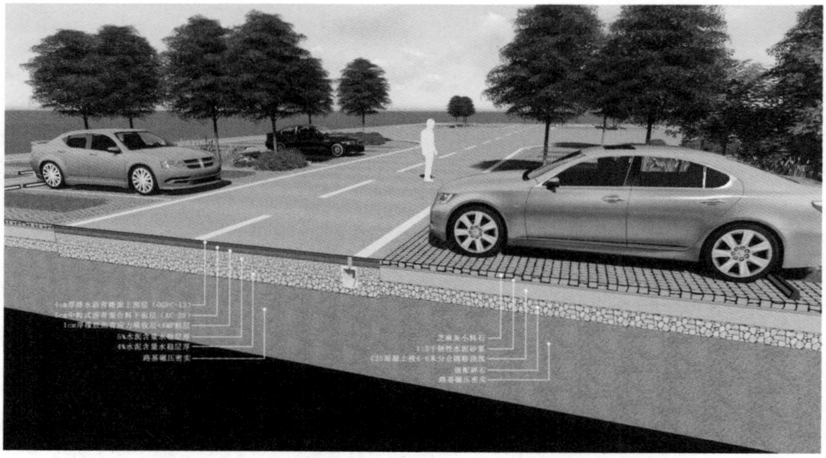

图 6.3.7　金科五期生态停车位剖面图

商业裙房屋面改造为轻质绿色屋顶，改造规模 3190m^2；控制雨水径流量及污染负荷的同时，降低屋面温度，提升景观品质。

小区人行道硬质铺装改造为透水铺装，改造规模 1500m^2；雨水经透水铺装面层及基层，继而下渗至土壤。

小区硬质停车位改造为生态停车位，改造规模 130m^2；停车位中间设生态植被带，周边硬地雨水通过植被带下渗进入土壤，控制雨水径流同时增加景观情趣。

沿街商业大面积硬质铺装坡向的花池改造为具有渗透花池，改造规模 850m^2；渗透花池由线性渗透沟、透水混凝土、级配碎石等渗透过滤层组成，商业硬质铺装雨水顺势汇流收集至线性渗透沟，后经透水混凝土、级配碎石逐级下渗，过量的雨水则通过排水沟进入市政雨水管网系统。

增设雨水收集、处理、回用系统，雨水池有效容积共计 260m^3；雨水经絮凝、过滤、消毒后，通过回用管网取水阀，回用于绿化喷灌及道路浇洒。

6.3.4　效益分析

通过模拟数据结果分析，流域 1 年径流总量控制率为 64%，污染总量控制率为 48%，达到《重庆市璧山区海绵城市专项规划（2016 ~ 2030 年）》中对建成区域的年径流总量控制率≥ 36%、污染总量控制率≥ 60% 的要求。

系统设计充分考虑工程范围的整体景观、用地条件、需求集成、资源利用、维护管理等要素，工程改造后，改造区域在排水能力、地表景观、空间利用及水环境和资源利用方面优于现状。

6.4　秀山高级中学海绵城市工程

秀山县高级中学项目海绵城市改造工程为第 1 年首先启动的重点项目，也是首批建筑小区、学校、公共设施改造设计项目。工程设计充分结合现状，尊重区域现有的功能布局和生态格局，合理构建小区雨水管理控制体系，以海绵城市的理念对其进行海绵城市改造设计，改善水生态、水环境现状，充分进行雨水回用。该工程的实施将对秀山县海绵城市的建设，特别是建筑小区、学校、公共设施的低影响开发起到示范引领作用。

6.4.1　概况

秀山县高级中学项目地块位于《重庆市秀山县海绵城市专项规划（2016 ~ 2030 年）》中雨水排水管理第六分区，主要包括文体娱乐用地、居住用地及中小学用地，总建设用地面积 24.17hm^2，见图 6.4.1。改造工程经设计，主要工程包括：

1. 对区域内绿地进行改造，包括对将高级中学范围内绿地改造成雨水花园、生物滞留带、雨水花台等多种海绵城市低影响开发设施的形式；

2. 部分道路雨水口改造为截污式雨水口；

3. 结合海绵城市低影响开发设施改造部分雨水管道，改造部分雨水检查井为溢流井；

4. 对原有景观进行升级改造，移栽部分植物，补种部分植物。

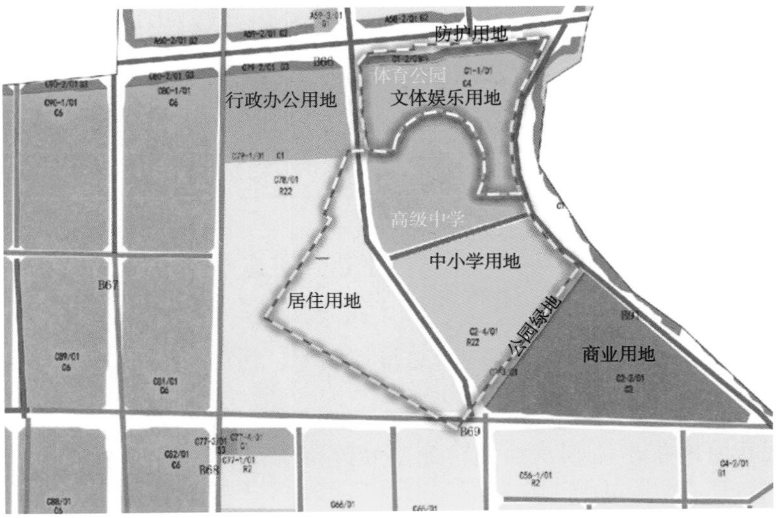

图 6.4.1　高级中学项目区位图（a）

图 6.4.1　高级中学项目区位图（b）

6.4.2　设计理念

《重庆市秀山县海绵城市专项规划（2016 ~ 2020 年）》应从宏观上指导秀山县的海绵城市建设，与总体规划中的其他规划内容进行配合，协调水系、绿地、排水防涝和道路交通等与低影响开发的关系，落实海绵城市建设目标。根据《专项规划》，高级中学项目所在雨水排水管理第六分区所占地块的年径流总量控制率、污染物总量控制率指标的控制要求如表 6.4.1 所示：

高级中学规划控制指标　　表 6.4.1

项目	地块编号	用地性质	年径流总量控制率	污染物总量控制率
高级中学	C1-1/01（流域 1）	文体娱乐用地	76%	57%
	C2-4/01（流域 2）	中小学用地	84%	63%
	C78/01（流域 3）	居住用地	81%	48%

秀山县高级中学项目海绵城市设计以尽量达到实施方案中提出的年径流控制指标为总目标，并结合现状实际情况进行设计。技术路线如下：

1. 初步制定总体控制目标：以年径流总量控制率、污染物总量控制率为核心，兼顾其他规划控制指标：雨水资源化利用率；

2. 根据现状管网集水范围及地形特征，分析高级中学项目所在雨水排水子流域及雨水管理分区；

3. 对划分流域内现状下垫面进行分析，初步确定各下垫面改造方式及海绵城市设施布置；

4. 对初步确定的各种海绵城市设施划定汇流面积，确定模型参数；

5. 根据不同海绵城市设施设置的组合，确定出两种方案，运用模型软件进行模拟试算，调整两个方案的海绵城市设施规模，计算出两种方案的各项控制指标，同时估算出两种方案的投资；

6. 从方案可实施性、控制指标达到程度及项目投资等方面对两个方案进行综合技术比选，确定出最佳实施方案。

高级中学项目改造范围按片区主雨水排出口对应的汇流区域进行确定，结合现状地形共划分为 3 个流域、13 个分区。流域 1（体育场馆区）主要为雨水排水管理第六分区中的 C1-1/01（文体娱乐用地）地块；流域 2（教学区）主要为雨水管理分区 6 中的 C2-4/01（中小学用地）地块；流域 3（宿舍区）主要为雨水管理分区 6 中的 C78/01（居住用地）地块，见图 6.4.2 和图 6.4.3。

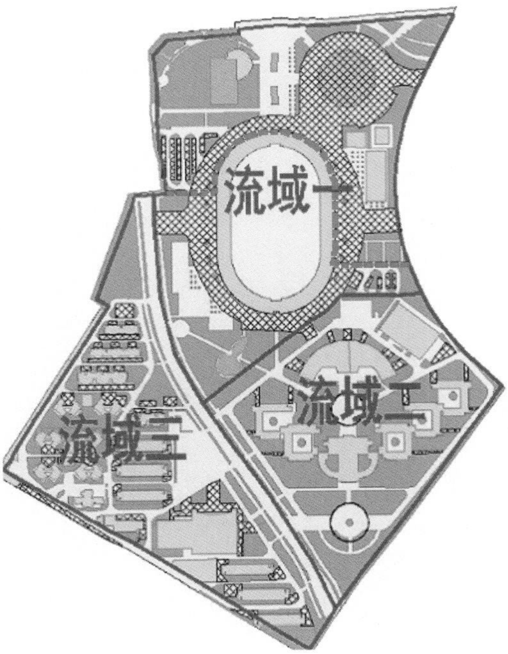

图 6.4.2　高级中学大流域划分图

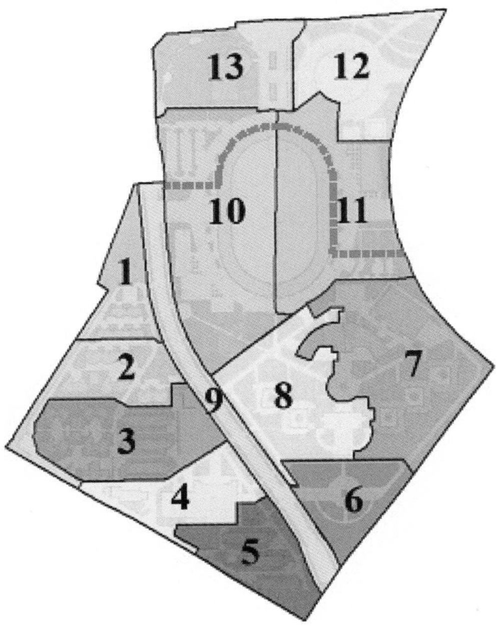

图 6.4.3　高级中学雨水排水管理分区图

6.4.3　技术措施

结合建成现状及指标，海绵城市改造组合方案为：部分绿色屋顶改造 + 透水铺装改造 + 生物滞留设施 + 雨水集蓄利用。具有投资少、建设难度小、后期维护管理简单和建设进度快等优势，特别绿色屋顶具有展示效果好、生态环境好的优势。因此，推荐采用方案 1

作为本次海绵城市设计的实施方案，在合适区域设置部分绿色屋顶，在保证经济、施工进度的前提下，提升展示效果和维护生态环境。见图 6.4.4 ~图 6.4.10。

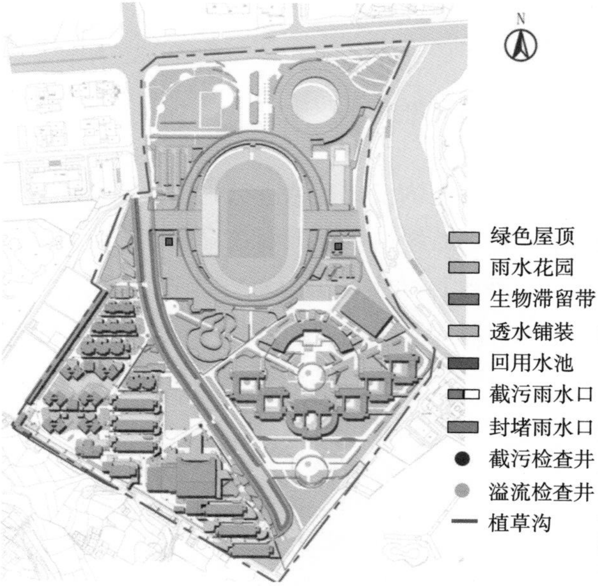

图 6.4.4　高级中学海绵措施总体布置图

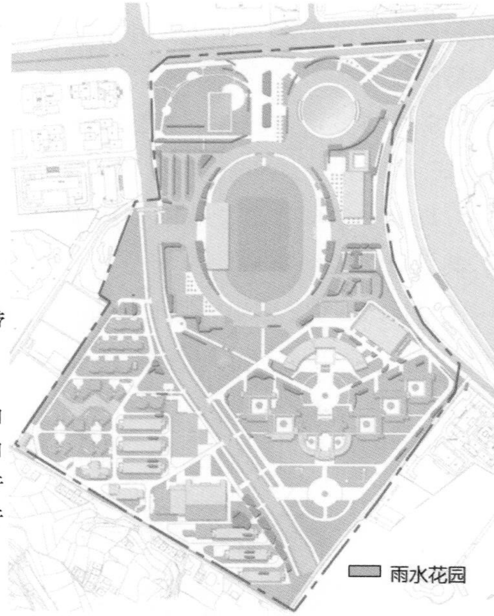

图 6.4.5　高级中学雨水花园布置图

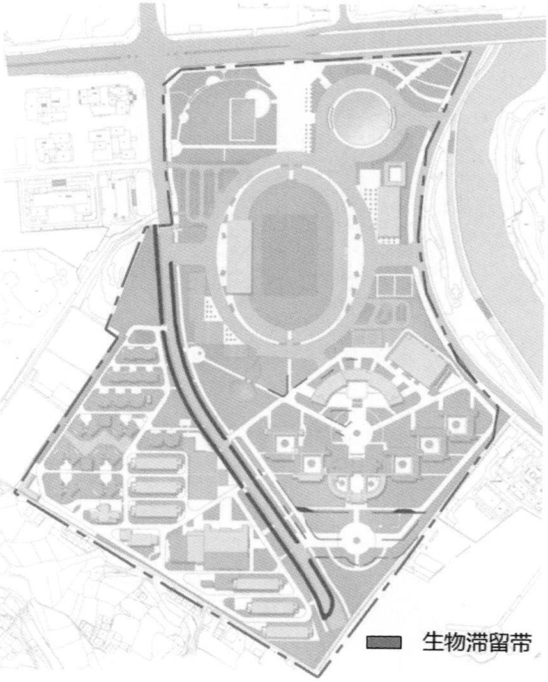

图 6.4.6　高级中学生物滞留带布置图

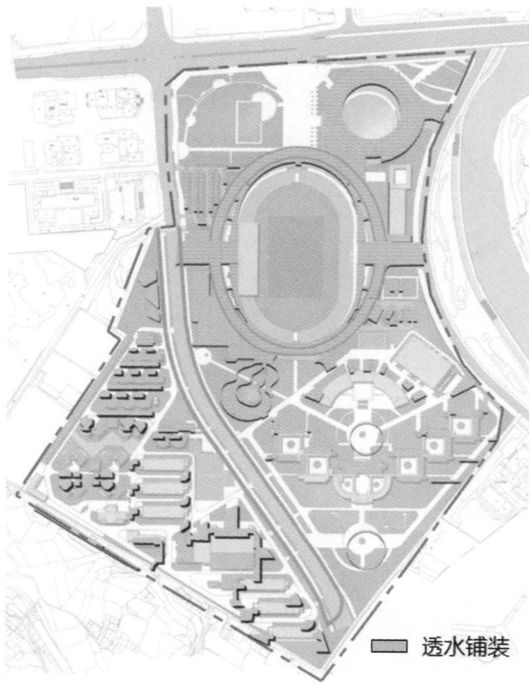

图 6.4.7　高级中学透水铺装布置图

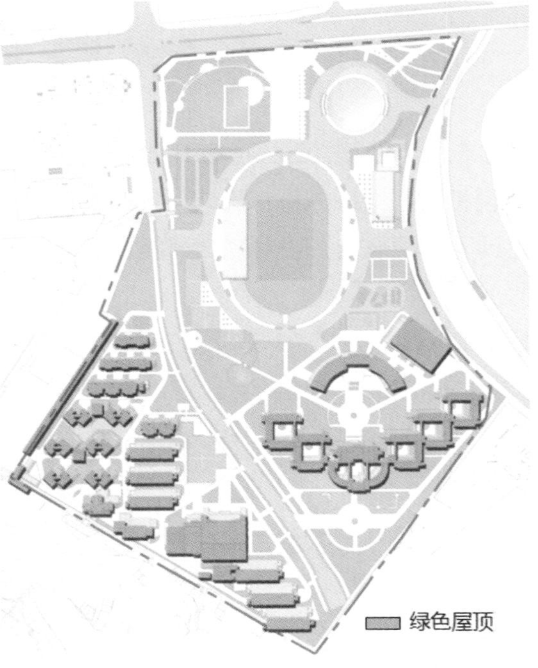

图 6.4.8　高级中学绿色屋顶布置图

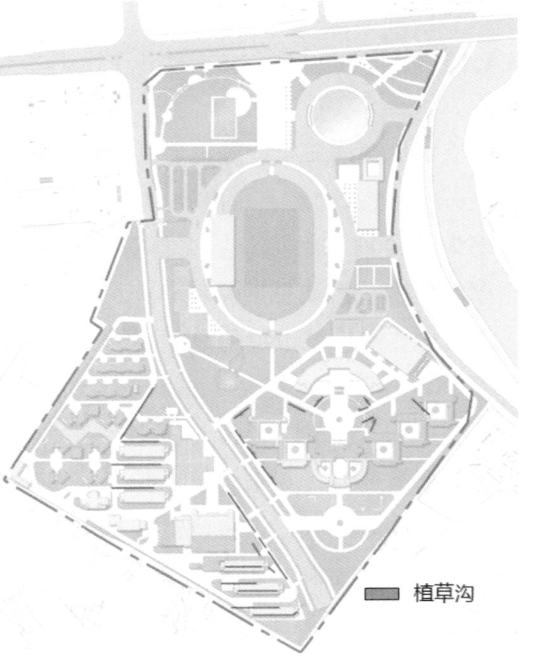

图 6.4.9　高级中学植草沟布置图

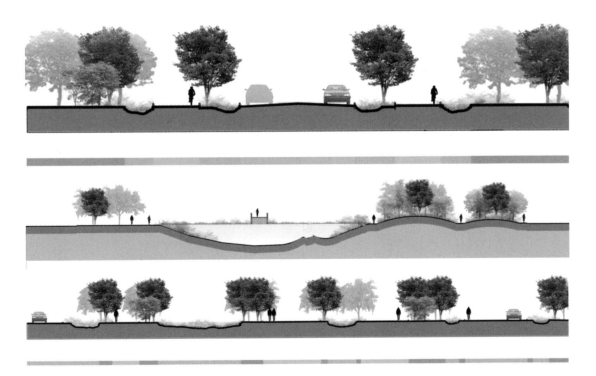

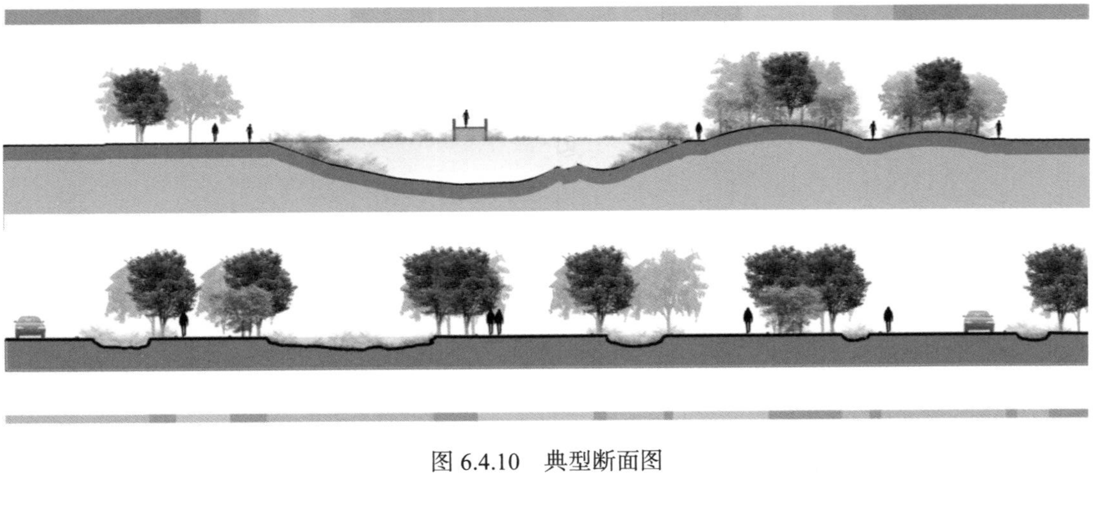

图 6.4.10　典型断面图

6.4.4 效益分析

流域 1 海绵城市设施设置共为 19 个雨水花园（总容积为 702m^3）、回用水池（容积为 500m^3）和透水铺装（总面积为 34675m^2），通过模拟数据结果分析，流域 1 年径流总量控制率为 77.90%，污染总量控制率为 57.76%，达到《专项规划》中对该区域年径流总量控制率≥ 76%、污染总量控制率≥ 57% 的要求。

流域 2 海绵城市设施设置共为 14 个雨水花园（总容积为 927m^3）、绿色屋顶（总面积为 6548m^2）和透水铺装（总面积为 3342m^2），通过模拟数据结果分析，流域 2 年径流总量控制率为 85.36%，污染总量控制率为 64.25%，达到《专项规划》中对该区域年径流总量控制率≥ 84%、污染总量控制率≥ 63% 的要求。

流域 3 海绵城市设施设置共为 19 个雨水花园（总容积为 443m^3）、248 个截污式雨水口和透水铺装（总面积为 18358m^2），通过模拟数据结果分析，流域 3 年径流总量控制率为 81.12%，污染总量控制率为 48.01%，达到《专项规划》中对该区域年径流总量控制率≥ 81%、污染总量控制率≥ 48% 的要求。

效果图见图 6.4.11。

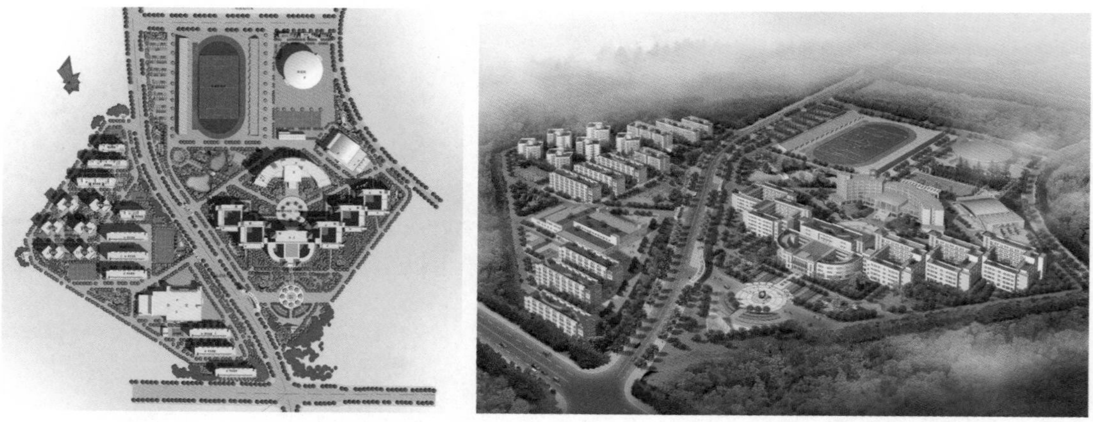

图 6.4.11　高级中学效果图

本章参考文献

[1] 马姗姗，许申来，薛祥山，等 . 城市在建小区海绵化实现思路的探讨 [J]. 住宅产业，2015，12（6）：39-42.

[2] 王建廷，魏继红 . 基于海绵城市理念的既有居住小区绿化改造策略研究 [J]. 生态经济，2016，32（7）：220-223.

[3] 范臻 . 山地城市住宅小区户外运动休闲空间设计分析——以重庆为例 [D]. 重庆：重庆大学，2013.

[4] 欧阳晓光 . 山地生态人居小区水循环系统的研究 [D]. 重庆：重庆大学，2004.

[5] 刘超，李俊奇，王淇，等 . 国内外截污雨水口专利技术发展及其展望 [J]. 中国给水排水，2014，30（4）：1-6.

[6] 李海燕，刘亮，梁叶锦，等 . 雨水口截污技术研究进展 [J]. 安全与环境学报，2014，14（4）：242-246.

[7] 俞珏瑾 . 雨水调蓄池容积的简易计算方法探讨 [J]. 城市道桥与防洪，2011，9（9）：97-102.

[8] 王兆亮 . 雨水调蓄池理论技术研究 [D]. 重庆：重庆大学，2013.

[9] 罗红梅，车伍，李俊奇等 . 雨水花园在雨洪控制与利用中的应用机 . 中国给水排水，2008，（06）：49-52.

[10] 王向荣 . 雨水花园设计研究 [D]. 北京：北京林业大学，2010.

[11] 黄俊杰，沈庆然，李田 . 植草沟对道路径流的水文控制效果研究 [J]. 中国给水排水，2016，32（3）：118-122.

[12] 王俊岭，王雪明，张安，等 . 基于“海绵城市”理念的透水铺装系统的研究进展 [J]. 环境工程，20115，12（1）：1-4.

[13] 王鹏 . 建筑与小区雨水收集利用系统研究 [D]. 重庆：重庆大学，2011.

[14] 程江，徐启新，杨凯，等. 下沉式绿地雨水蓄渗效应及其影响因素 [J]. 给水排水 .2007，33（5）：45-49.